“十二五”职业教育国家规划教材
经全国职业教育教材审定委员会审定

冲压CAE技术应用

新世纪高职高专教材编审委员会 组编
主　编 崔柏伟
副主编 韦光珍 张玉平
主　审 戴护民

大连理工大学出版社

图书在版编目(CIP)数据

冲压CAE技术应用 / 崔柏伟主编. — 大连 : 大连理工大学出版社，2014.11(2023.1重印)
新世纪高职高专模具设计与制造类课程规划教材
ISBN 978-7-5611-8768-5

Ⅰ.①冲… Ⅱ.①崔… Ⅲ.①冲模一计算机辅助设计一高等职业教育一教材 Ⅳ.①TG385.2-39

中国版本图书馆CIP数据核字(2014)第030294号

大连理工大学出版社出版
地址:大连市软件园路80号 邮政编码:116023
发行:0411-84708842 邮购:0411-84708943 传真:0411-84701466
E-mail:dutp@dutp.cn URL:https://www.dutp.cn
大连永盛印业有限公司印刷 大连理工大学出版社发行

幅面尺寸:185mm×260mm 印张:13.5 字数:327千字
附件:光盘1张
2014年11月第1版 2023年1月第2次印刷

责任编辑:刘 芸 责任校对:郭纯方
封面设计:张 莹

ISBN 978-7-5611-8768-5 定 价:39.80元

前　言

《冲压CAE技术应用》是"十二五"职业教育国家规划教材，也是新世纪高职高专教材编审委员会组编的模具设计与制造类课程规划教材之一。

eta/DYNAFORM是由美国工程技术联合公司(Engineering Technology Associates, Inc.)开发的一个基于LS-DYNA的板料成形模拟软件包。作为一款专业的CAE软件，eta/DYNAFORM综合了LS-DYNA 971强大的板料成形分析功能以及自身强大的流线型前、后处理功能。它主要应用于板料成形工业中模具的设计和开发，可以帮助模具设计人员显著减少模具开发设计时间和试模周期。eta/DYNAFORM不但具有良好的易用性，而且包含大量的智能化工具，可方便地求解各类板料成形问题。同时，eta/DYNAFORM也最大限度地发挥了传统CAE技术的作用，减少了产品开发的成本和周期。

本教材是项目化教学教改成果教材，体现了"任务驱动""项目导向"的教改要求。它以"理论够用、重点实用、联系实际、服务制造"为原则，突出应用能力和综合素质的培养，反映高职高专特色，为学生从事冷冲压模具设计与制造工作奠定了良好的基础。

本教材由五个项目构成，分别为：普通形状拉深件成形过程的分析；冲压件成形的回弹分析；冲压件坯料尺寸的计算；复杂成形件成形过程的分析；液压成形件成形过程的分析。每个项目含有两个任务(案例)，每个任务由"学习目标""工作任务""相关实践知识""相关理论知识""相关练习"五部分构成。五个项目之间顺序的编排按照由简单到复杂、由新手到专家的原则进行。两个任务之间的关系是并行的，分别用快速设置法(或自动设置法)和传统设置法进行分析。每个任务中相关实践知识的编写均基于工作任务的系统化，按照企业技术人员的工作顺序和过程来编写，最大限度地保证了学习与工作(应用)的一致性。采用两个任务是为了能涵盖不同的任务类型。

本教材由常州机电职业技术学院崔柏伟任主编，重庆工业职业技术学院韦光珍、张玉平任副主编，常州信息职业技术学院于云程、常州机电职业技术学院承善、常州工利精机科技有限公司黄文波、南车戚墅堰机车有限公司顾忠辉参与了部分内容的编写。具体编写分工如下：项目一的任务一、项目二的任务二及项目三由崔柏伟及黄文波编写；项目一的任务二由于云程编写；项目二的任务一及项目四的任务二由张玉平编写；项目四的任务一由承善编写；项目五由韦光珍及顾忠辉编写。全书由崔柏伟负责统稿并定稿。广东机电职业技术学院戴护民审阅了全书并提出了许多宝贵的意见和建议，在此深表感谢！

本书可作为高职高专院校材料及模具相关专业的教学用书，也可供从事板料CAE设计的工程技术人员参考。

在编写本教材的过程中，尤其是在项目的选择和具体的仿真分析中，编者得到了常州工利精机科技有限公司黄文波以及南车戚墅堰机车有限公司顾忠辉等工程师的大力帮助，在此表示衷心的感谢！

尽管我们在探索教材建设的特色方面做出了许多努力，但由于编者水平有限，教材中仍可能存在一些疏漏和不妥之处，恳请各教学单位和读者在使用本教材时多提一些宝贵意见和建议，以便下次修订时改进。

编　者

2014年11月

所有意见和建议请发往：dutpgz@163.com
欢迎访问职教数字化服务平台：https://www.dutp.cn/sve/
联系电话：0411-84708979　84707424

目录

项目一

普通形状拉深件成形过程的分析

学习目标

1. 掌握冲压成形过程分析的流程。
2. 掌握 DYNAFORM 软件对导入文件格式的要求。
3. 能进行普通形状拉深件成形过程的分析设置，包括快速设置法及传统设置法。
4. 了解单动与双动拉延成形分析的区别。
5. 掌握 DYNAFORM 软件网格划分与检查的方法。
6. 能解读后处理分析的结果，并写出评价成形工艺设计及模具设计的分析报告。

工作任务

运用 DYNAFORM 软件对给定的拉深件或成形件进行冲压 CAE 分析，得到成形极限图和板料厚度变化图，写出评价成形工艺设计及模具设计的分析报告。

任务一　筒形件拉深成形过程的分析（快速设置法）

【学习目标】

（1）了解拉深件成形过程分析的流程。
（2）掌握 DYNAFORM 软件对导入文件格式的要求。
（3）能进行普通形状拉深件成形过程的分析设置（快速设置法）。
（4）能解读后处理分析的结果，并写出评价成形工艺设计及模具设计的分析报告。

【工作任务】

运用 DYNAFORM 软件的快速设置法对图 1-1-1 所示的筒形拉深件进行成形分析，得到成形极限图和板料厚度变化图，写出评价成形工艺设计及模具设计的分析报告。该筒形拉深件的材料为 ST14 钢，料厚为 0.7 mm。

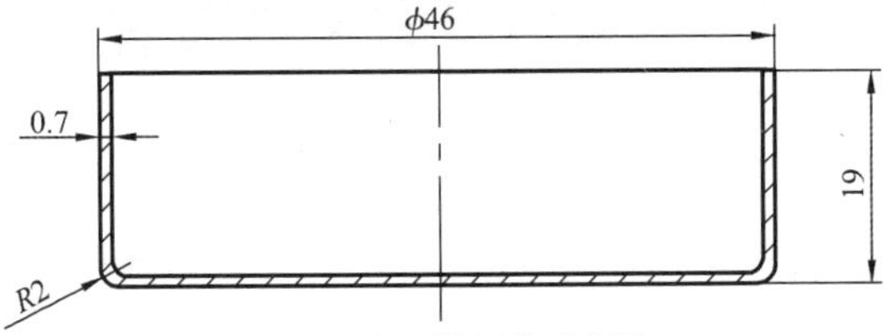

图 1-1-1　筒形拉深件零件图

【相关实践知识】

一、筒形拉深件成形工艺性分析

1. 材料分析

ST14 钢是深拉深级的冷轧钢板，具有极好的冲压成形性能。

2. 结构分析

该零件为筒形件，其结构简单，对拉深较为有利，但外圆角 $R2$ mm 不利于材料向凹模流动，对拉深有一定的影响。

3. 精度分析

该零件的尺寸精度无公差要求，精度较低，采用正常拉深工艺即可满足要求。

二、建立三维模型

采用 UG、Pro/E 等三维造型软件对筒形拉深件及所需坯料、凹模进行三维造型，将得到的 3 个三维模型转换为 iges 格式。为便于初学者学习，给出该筒形拉深件的坯料直径为 $\phi 73$ mm。该筒形拉深件的模型如图 1-1-2 所示，坯料、凹模的模型如图 1-1-3、图 1-1-4 所示。筒形拉深件的模型是筒形拉深件材料壁厚中间层所在的曲面，凹模模型是筒形拉深件的内表面。

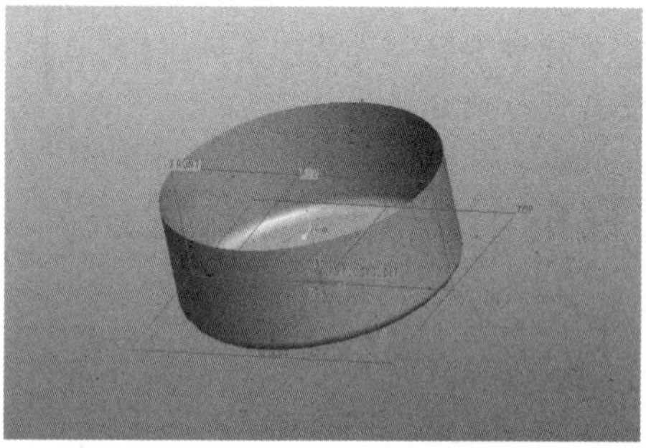

图 1-1-2　筒形拉深件模型

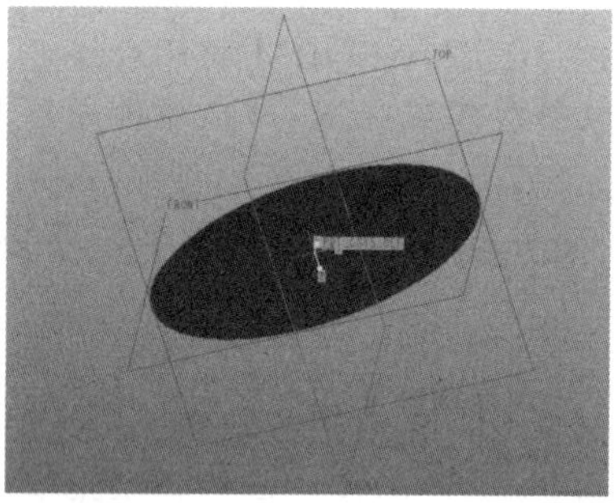

图 1-1-3　坯料模型

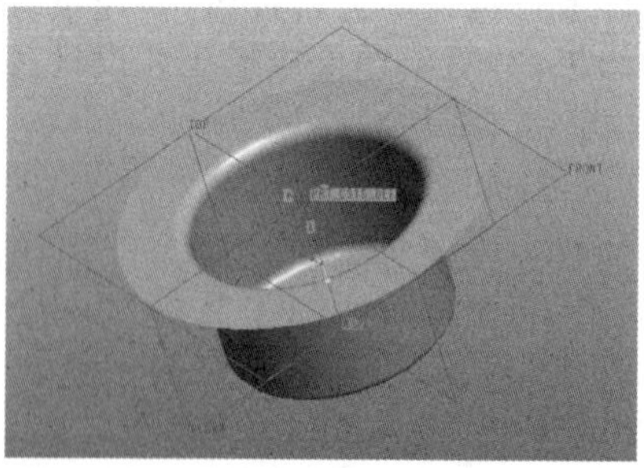

图 1-1-4　凹模模型

三、数据库操作

1. 创建文件(数据库)

打开 DYNAFORM 软件，程序自动创建缺省的空数据库文件 Untitled. df。单击“文件”菜单中的“另存为”命令，修改文件名，将所建立的数据库文件保存在自己设定的目录下。

2. 导入模型

在“文件”菜单中单击“导入”命令，在弹出的图 1-1-5 所示的对话框中将文件类型设为“IGES(*. igs; *. iges)”，找到前面建立的模型，分别选择“blank. igs”和“die. igs”文件导入。单击“零件层”菜单中的“编辑”命令，修改各零件层的名称与所在零件的名称一致，以方便后续操作时选用。

3. 分析设置

在“工具”菜单中单击“分析设置”命令，弹出图 1-1-6 所示的“分析设置”对话框。默认的单位系统是 MM(毫米)、TON(吨)、SEC(秒)、N(牛顿)，拉延类型是“Double action”(双动)，默认的坯料和所有工具的接触界面为“Form One Way S. to S.”(单面接触)，默认的冲压方向为 Z 向，默认的接触间隙为 1 mm。可以改变这些默认值，如图 1-1-6 所示。

图 1-1-5　导入文件

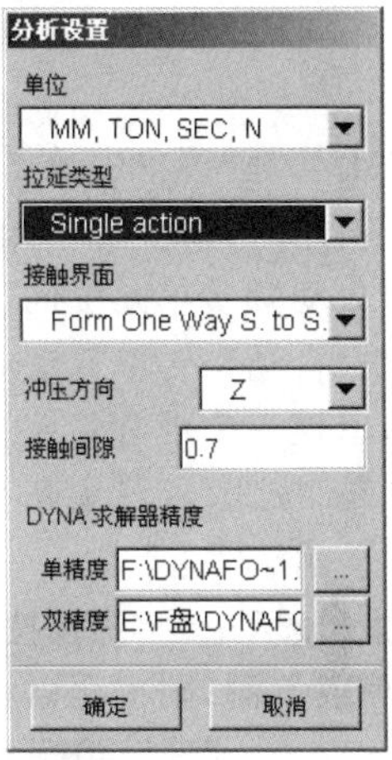

图 1-1-6　“分析设置”对话框

四、划分网格与检查

1. 凹模网格划分

(1)在“零件层”菜单中单击“显示/隐藏零件层”命令，关掉其他零件层，只打开 DIE 零件层，并把它设为当前零件层。

(2)在“前处理”菜单中单击“单元”命令，在弹出的图 1-1-7 所示的“单元”对话框中单击“曲面网格划分”图标按钮，弹出图 1-1-8 所示的“曲面网格划分”对话框。将最大尺寸设置为“3”，其他参数保持不变。单击“选择曲面”按钮，弹出图 1-1-9 所示的“选择曲面”对话框，单击“显示曲面”按钮，凹模模型变成白色，说明它已被选中。单击“确定”按钮，在重新出现的“曲面网格划分”对话框中单击“应用”按钮，再单击“是”按钮接受网格划分，然后单击“退出”按钮，完成凹模模型曲面的网格划分。

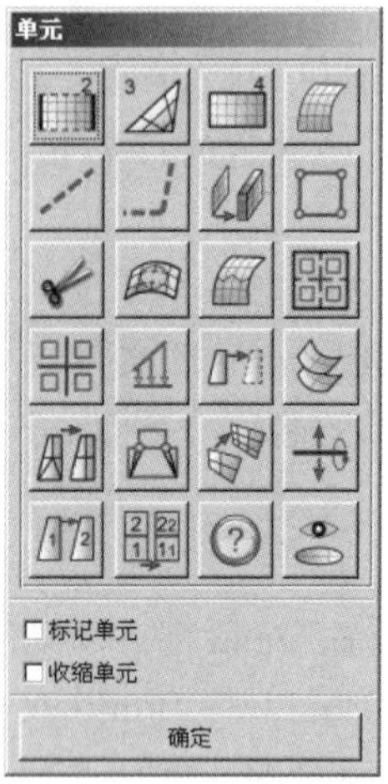

图 1-1-7 “单元”对话框

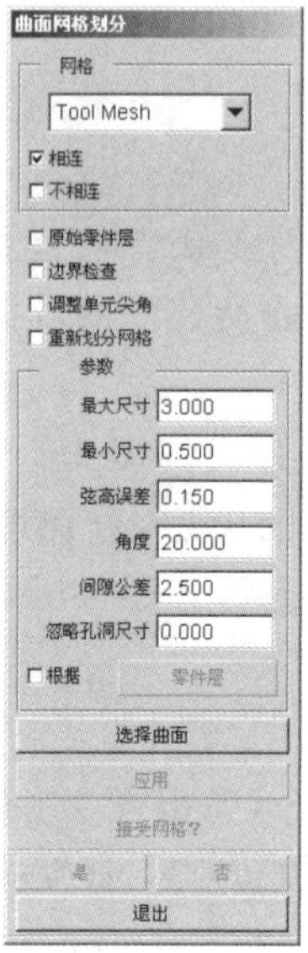

图 1-1-8 “曲面网格划分”对话框

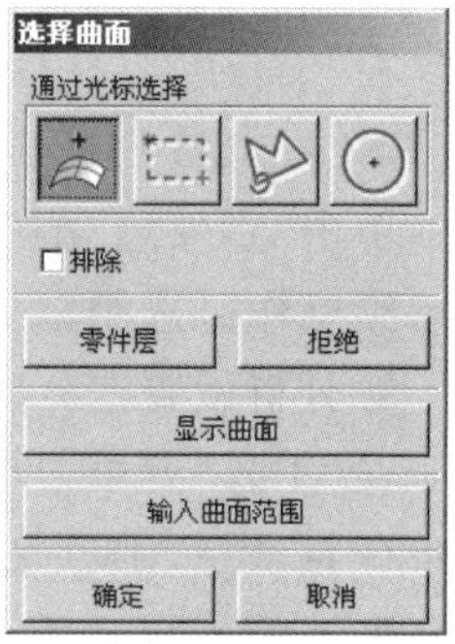

图 1-1-9 “选择曲面”对话框

2. 网格检查

在 eta/DYNAFORM 主界面中关闭显示控制选项中的“线”和“曲面”选项，选中“单元”选项。

在“前处理”菜单中单击“模型检查/修补”命令，弹出图 1-1-10 所示的“模型检查/修补”对话框，使用“自动翻转单元法向”、“显示边界”命令进行检查。

(1)自动翻转单元法向

单击“自动翻转单元法向”图标按钮，弹出“控制键”对话框，直接在凹模模型的凸缘上点击，出现一个带有箭头的白色单元，同时弹出“Dynaform 问题”对话框。若箭头朝下，则单击“是”按钮；若箭头朝上，则单击“否”按钮。

(2)显示边界

单击“显示边界”图标按钮，则模型的边界以粗白色线显示，如图 1-1-11 所示。若模型有间隙或空洞，则也会以粗白色线显示，表明错误所在，需要加以修补。

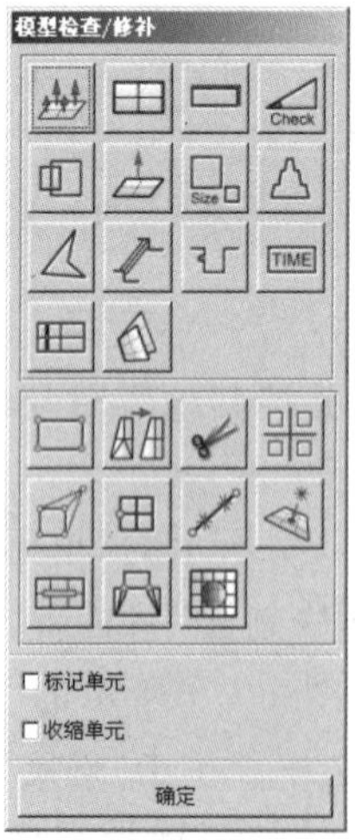

图 1-1-10 “模型检查/修补”对话框

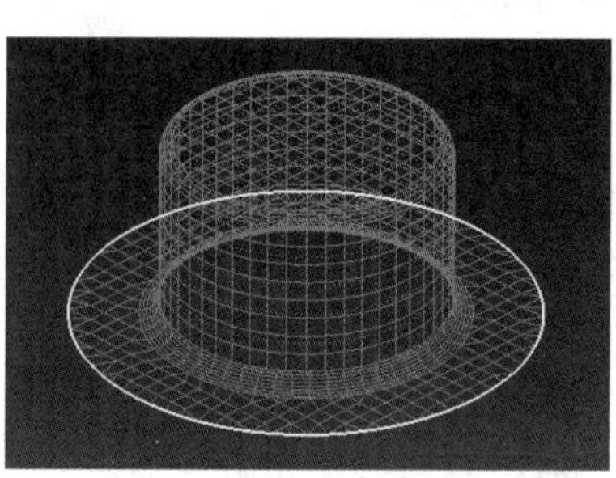

图 1-1-11 凹模边界显示

3. 毛坯网格划分

在"工具"菜单中单击"毛坯生成器"命令，在弹出的图 1-1-12 所示的"选择选项"对话框中单击"曲面"选项，弹出图 1-1-9 所示的"选择曲面"对话框，直接点击毛坯模型曲面，则毛坯模型曲面变成白色，说明它已被选中，这时出现图 1-1-13 所示的"网格大小"对话框，按图示设置参数，单击"确定"按钮，在随后出现的对话框中单击"是"按钮，接受网格划分。划分好的毛坯网格如图 1-1-14 所示。

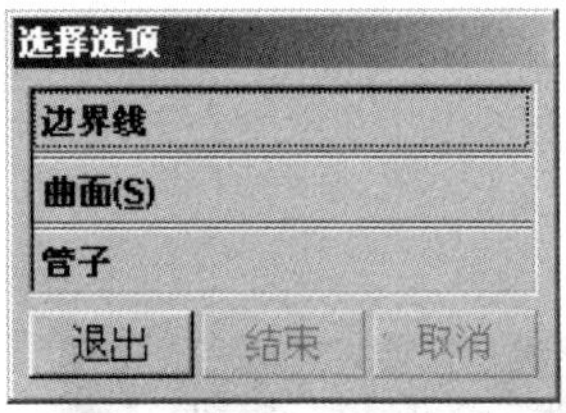

图 1-1-12　"选择选项"对话框

图 1-1-13　"网格大小"对话框

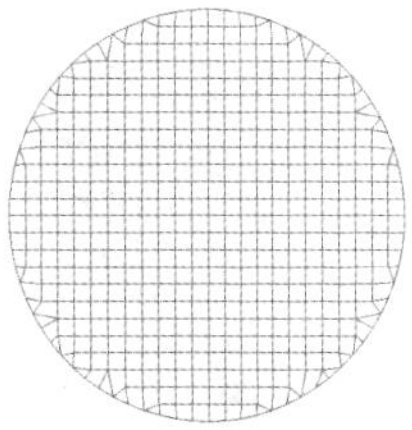
图 1-1-14　划分好的毛坯网格

五、创建压边圈并分离压边圈和凹模

1. 创建压边圈零件层

在"零件层"菜单中单击"创建"命令，弹出图 1-1-15 所示的"创建零件层"对话框，在"名称"文本框中填写"BINDER"。单击"确定"按钮，完成压边圈零件层的创建，此时系统自动将新建的零件层设置为当前零件层。

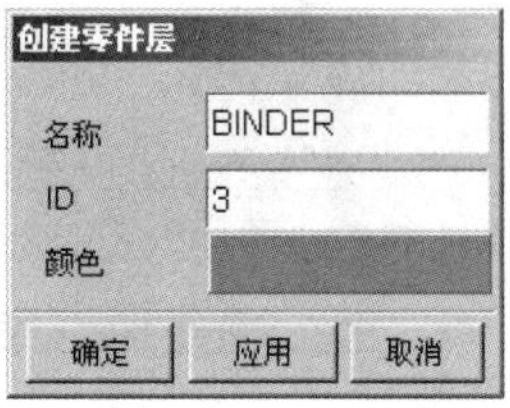

图 1-1-15　"创建零件层"对话框

2. 创建压边圈

在"零件层"菜单中单击"添加...到零件层"命令，在弹出的图 1-1-16 所示的对话框中单击"单元"按钮，弹出图 1-1-17 所示的"选择单元"对话框，按下"单元"图标按钮△，拖动"角度"滑键为 1°，在凹模模型的凸缘处点击，则整个凸缘被选中而变成白色，单击"确定"按钮，在"添加...到零件层"对话框中单击"应用"按钮，完成压边圈的创建，最后关闭对话框。

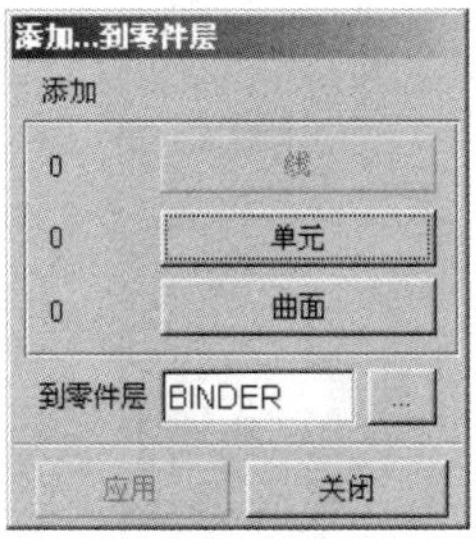

图 1-1-16　"添加...到零件层"对话框

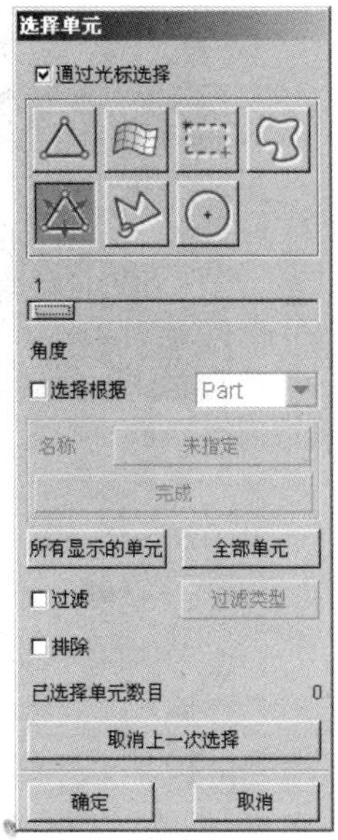

图 1-1-17　"选择单元"对话框

3. 分离压边圈和凹模

在“零件层”菜单中单击“分离零件层”命令，在弹出的图 1-1-18 所示的“选择零件层”对话框中选中“DIE”和“BINDER”零件层，单击“确定”按钮，完成压边圈和凹模的分离。

4. 检查结果

在“前处理”菜单中单击“模型检查/修补”命令，在弹出的“模型检查/修补”对话框中单击“显示边界”图标按钮，查看压边圈是否与凹模分离。压边圈周边和凹模周边分别出现了粗白色线，表明分离成功，如图 1-1-19 所示。

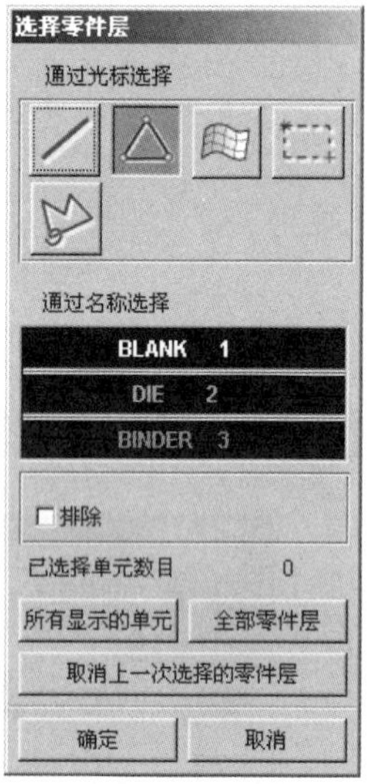

图 1-1-18 “选择零件层”对话框

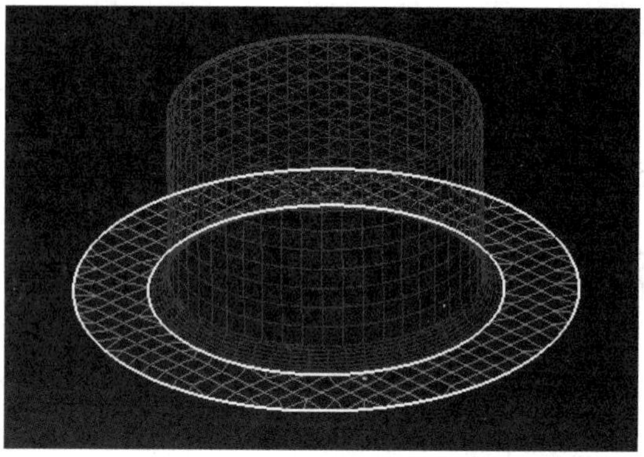

图 1-1-19 压边圈和凹模的分离结果

六、快速设置

在“设置”菜单中单击“拉延”命令，弹出图 1-1-20 所示的“快速设置/拉延”对话框。

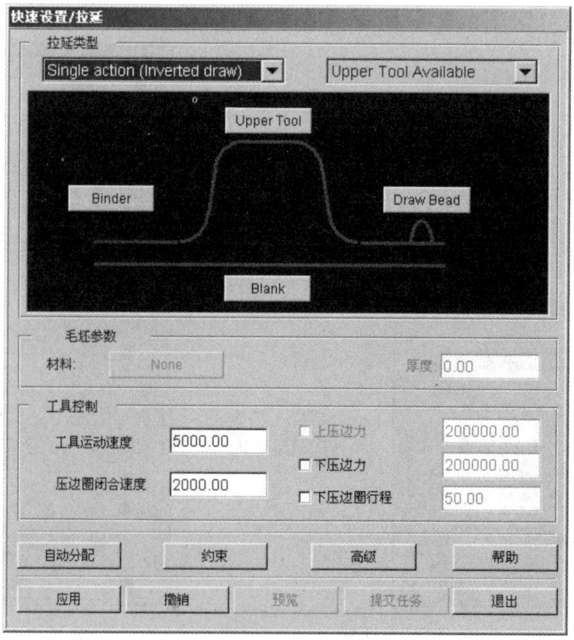

图 1-1-20 “快速设置/拉延”对话框

1. 定义拉延(模具)类型

在“拉延类型”下拉列表中选择“Single action(inverted draw)”(单动)和“Upper Tool Available”(上模可见)。

2. 定义工具(凹模)

(1)在“快速设置/拉延”对话框中单击“Upper Tool”(上模)按钮,弹出图 1-1-21 所示的“定义工具”对话框。

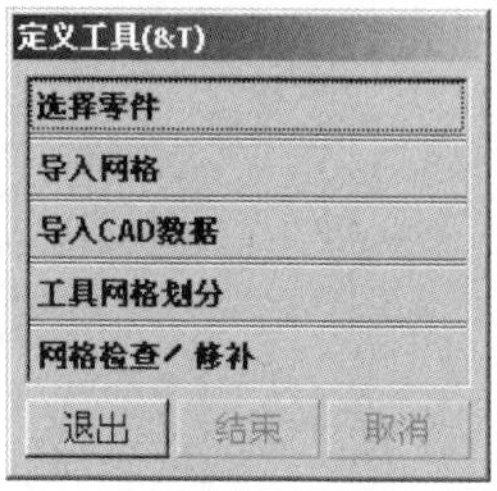

图 1-1-21　“定义工具”对话框

(2)单击“选择零件”选项,在弹出的“Define Tool”(定义工具)对话框中单击“添加”按钮,弹出“选择零件层”对话框,选择“DIE”零件层,单击“确定”按钮,弹出“Define Tool”(定义工具)对话框,在此对话框中 DIE 零件层为红色显示,单击“确定”按钮。

(3)在弹出的“定义工具”对话框中单击“退出”按钮,完成工具(凹模)的定义,如图 1-1-22 所示。

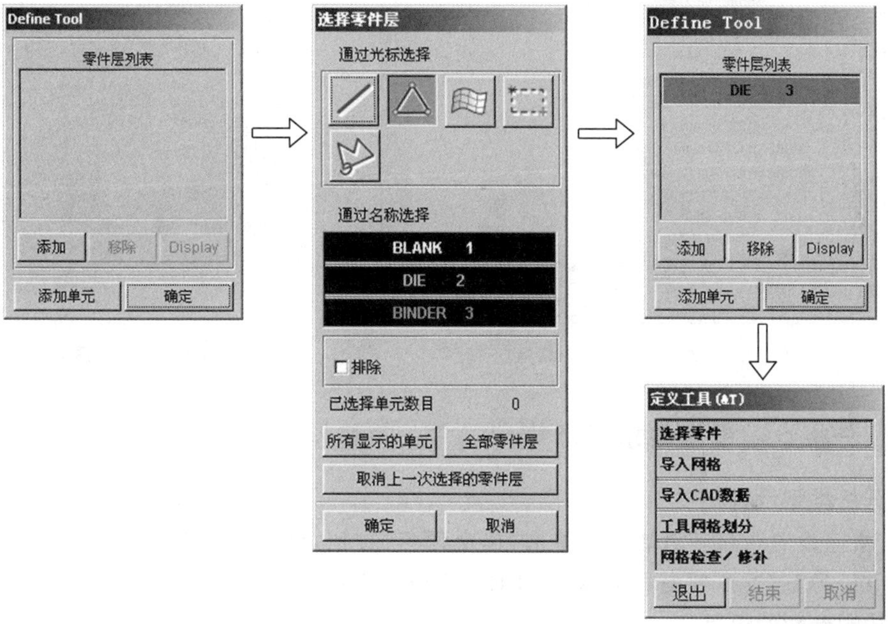

图 1-1-22　定义工具(凹模)

3. 定义压边圈

在“快速设置/拉延”对话框中单击“Binder”(压边圈)按钮,重复以上操作,选择 BINDER 零件层。

4. 定义毛坯

在“快速设置/拉延”对话框中单击“Blank”(坯料)按钮,重复以上操作,选择 BLANK 零件层。

5. 定义毛坯材料及厚度

单击“毛坯参数”选项组中的“None”按钮,弹出图 1-1-23 所示的“材料”对话框,单击“材料库”按钮,弹出图 1-1-24 所示的“材料库”对话框,选择“St14F_0.70mm(36)”材料,单击“确定”按钮,完成材料的定义。在“厚度”文本框中输入“0.7”,作为材料厚度。

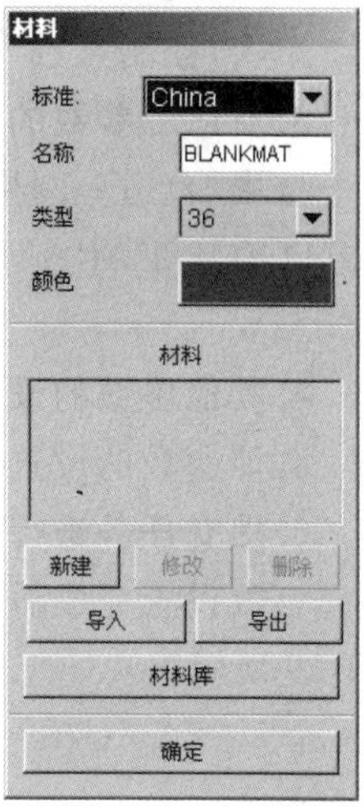

图 1-1-23　“材料”对话框

6. 完成设置

在“快速设置/拉延”对话框中单击“应用”按钮，程序将自动生成配合工具并合理定位。单击“预览”按钮检查工具(模具)的运动，结果如图 1-1-25 所示。

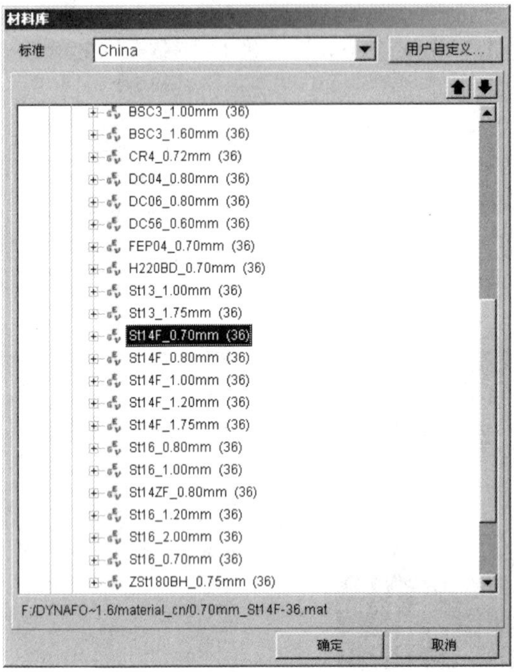

图 1-1-24 “材料库”对话框

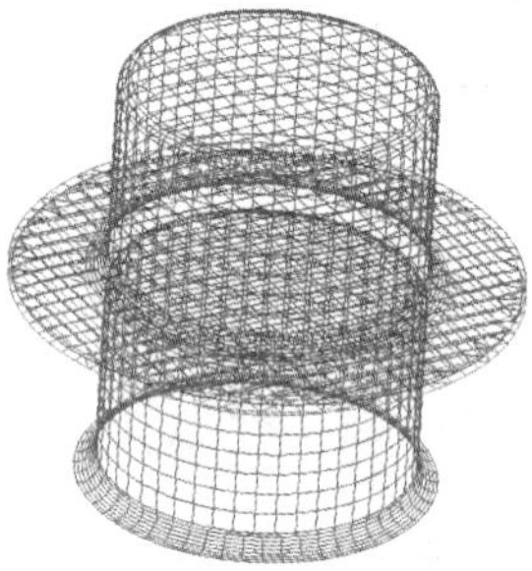

图 1-1-25 分析模型

七、分析参数设置与求解计算

1. 分析类型设置

在“快速设置/拉延”对话框中单击“提交任务”按钮，弹出图 1-1-26 所示的“分析”对话框，从“分析类型”下拉列表中选择“Full Run Dyna”选项。

2. 控制参数的设置

单击“控制参数”按钮，直接单击“确定”按钮，以采用默认参数。

3. 自适应参数的设置

选中“自适应网格”选项，单击“自适应参数”按钮，弹出图 1-1-27 所示的“ADAPTIVE CONTROL PARAMETERS”(自适应参数)对话框，在“LEVEL(MAXLVL)”文本框中输入“3”。

4. 其他参数的设置

其他参数的设置如图 1-1-28 所示。

5. 提交任务进行计算

参数设置完成后单击“确定”按钮，则程序自动在后台进行相关计算，计算时的界面如图 1-1-29 所示。

图 1-1-26　选择分析类型

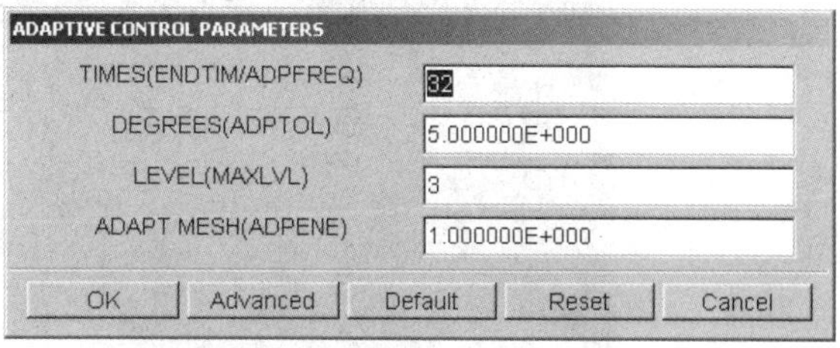

图 1-1-27　"ADAPTIVE CONTROL PARAMETERS"(自适应参数)对话框

图 1-1-28　分析参数设置

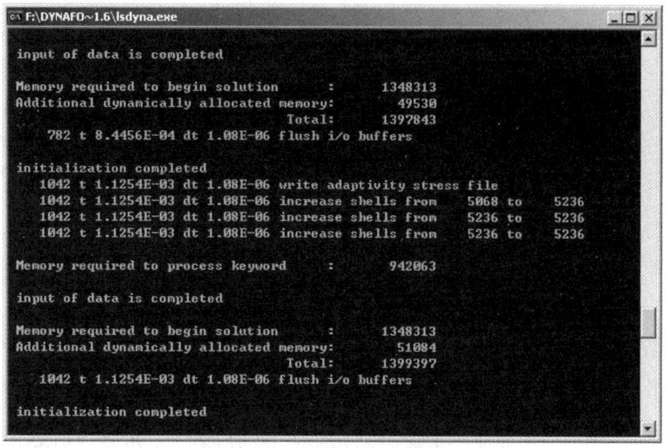

图 1-1-29　计算时的界面

八、后处理

1. 打开后处理文件

单击“后处理”菜单，弹出“Dynaform 问题”对话框，单击“是”按钮，进入图 1-1-30 所示的后处理界面，在“File”菜单中单击“Open”命令，弹出图 1-1-31 所示的“Select File”对话框，后处理文件的格式是 d3plot，找到后处理文件并双击将其打开。

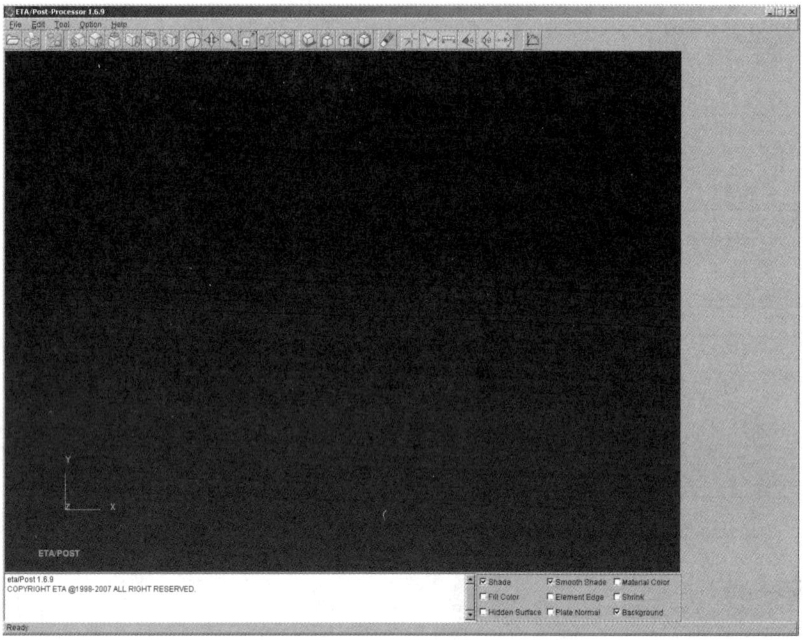

图 1-1-30　后处理界面

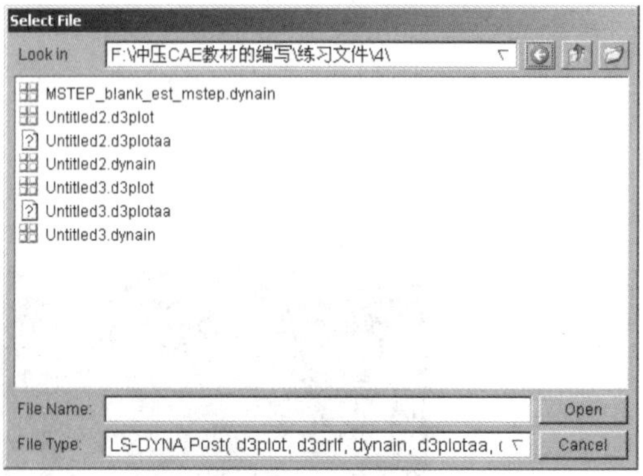

图 1-1-31　“Select File”对话框

2. 后处理操作

(1)模具工作过程的动画演示

单击 按钮，程序自动演示模具工作过程，如图 1-1-32 所示。

(2)制作成形极限图

单击图标按钮 可显示成形极限图，如图 1-1-33 所示。在“Frames”(帧)下拉列表中选择“All Frames”(所有帧)，可看到连续变形动画；选择“Single Frame”(单帧)，可得到各个变

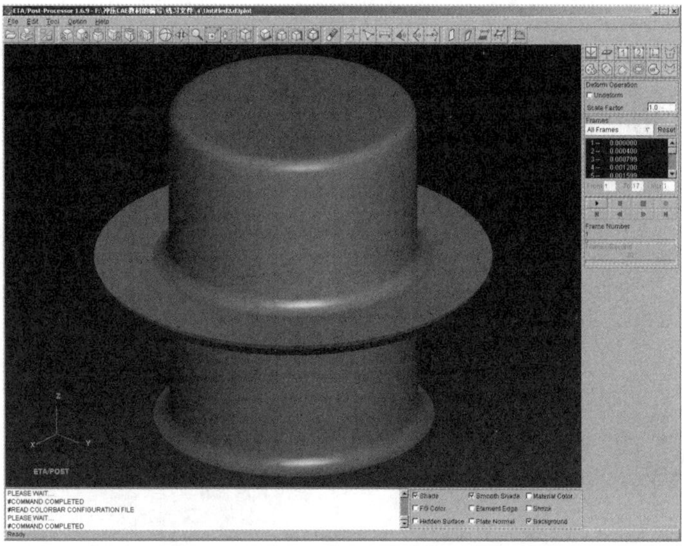

图 1-1-32　模具工作过程演示

形阶段的单帧成形极限图。成形极限图中冲压件上不同颜色的分布表示各个部位所处的状态，如红色代表破裂区，黄色代表破裂危险区，绿色代表安全区，蓝色代表起皱危险区，灰色代表未有效变形区等。

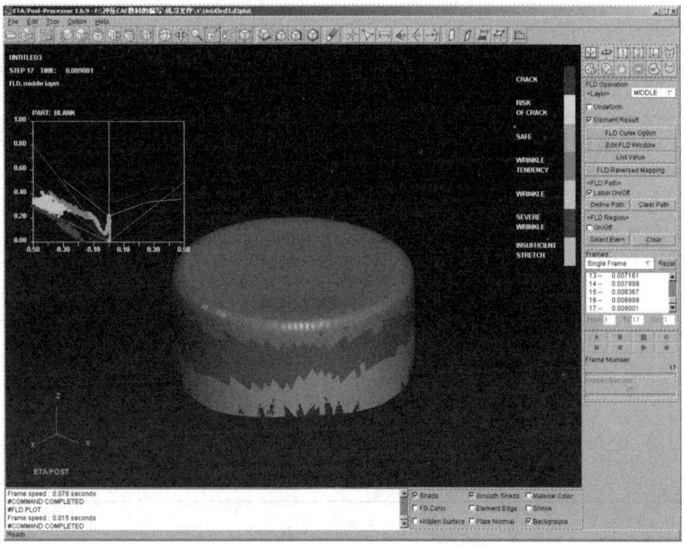

图 1-1-33　成形极限图

(3)制作厚度变化图

单击图标按钮可显示厚度变化图，如图 1-1-34 所示。在"Frames"(帧)下拉列表中选择"All Frames"(所有帧)，可看到厚度连续变化动画；选择"Single Frame"(单帧)，可得到各个变形阶段的单帧厚度变化图。厚度变化图中冲压件上不同颜色的分布，定量表示各个部位变厚或变薄的情况。

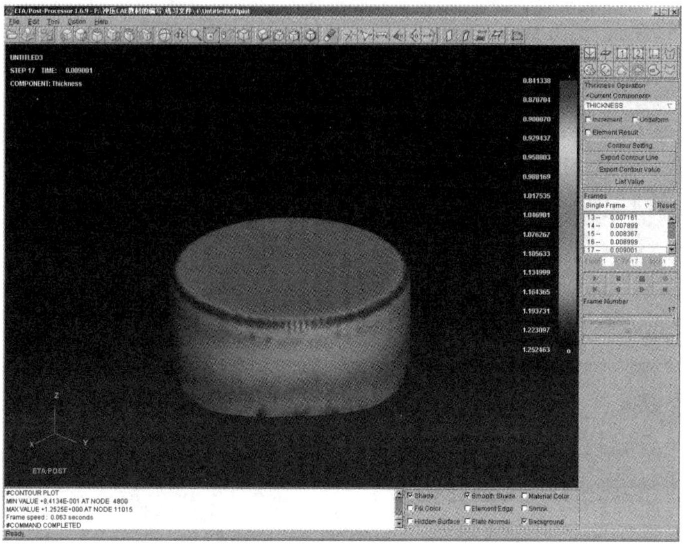

图 1-1-34　厚度变化图

九、分析报告

根据得到的筒形拉深件的成形极限图和厚度变化图，写出表 1-1-1 所示的筒形拉深件成形 CAE 分析报告。

表 1-1-1　　　　筒形拉深件成形 CAE 分析报告

材料：ST14

序号	缺陷描述	缺陷分析、建议	备注
1	筒形拉深件上半部有起皱现象，最上部有严重的起皱现象	建议增大压边力或变一次拉深为二次拉深	
2	筒形拉深件的圆角处变薄，厚度为原有厚度的 85%；口部壁厚加大，厚度为原有厚度的 1.22 倍	筒形拉深件材料壁厚的变化均未超过 30% 的限度，故不用采取其他措施	

【相关理论知识】

一、DYNAFORM 软件的操作流程

DYNAFORM 软件的操作流程如图 1-1-35 所示。

二、DYNAFORM软件的结构

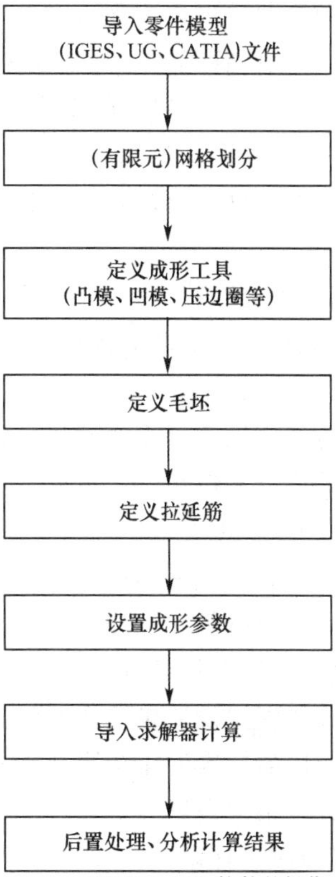

图1-1-35 DYNAFORM软件的操作流程

1. 显示窗口(DISPLAY WINDOW)

DYNAFORM软件将显示屏幕划分为六个不同的区域(图1-1-36),这些区域用来接受用户输入或显示用户提示信息。这六个区域均有图解,现详细介绍如下:

(1)图形显示区

图形显示区显示模型和图表。

(2)菜单栏

菜单栏显示各菜单及其中的命令选项。

(3)工具栏

工具栏可以方便用户使用常用的eta/DYNAFORM功能。

(4)对话框显示区

用户一旦选择了菜单栏里的命令,相应的对话框就会显示出来,对话框里有各种功能。

(5)显示控制选项

在eta/DYNAFORM运行时,这组命令就会被显示出来,而且在任何时候都可以使用。

(6)消息提示区

eta/DYNAFORM显示注解和信息给用户。

图1-1-36 eta/DYNAFORM主界面

2. 菜单栏(图1-1-37)

图1-1-37 菜单栏

单击菜单可以实现大部分 eta/DYNAFORM 的功能。

(1)文件管理

从 eta/DYNAFORM 导入或导出数据，以及新建、打开、保存或打印数据库文件。

(2)零件层的控制

组织零件层，包括零件层的开/关、编辑、删除、分离、信息、透明显示以及当前零件层设置等。

(3)前处理

线、点、单元、曲面的创建和编辑，单元模型的检查和修复以及有限元边界条件的设置。

(4)模面工程

可建立工艺补充面和压料面，同时包含模型的修补、冲压方向的调整等辅助功能(需要单独的许可文件)。

(5)坯料工程

基于有限元逆算法(一步法)的坯料大小预估以及修边线计算、零件在初始设计阶段等的成形性分析等。此外，还可以进行坯料的排样并自动输出排样结果报告。

(6)成形模拟设置

成形模拟设置包括快速设置和自动设置。快速设置提供流水线式的简单方法来设置预定范围内的标准冲压仿真功能；自动设置面向实际工艺过程，使用户能够在简洁的界面下进行各种复杂的设置。

(7)回弹补偿

对模具进行回弹补偿分析，使回弹后的零件符合最终产品的设计要求。

(8)工具定义

创建、定义和修改工具，以及定义坯料的材料和属性。

(9)选项菜单

可利用各种选项来控制网格划分，同时可设置系统的语言以及选择文件窗口类型和材料库类型。

(10)辅助工具

辅助工具作为 eta/DYNAFORM 的工具箱，提供了所有方便用户操作的辅助功能。

(11)视图选项

模型的显示选项及视图操作。

(12)分析

定义控制参数，输出模型到 DYNA 卡片数据文件或提交分析工作；建立 MSTEP 模型，从 eta/DYNAFORM 界面提交分析工作。

(13)后处理

eta/Post-Processor 为用户提供了丰富的后处理显示功能，帮助用户快速、方便地从计算结果中分析出问题所在。

(14)帮助

显示 eta/DYNAFORM 支持的版本号、联系方式以及在线帮助信息，同时用户可以设置是否在每次启动 eta/DYNAFORM 时自动进行更新操作。

3. 工具栏(图 1-1-38)

图 1-1-38 工具栏

设计工具栏是为了让用户在 eta/DYNAFORM 中可以方便地使用常用功能。用户只要单击图标按钮就能激活这些功能,而不用在菜单中查找。

(1)新建数据库

创建一个新的数据库文件。

(2)打开数据库

打开一个已有的数据库文件。

(3)导入

导入文件(如 IGES、VDA 格式文件等)到当前的数据库。

(4)保存数据库

更新当前数据库。

(5)打印

生成一个显示区域的 postscript 文件,然后把该文件发送到打印机(缺省)上或文件中。打印之前,必须初始化 postscript 驱动程序,使之适应 eta/DYNAFORM 软件。

(6)打开/关闭零件层

打开或关闭选择的零件层。单击该图标按钮,将弹出“显示/隐藏零件层”对话框。

(7)删除所有的自由节点

删除所有的自由节点,这些自由节点没有与之相关的网格单元。

(8)绕 X 轴旋转

允许用户动态地旋转模型,随着光标上下移动,模型绕全局 X 轴旋转。

(9)绕 Y 轴旋转

允许用户动态地旋转模型,随着光标上下移动,模型绕全局 Y 轴旋转。

(10)绕 Z 轴旋转

允许用户动态地旋转模型,随着光标上下移动,模型绕全局 Z 轴旋转。

(11)绕屏幕 X 轴旋转

允许用户动态地旋转模型,随着光标上下移动,模型绕屏幕 X 轴旋转。

(12)绕屏幕 Y 轴旋转

允许用户动态地旋转模型,随着光标上下移动,模型绕屏幕 Y 轴旋转。

(13)绕屏幕 Z 轴旋转

允许用户动态地旋转模型,随着光标上下移动,模型绕屏幕 Z 轴旋转。

(14)自由旋转

此功能是(11)与(12)的结合。上下移动鼠标就是操作(11),左右移动鼠标就是操作(12),沿着对角线移动鼠标是这两种命令的结合。单击鼠标左键旋转停止。同时按住 Ctrl 键和鼠标左键也可以激活此功能。

(15)移动

此命令能够让用户通过移动光标来移动模型。如果光标移出了屏幕,光标就会重现在屏幕中间。单击鼠标左键停止。同时按住 Ctrl 键和鼠标中键也可以激活此功能。

(16)光标缩放

用户首先选一个缩放基点,以此点为中心的模型随着光标上下移动而放大或缩小。按住 Ctrl 键和鼠标右键也可以激活此功能。

(17) 窗口缩放

用户首先在屏幕上通过鼠标点取缩放窗口的一个角点,然后按住鼠标左键沿对角线拖动光标到想要的窗口尺寸。释放左键,窗口选中的部位就会全屏显示出来。

(18) 自由缩放

在显示区域内单击并一直按住鼠标左键,在此区域内画一个自由区域来定义缩放窗口的区域。释放左键,所包围的区域就会全屏显示。

(19) 窗口局部显示

为了更详细地观察或编辑,此命令允许用户分离出一部分几何实体/模型。用户拖动窗口在需要分离的部位定义分离区域,eta/DYNAFORM 显示并激活这个窗口内的单元、直线和曲面,其他物体不显示并处于非激活状态。

(20) 全屏显示

改变模型比例,包含所有打开的零件层的实体;全屏显示自动缩放,使之适合屏幕可视范围。

(21) 俯视图

从上方在 XY 平面显示出模型。

(22)左视图

从左面在 XY 平面显示出模型。

(23)右视图

从右面在 YZ 平面显示出模型。

(24)轴测图

以等轴平面显示出模型。

(25)曲面网格划分

在选定曲面上创建自动生成的网格。

(26)坯料生成器

通过边界线和曲线对平整毛坯进行网格划分,同时也可以生成管液压成形或弯曲成形时的初始管状毛坯。

(27)清除屏幕(Clear)

清除屏幕上高亮的实体,比如由显示线、边界检查、单元标识、定义标题等命令生成的实体。

(28)刷新屏幕

允许用户刷新屏幕区域。目前 eta/DYNAFORM 通常在每个命令之后刷新屏幕。有时一些特殊的命令要求图形在更新的同时还有一些附加的操作(例如当用户在操作动态缩放时,同时显示出单元的法向量,激活重画命令,将调整表示单元法向量的箭头大小)。

(29)取消上一次操作

取消最近的操作。如果无内容可取消,则该图标按钮为非激活状态。

(30)重做

重复最近的操作。如果无操作可重复,则该图标按钮为非激活状态。

4. 显示控制选项

显示控制选项位于 eta/DYNAFORM 主界面的右下角。如图 1-1-39 所示,显示控制选项包含了当前零件层显示以及一些其他常用的模型显示功能,包括曲线、曲面、单元、节点以及单元法向显示、模型光照显示等,下面将详细介绍显示控制选项中的每一个功能。

(1)当前零件层设置

此功能允许用户设置当前零件层。在 eta/DYNAFORM 中,当前零件层的设置非常重要,几乎所有功能所产生的结果默认情况下都放置在当前零件层中,因此用户在进行每一个操作之前,都应该观察当前零件层是否设置准确。如果当前零件层不是自己想要的,那么可以单击“当前零件层”按钮来进行设置。单击“当前零件层”按钮之后,系统将弹出图 1-1-40 所示的“当前零件”对话框,用户可以任意选择一个零件层,然后单击“确定”按钮。此时,所选择的零件层将自动被设为当前零件层,该零件层的名称显示在“当前零件层”按钮后面。

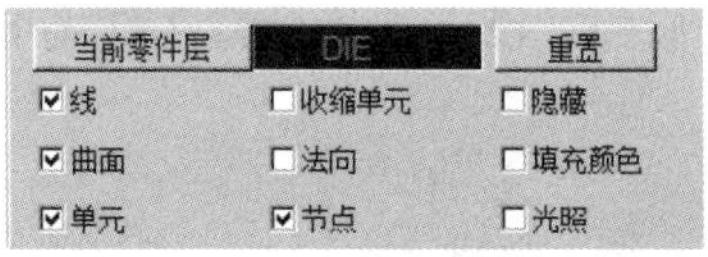

图 1-1-39　显示控制选项

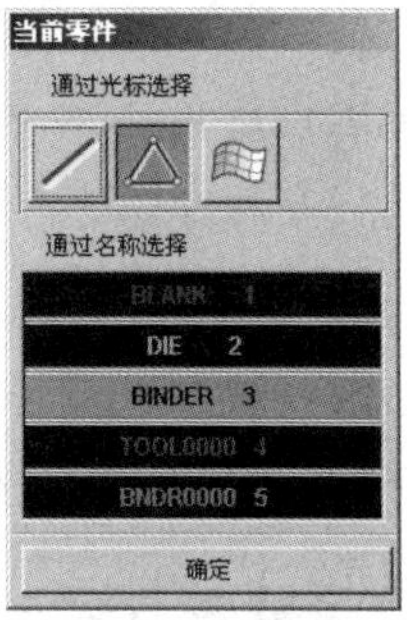

图 1-1-40　“当前零件”对话框

(2)重新设置

将当前零件层以外的所有显示控制选项的参数都设置为默认值。默认情况下,显示控制参数中的“线”、“曲面”、“单元”和“节点”参数都处于被选中状态,其他选项都处于非选中状态。

(3)线显示

该选项控制模型中曲线的显示状态。如果该选项为选中状态,则表示曲线在模型中处于显示状态;如果不选中该选项,则模型中所有的曲线都处于隐藏状态。

(4)曲面显示

该选项控制模型中曲面的显示状态。如果该选项为选中状态,则表示曲面在模型中处于显示状态;如果不选中该选项,则模型中所有的曲面都处于隐藏状态。

(5)单元显示

该选项控制模型中单元网格的显示状态。如果该选项为选中状态,则表示单元网格在模型中处于显示状态;如果不选中该选项,则模型中所有的单元网格都处于隐藏状态。

(6)收缩单元显示

该选项允许用户以收缩 20%的尺寸来显示单元。在壳中或实体结构中,收缩单元法对于检查模型中的退化单元和缺失单元是一种行之有效的方法。

(7)单元法线显示

该选项用一箭头来显示单元法线方向,此箭头位于单元的中心并且垂直于单元曲面。对于一个实体单元,箭头对着单元曲面的底部。

(8)节点显示

该选项控制模型中节点的显示状态。如果该选项为选中状态,则表示节点在模型中处于显示状态;如果不选中该选项,则模型中所有的节点都处于隐藏状态。

(9)隐藏显示

此功能提高了三维模拟在 eta/DYNAFORM 中显示的真实性。默认情况下,eta/DYNAFORM 中的模型显示不考虑模型在视图中的深度,这样显示出来的模型真实感较差,特别是对于一些复杂的模型,用户观察起来很不方便。因此,用户可以选择该选项来打开模型的隐藏效果显示,使背景中的物体不会通过前景中的物体显示出来。

(10)填色

填色功能满足了指定色显示单元。当单独使用时,该选项不能显示模具的深度透视图,零件层可显示弯曲或互相穿透。

(11)模型光照

该功能显示的网格单元就好像是被灯光照射似的。没有直接暴露在灯光下的单元恰当地被阴影化,以模拟实际的阴影效果。

三、DYNAFORM 软件的部分基本功能

1. 文件管理

“文件”菜单的功能主要是新建、打开和保存数据库,同时还包括导入、导出其他模型以及打印、打印设置等一些基本文件操作。“文件”菜单如图 1-1-41 所示。

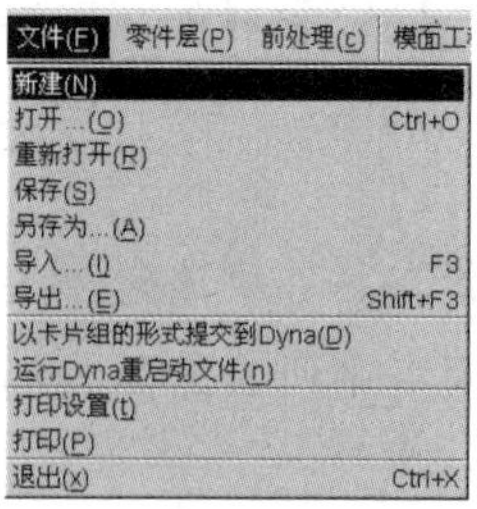

图 1-1-41 “文件”菜单

(1)创建新文件

本功能允许用户创建新的空数据库文件。如果用户已经打开了一个数据库文件,则在创建新的数据库文件前将会弹出一个对话框提示用户保存文件。保存完当前数据库文件后,一个新的名为 Untitled. df 的空数据库文件被自动创建。

(2)打开文件

本功能用于打开本地数据库文件。如果已经打开数据库文件,则 eta/DYNAFORM 将会提示用户保存当前数据库文件。

(3)重新打开

本功能允许用户将当前数据库文件更新到该文件最近的保存点。eta/DYNAFORM 将会提示用户保存当前数据库文件。单击"是"按钮,将以另一个文件名保存当前数据库文件;单击"否"按钮,则不保存当前数据库文件,任何未保存的数据将会丢失;单击"忽略"按钮,将取消并重新开始操作。

(4)保存

将当前数据保存到本地的数据库文件中。

(5)另存为

将当前数据另存到一个新的数据库文件中。

(6)导入文件

导入 CAD 数据或模型数据。可导入的文件类型有:模型数据格式 LSDYNA、NASTRAN、ABAQUS;CAD 数据格式 LINE DATA、IGES、VDA、DXF、STL、ACIS、CATIA、UG、STEP、PROE;多工步文件格式 DYNAIN。

如果选择显示所有文件,则所有类型的文件都将显示在窗口中。"导入"按钮允许用户在不关闭对话框的情况下连续导入文件。

(7)导出文件

该功能将 eta/DYNAFORM 当前数据以其他文件格式输出,和导入文件类似。可以导出以下类型的文件:

①INDEX:eta/DYNAFORM 中的模型包括一些基本信息,如单位系统、拉延类型和冲压方向、工具 ID 和名称、材料等,这些信息在后处理模拟结果时将会用到。当写出 DYNA 输入文件时,索引文件也被自动写出来。

②NASTRAN:全部或部分模型数据。

③LINE DATA、IGES、VDA、ACIS、STEP、CATIA、UG:全部或部分 CAD(线和曲面)几何数据。

(8)以卡片组的形式提交到 Dyna

此功能提交输入文件至 Job Submit 的任务列表中进行计算。

①eta/DYNAFORM 提示用户选择输入文件。

②选择内存窗口。缺省内存为 256 MB,可以给出不同的内存。

③用户设置好计算所需的内存和求解器类型之后，可以单击“确定”按钮，将先前选定的计算文件提交到 Job Submit 的任务列表中进行统一管理。

(9)运行 Dyna 重启文件

此功能重启求解器，并把重启文件(D3DUMP 或 RUNRSF)提交到 LS-DYNA。eta/DYNAFORM 提示用户选择输入文件。

(10)打印设置

此功能允许用户为打印脚本文件定义默认设置。

(11)打印

此功能建立一个显示区域的脚本文件，并将此文件发送到打印机(缺省)或一个文件。在打印之前，必须初始化脚本驱动来适应 eta/DYNAFORM。

(12)退出(Exit)

此功能允许用户退出程序，eta/DYNAFORM 将提示用户保存当前数据。

2. 前处理

用户可以利用“前处理”菜单来构造或修改一个模型，或者产生带有单元的模型，还可以检查模型或为模型添加边界条件。“前处理”菜单如图 1-1-42 所示。

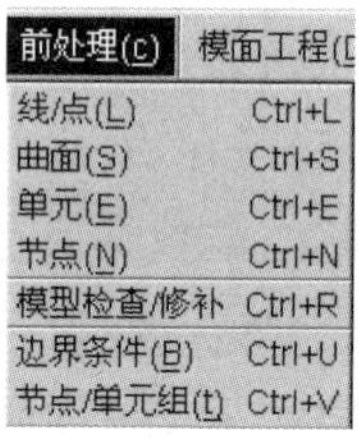

图 1-1-42 “前处理”菜单

(1)线/点

此功能用来处理点、线数据，其中包括创建线、圆弧和样条曲线，删除线，复制或移动、修改线，添加点，连接线，分割、延长、镜像线，等距线，比例缩放线，显示线，颠倒线的方向，重新分布线上的点，投影线，通过线与面的截点创建线，网格边界，桥接线等功能。

(2)曲面

此功能用来处理曲面数据，其中包括通过 2 条线创建曲面、通过 3 条线创建曲面、通过 4 条线创建曲面、旋转曲线、扫掠曲面、显示曲面、删除曲面、移动曲面、复制曲面、镜像曲面、比例缩放曲面、创建边界线、创建截面线、重新设置曲面 U-V 线、曲面法向反向、曲面相交、分割曲面、修剪曲面、删除曲面上的孔、创建蒙皮曲面、删除曲面裁剪信息、检验重复曲面、中间曲面生成及组合曲面等功能。

(3)单元

此功能用来处理单元数据，其中包括两线网格划分、三线网格划分、四线网格划分、曲面网格划分、用线来划分梁单元、两线点网格、拉伸网格、创建单元、粗化单元、分割单元、投影单元、单元法向反向、镜像单元、复制单元、修改单元、改变单元的编号、单元重新编号、删除单元、识别单元、查找单元及网格修复等功能。

(4)节点

此功能用来处理节点数据，其中包括创建节点、在两个节点间添加节点、复制节点、删除自由节点、移动节点、比例缩放节点坐标、投影节点、检查重合节点、检查节点和零件层的关系、压缩节点、改变节点编号、所有节点重新编号、设置节点/点间的距离及查找节点等功能。

(5)网格修补

此功能用来进行网格修补，它集合了节点、单元和模型检查选项中大多数常用的方法来高效地进行网格修补。

(6)模型检查

此功能用来进行模型检查，其中包括自动翻转单元法向、显示边界及检查长宽比、内角、单元重叠、法向、单元尺寸、锥度、翘曲变形、特征线、锁模、时间步长、截面线等功能。

(7)边界条件

此功能用来处理边界条件，其中包括加载操作、单点约束选项、初始速度、刚性制动器等功能。

(8)节点/单元组

此功能用来处理节点和单元组。节点和单元组可以方便地组织输出数据。

3. 快速设置

"设置"菜单包括一系列标准的成形操作，如图 1-1-43 所示。"设置"菜单支持的标准成形工序有：重力加载；拉延，包括无压边成形、单动拉延、双动拉延和四工具拉延；回弹；弯管模拟；自动设置。

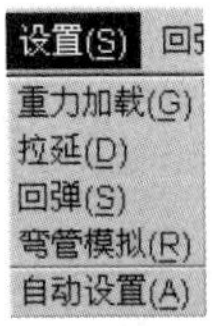

图 1-1-43　"设置"菜单

eta/DYNAFORM 中设计和开发的快速设置界面是一个流线型、用户友好的、完全自动的设置界面。在冲压模拟过程中，QS 接口提供了接触等距偏移算法，这种算法能够消除几何模型在网格等距过程中发生的潜在错误。与模型物理等距偏移功能得到的模拟结果相比，快速设置在没有明显降低精度的情况下，为用户提供了一个更加快速的冲压模拟结果。

表 1-1-2 概括了 eta/DYNAFORM 中快速设置、传统设置和自动设置的主要区别。

表 1-1-2　　快速设置、传统设置和自动设置的主要区别

比较项目	设置类型		
	快速设置	传统设置	自动设置
设置的方便性和灵活性	简单、快捷是快速设置的优点，但是功能设计上的缺陷使其设置的灵活性很差，不能一次性进行简单的多工序设置	具有最大限度的灵活性，可以添加任意多个辅助工具，同时也可以定义简单的多工序成形，但是设置非常烦琐，用户需要仔细定义每一个细节，很容易出错	界面友好，内置的基本设置模板方便用户进行设置。对于初级用户，只需要定义工具 PART，其他都可以自动完成；对于高级用户，可以自定义运动、压力曲线及液压成形、拼焊板成形等
设置时间和出错机会	减少了建模设置的时间，减少了用户出错的机会	需要更多的设置时间，不易于初学者学习，易出错	继承了快速设置的优点，同时也考虑了功能的扩展性
运动、压力曲线的定义方法	自动定义运动、压力曲线等	手工定义运动、载荷曲线，可任意修改，但是不做正确性检查	既可以自动定义曲线，又可以手动定义曲线，可根据用户的喜好和习惯而定
偏置方法	只支持接触等距方法	支持接触偏置和几何偏置方法	既支持物理偏置，又支持接触偏置，可根据实际情况来定

一个典型的快速设置界面如图 1-1-44 所示。

快速设置中的拉深图形用户界面将引导用户一步一步地对拉深模拟进行设置，其中包括工具定义界面、工具控制、快速设置拉深程序等功能。

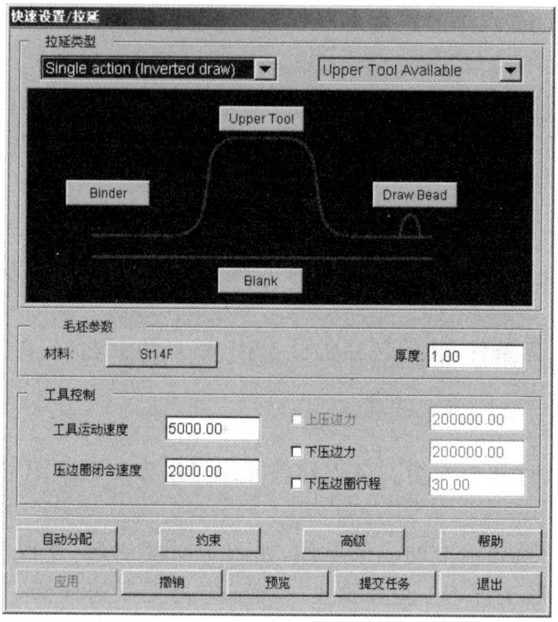

图 1-1-44　快速设置界面

相关练习

1. 对图 1-1-45 所示调节盖冲压件进行 CAE 分析。材料:08 钢。

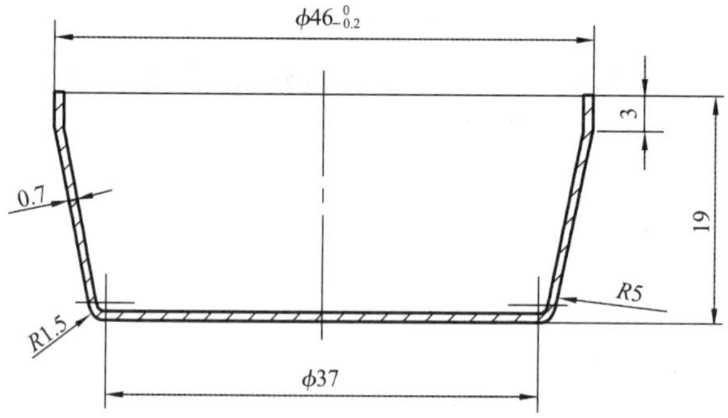

图 1-1-45　调节盖零件图

2. 对图 1-1-46 所示端盖冲压件进行 CAE 分析。材料:10F 钢。

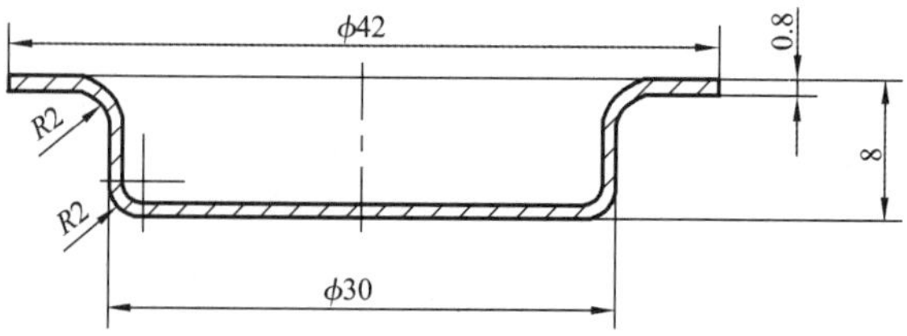

图 1-1-46　端盖零件图

任务二　抛物面天线拉深成形过程的分析(传统设置法)

【学习目标】

(1)了解单动与双动拉延成形分析的区别。
(2)掌握 DYNAFORM 软件网格划分与检查的方法。
(3)能进行普通形状拉深件成形过程的分析设置(传统设置法)。
(4)能解读后处理分析的结果,并写出评价成形工艺设计及模具设计的分析报告。

【工作任务】

运用 DYNAFORM 软件的传统设置法对抛物面天线进行成形分析,得到成形极限图和板料厚度变化图,写出评价成形工艺设计及模具设计的分析报告。

抛物面天线又称卫星天线,就是常说的卫星锅,是金属抛物面形状。大多数卫星天线是抛物面形状的,也有一些多焦点卫星天线由球面和抛物面组合而成。

抛物面天线拉深件模型如图 1-2-1 所示,天线的口径(直径)为 ϕ480 mm,深度为 50 mm。其轴截面为抛物线,该抛物线的标准方程为 $x^2=1152z$,如图 1-2-2 所示,参数方程为 $x=1152t, y=0, z=1152t^2$(使抛物面旋转轴为空间直角坐标系中的 Z 轴,曲面开口朝上)。

图 1-2-1　抛物面天线拉深件模型

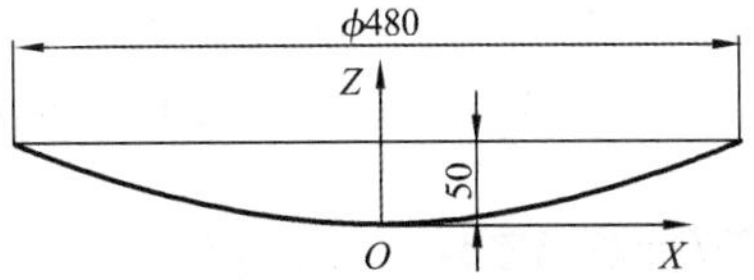

图 1-2-2　抛物面天线拉深件的截面线尺寸

【相关实践知识】

一、抛物线拉深件成形工艺性分析

1. 材料分析

材料牌号为 08-Z,料厚为 0.6 mm。

特性及适用范围:镀锌钢板为极软的碳素钢,强度、硬度很低,而韧性和塑性极高,具有良好的深冲、拉延、弯曲和镦粗等冷加工性能及焊接性能,但存在时效敏感性、淬硬性及淬透性极低。这种材料大多被轧制成高精度的薄板或冷轧钢带,用以制造易加工成形且强度低的深冲压或深拉延的覆盖零件和焊接结构件。

2. 结构分析

该零件为抛物面形件,是母线为抛物线的旋转体空心件,其拉深时和球形、锥形零件一样，材料处于悬空状态，极易起皱。抛物面形件拉深时和球形零件又有所不同，球形零件的拉深系数为一常数，只需采取一定的工艺措施防止起皱即可；而抛物面形件等曲面零件由于母线形状复杂，拉深时变形区的位置、受力情况、变形特点等都随零件形状、尺寸的不同而变化。该零件为浅抛物面形件($h/d=0.09$)，因其高径比接近球形，所以拉深方法与球形零件相同，如图 1-2-3 所示。

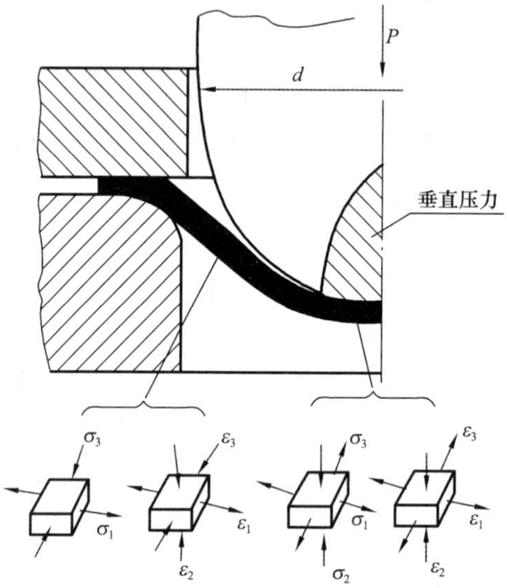

图 1-2-3　球形零件的拉深

3. 精度分析

该零件是天线的主要零部件，且采用一体成形法，要求有相对较高的真圆度及抛物面的曲率精准度，因此用模具冲压成形既能保证精度，又可批量化生产而降低成本。

二、建立三维模型

综合分析拉深、修边、翻边等冲压工艺，将抛物面形件补充修边余量并圆角，其截面线尺寸如图 1-2-4 所示。应用 eta/DYNAFORM“坯料工程”菜单中的“毛坯尺寸估算”命令，估算出抛物面形件的坯料直径约为 ϕ568 mm。坯料、凸模的模型分别如图 1-2-5、图 1-2-6 所示。抛物面形件的模型是抛物面形件材料壁厚中间层所在的曲面，凸模模型是抛物面形件的上表面(本例为双动拉深)。采用 Pro/ENGINEER(2010 年已更名为 Creo)或 UG 等三维软件对抛物面形件及冲压成形所需的坯料、凸模(包含压边圈)进行三维造型，将得到的 3 个三维模型转换为 IGES 格式(part. igs、blank. igs、punch. igs)。

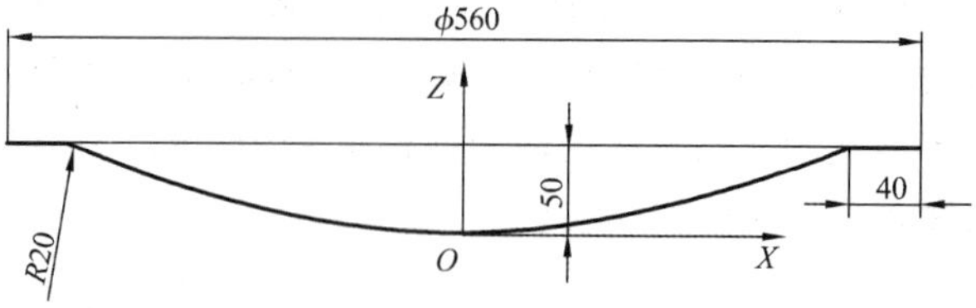

图 1-2-4　抛物面形件的截面线尺寸

图 1-2-5　坯料模型

图 1-2-6　凸模模型

三、数据库操作

1. 创建文件(数据库)

打开 DYNAFORM 软件，程序自动创建缺省的空数据库文件 Untitled. df。单击"文件"菜单中的"另存为"命令，修改文件名，将所建立的数据库文件保存在自己设定的目录下。

2. 导入模型

在"文件"菜单中单击"导入"命令，在弹出的图 1-2-7 所示的对话框中将文件类型设为"IGES(* . igs; * . iges)"，找到前面建立的模型，分别将"blank. igs"和"punch. igs"文件导入。单击"零件层"菜单中的"编辑"命令，修改各零件层的名称与所在零件的名称一致，以方便后续操作时选用。

3. 分析设置

在"工具"菜单中单击"分析设置"命令，弹出图 1-2-8 所示的"分析设置"对话框。确定单位系统是 MM(毫米)、TON(吨)、SEC(秒)、N(牛顿)，拉延类型是"Double action"(双动)，坯料和所有工具的接触界面为"Form One Way S. to S."(单面接触)，冲压方向为 Z 向，更改接触间隙为 0.6 mm。

图 1-2-7　导入文件

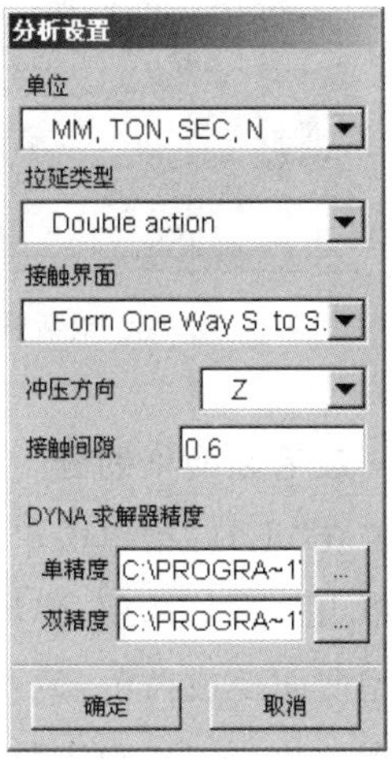

图 1-2-8　"分析设置"对话框

四、网格生成与检查

1. 凸模网格划分

（1）在“零件层”菜单中单击“显示/隐藏零件层”命令，关掉其他零件层，只打开 PUNCH 零件层，并把它设为当前零件层。

（2）在“前处理”菜单中单击“单元”命令，在弹出的图 1-2-9 所示的“单元”对话框中单击“曲面网格划分”图标按钮，弹出图 1-2-10 所示的“曲面网格划分”对话框。将最大尺寸设置为“15”，其他参数保持不变。单击“选择曲面”按钮，弹出图 1-2-11 所示的“选择曲面”对话框，单击“显示曲面”按钮，凸模模型变成白色，说明它已被选中，单击“确定”按钮，在重新出现的“曲面网格划分”对话框中单击“应用”按钮，再单击提示“接受网格？”下面的“是”按钮并退出“曲面网格划分”对话框，即完成了凸模模型曲面的网格划分。

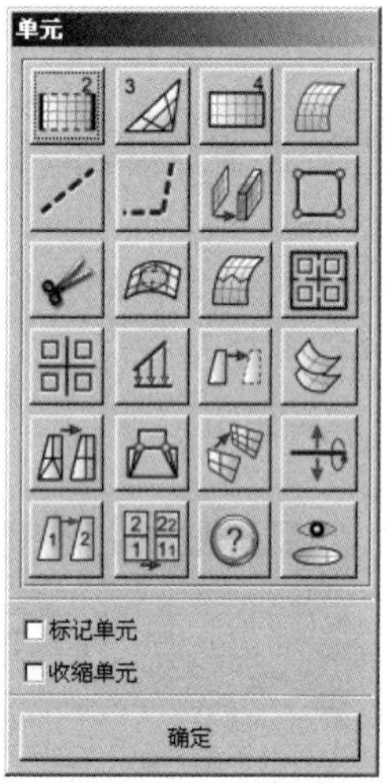

图 1-2-9 “单元”对话框

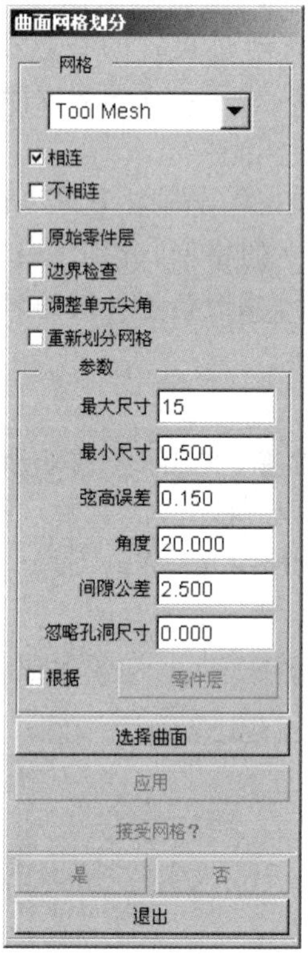

图 1-2-10 “曲面网格划分”对话框

图 1-2-11 “选择曲面”对话框(凸模)

2. 毛坯网格划分

在“工具”菜单中单击“毛坯生成器”命令，在弹出的图 1-2-12 所示的“选择选项”对话框中单击“曲面”选项，弹出图 1-2-13 所示的“选择曲面”对话框，直接点击毛坯模型曲面，毛坯模型曲面变成白色，说明它已被选中，这时出现图 1-2-14 所示的“网格大小”对话框，按图示设置参数，单击“确定”按钮，在随后出现的图 1-2-15 所示的对话框中单击“是”按钮，接受网格划分。划分好的毛坯网格如图 1-2-16 所示。

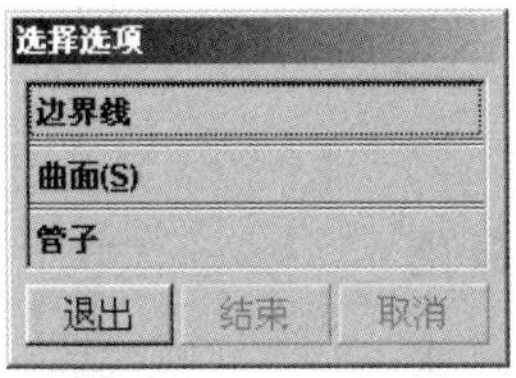

图 1-2-12　“选择选项”对话框

图 1-2-13　“选择曲面”对话框(毛坯)

图 1-2-14　“网格大小”对话框

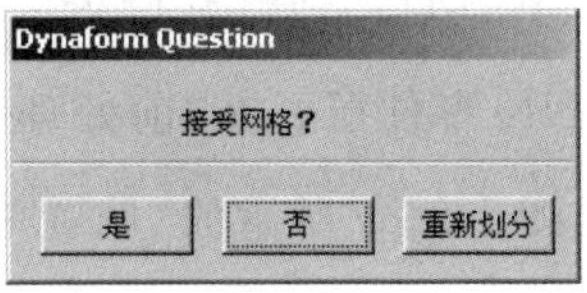

图 1-2-15　“Dynaform Question”对话框

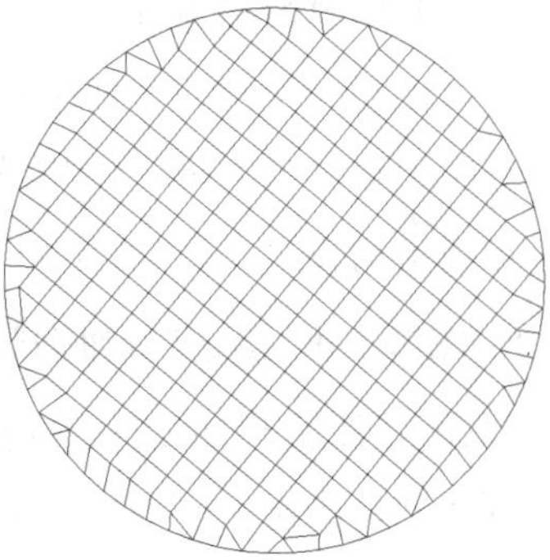

图 1-2-16　划分好的毛坯网格

3. 网格检查

(1)在 eta/DYNAFORM 主界面中，关闭显示控制选项中的“线”和“曲面”选项，选中“单元”选项。

在“前处理”菜单中单击“模型检查/修补”命令，弹出图 1-2-17 所示的“模型检查/修补”对话框，使用“自动翻转单元法向”、“显示边界”命令进行检查。

(2)自动翻转单元法向

单击“自动翻转单元法向”图标按钮，弹出“控制键”对话框，直接在凸模模型(仅显示该模型时)的任意网格上连续点击两次，出现一个带有箭头的白色单元，分别弹出图 1-2-18 所示的各对话框。在后面的操作中，下模将由上面按法向等距偏出，使所有单元法向向下。如箭头朝下，则单击“是”按钮；如箭头朝上，则单击“否”按钮。

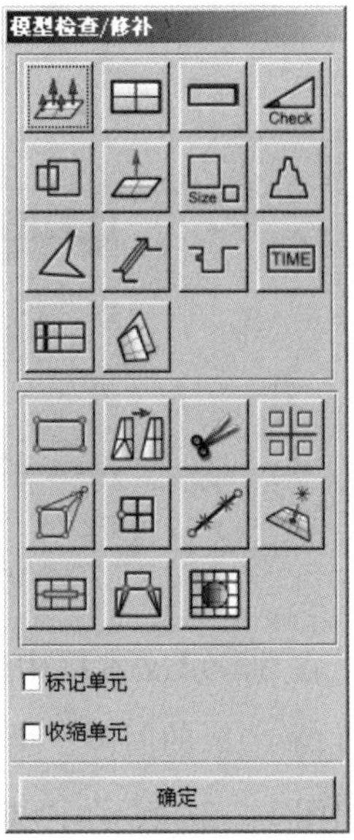

图 1-2-17　“模型检查/修补”对话框

(a) (b) (c)

图 1-2-18 自动翻转单元法向命令

(3)显示边界

单击“显示边界”图标按钮，则模型的边界以粗白色线显示，如图 1-2-19 所示的外轮廓粗线。如模型有间隙或空洞，则也会以粗线显示，表明错误所在，需要加以修补。

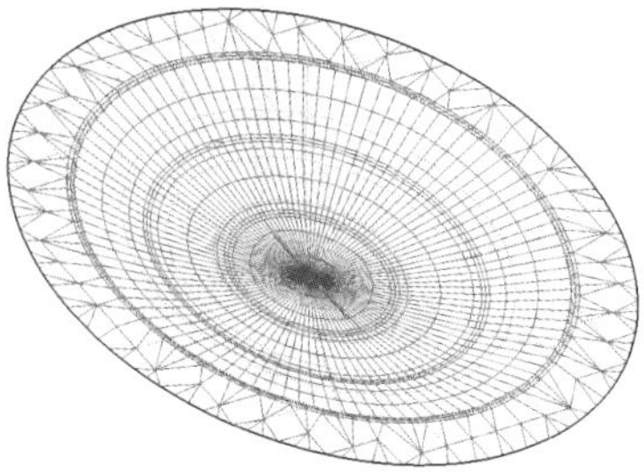

图 1-2-19 凸模边界显示

4. 凹模网格生成

创建一个新的零件层 DIE。这个零件层将从 PUNCH 等距偏移过来网格。在“零件层”菜单中单击“创建”命令，在弹出的图 1-2-20 所示对话框的“名称”文本框中输入“DIE”，单击“确定”按钮创建零件层，并且自动地将其设置为当前零件层。通过工具栏上的“关闭零件层”图标按钮关闭 BLANK 零件层。在“前处理”菜单中单击“单元”命令，单击“单元”对话框中的“偏置”按钮，弹出图 1-2-21 所示的“偏置单元”对话框，不选择“原始零件层”选项，使得等距生成的单元放在当前零件层中。确保 DIE 零件层是当前零件层。不选择“删除原始单元”选项，将保证原始零件层中的单元不被删除。

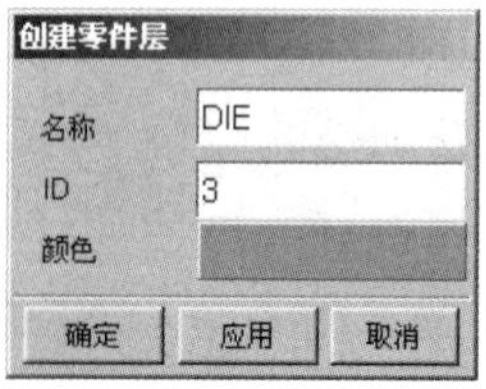

图 1-2-20 “创建零件层”对话框

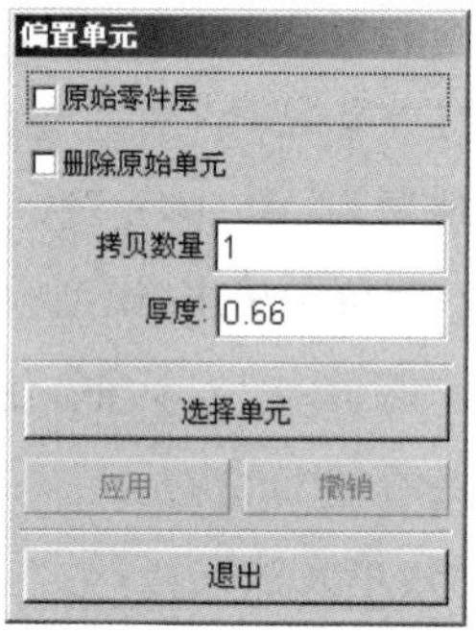

图 1-2-21 “偏置单元”对话框

在“厚度”文本框中输入“0.66”，作为等距偏移厚度。等距偏移厚度是材料厚度加上其厚度的 10％的间隙。由于坯料的厚度是 0.6 mm，所以输入“0.66”。单击“选择单元”按钮，弹出图 1-2-22 所示的“选择单元”对话框。单击“所有显示的单元”按钮，所有显示在屏幕上的网格都变成了白色。单击“确定”按钮接受选择的单元，回到“偏置单元”对话框。单击“应用”按钮，所有等距生成的单元都被放置在 DIE 零件层中。偏置出来的凹模网格如图 1-2-23 所示。

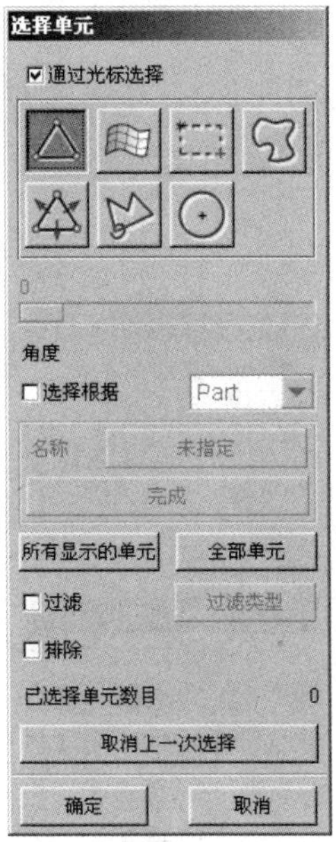

图 1-2-22　“选择单元”对话框(凹模)

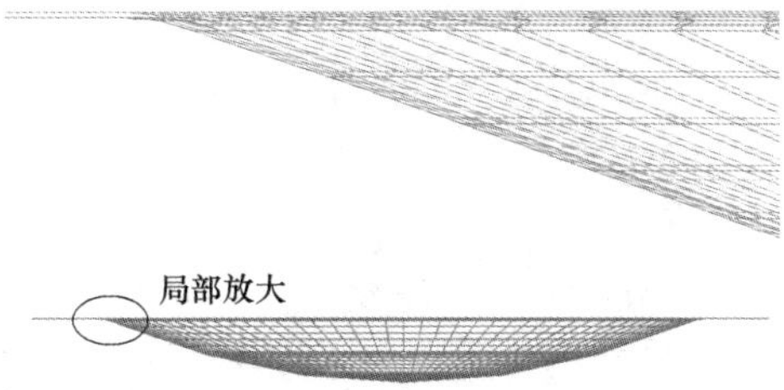

图 1-2-23　偏置出来的凹模网格

5. 创建压边圈并分离压边圈和凸模

(1)创建压边圈零件层

关闭 DIE 零件层,只显示 PUNCH 零件层。在“零件层”菜单中单击“创建”命令,在“创建零件层”对话框的“名称”文本框中填写“BINDER”(图 1-2-24),单击“确定”按钮,完成压边圈零件层的创建。此时,系统自动将新建的零件层设置为当前零件层。

(2)创建压边圈

在“零件层”菜单中单击“添加...到零件层”命令,在弹出的图 1-2-25 所示的对话框中单击“单元”按钮,弹出“选择单元”对话框,单击“伸展”图标按钮,拖动“角度”滑键为 1°,如图 1-2-26 所示。在凹模模型的凸缘处点击,则整个凸缘被选中而变成白色,单击“确定”按钮,回到“添加...到零件层”对话框,单击“应用”按钮,完成压边圈的创建,最后关闭对话框。

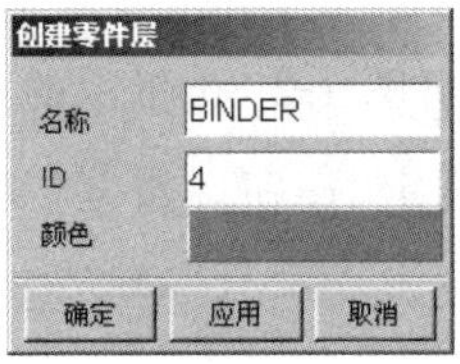

图 1-2-24　“创建零件层”对话框

图 1-2-25　“添加...到零件层”对话框

(3)分离压边圈和凸模

在“零件层”菜单中单击“分离零件层”命令，在弹出的图 1-2-27 所示的对话框中选中“BINDER”和“PUNCH”零件层，单击“确定”按钮，完成压边圈和凸模的分离。

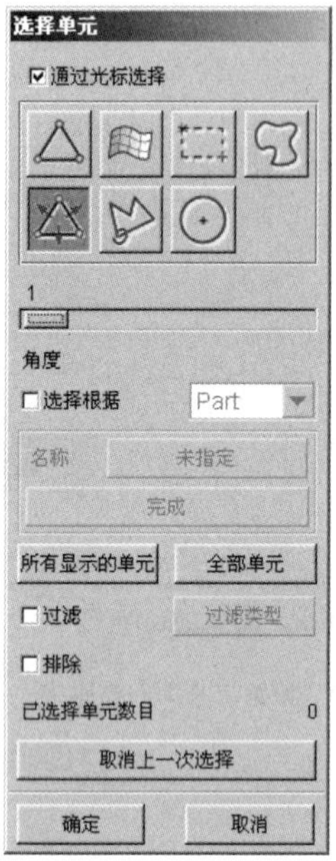

图 1-2-26 “选择单元”对话框(压边圈)

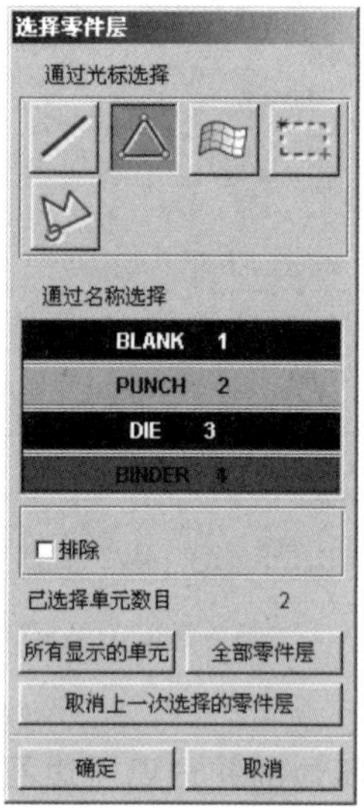

图 1-2-27 “选择零件层”对话框(分离零件层)

(4)检查结果

在“前处理”菜单中单击“模型检查/修补”命令，在弹出的“模型检查/修补”对话框中单击“显示边界”图标按钮，查看压边圈是否与凸模分离。压边圈周边和凸模周边分别出现了粗白色线，如图 1-2-28 所示，表明分离成功。

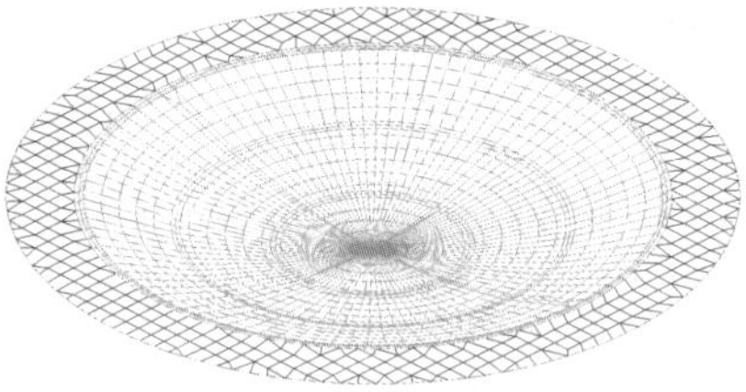

图 1-2-28 压边圈和凸模的分离结果

五、传统设置

1. 工具定义

在“工具”菜单中单击“定义工具”命令，弹出图 1-2-29 所示的“定义工具”对话框。从“工具名称”下拉列表中选择“Die”，单击“添加”按钮，弹出图 1-2-30 所示的“选择零件层”对话框，从“通过名称选择”列表中选择“DIE”，然后单击“确定”按钮。重复以上操作来定义工具“Punch”和“Binder”。在完成所有工具的定义后，单击“定义工具”对话框中的“确定”按钮完成操作。

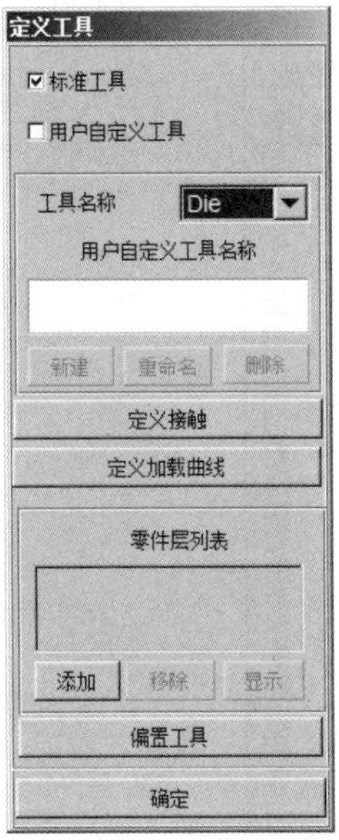

图 1-2-29　“定义工具”对话框

图 1-2-30　“选择零件层”对话框(定义工具)

2. 坯料定义及工艺参数设置

(1)坯料定义

在“工具”菜单中单击“定义毛坯”命令,弹出图 1-2-31 所示的“定义毛坯”对话框。单击“添加”按钮,弹出“选择零件层”对话框,从“通过名称选择”列表中选择“BLANK”,然后单击“确定”按钮,回到“定义毛坯”对话框。

(2)坯料工艺参数设置

单击“材料”右边的按钮(定义材料前该按钮的名称是“None”,定义后将显示为材料名称),弹出图 1-2-32 所示的“材料”对话框。单击“材料库”按钮,弹出图 1-2-33 所示的“材料库”对话框。在此对话框中选择材料类型为 STEEL 系 Mild 列(低碳钢)中的“DQ(36)”(可参考表 1-2-1),单击“确定”按钮,使用 DQ 材料缺省的参数,回到“材料”对话框,再单击“确定”按钮,完成材料的定义。

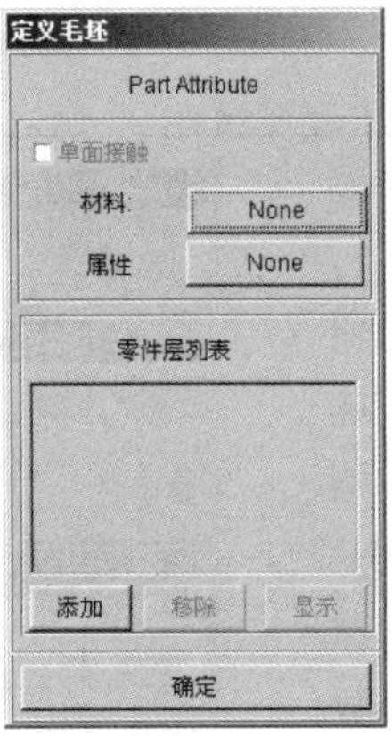

图 1-2-31　“定义毛坯”对话框

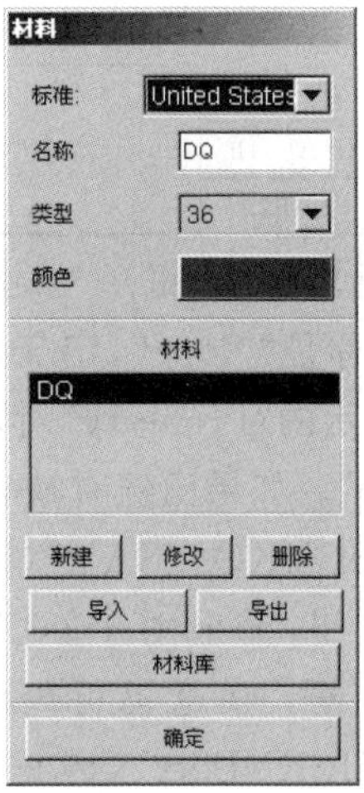

图 1-2-32　“材料”对话框

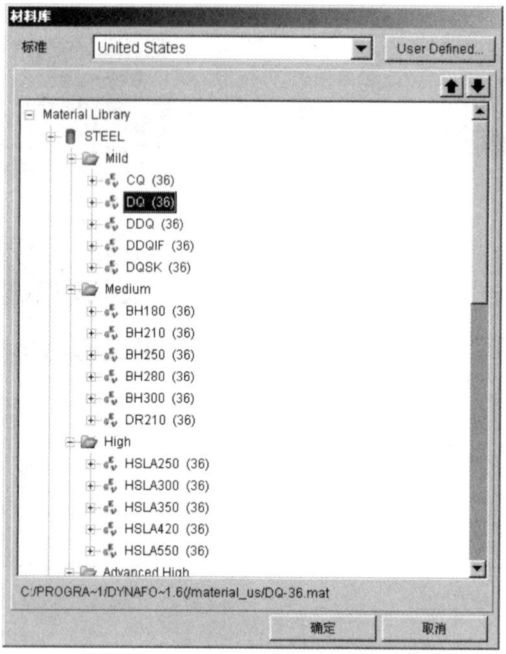

图 1-2-33 “材料库”对话框

表 1-2-1　　国内外冷轧钢板及钢带牌号对照

材料类别	国标牌号	日本工业标准牌号	德国工业标准牌号
商用级(CQ)	Q195	SPCC	ST12
	10-P		
	10-S		
	08-P		
	08-S		
	08Al-P		
	08Al-S		
冲压级(DQ)	10-Z	SPCD	ST13
	08-Z		
	08Al-Z		
深冲级(DDQ)	08Al-F	SPCE	ST14
	08Al-HF		
	08Al-ZF		

单击“定义毛坯”对话框中“属性”右边的按钮(定义属性前该按钮的名称是“None”,定义后将显示为属性名称),弹出图 1-2-34 所示的“Property”对话框,输入材料名称,比如输入“blankpro”。如果已经有缺省名称,则可以跳过。确定选择“BELYTSCHKO-TSAY”(缺省)作为单元方程,然后单击“新建”按钮,弹出图 1-2-35 所示的“BELYTSCHKO-TSAY”对话框。在这里可以编辑材料的厚度,即在“UNIFORM THICKNESS”文本框中输入“0.6”,其他参数为缺省值,然后单击“OK”按钮完成设置,返回到“Property”

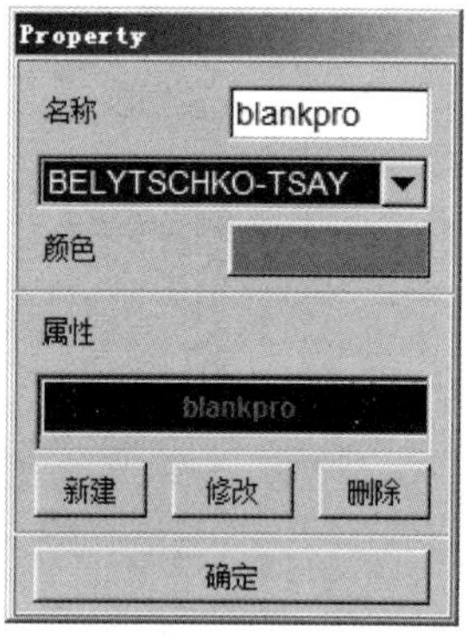

图 1-2-34 “Property”对话框

对话框。单击“确定”按钮，返回到“定义毛坯”对话框，单击“确定”按钮完成坯料、材料和属性的定义。

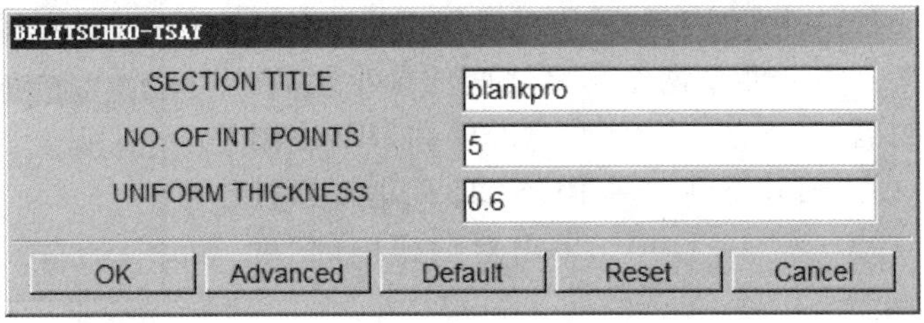

图 1-2-35　“BELYTSCHKO-TSAY”对话框

3. 自动定位工具

自动定位工具可将所有已经定义好的工具放置在正确的位置上。在“工具”菜单中单击“定位工具”命令中的“自动定位”子命令，弹出图 1-2-36 所示的“自动定位工具”对话框。主工具是在自动定位时固定不动的工具，坯料(BLANK)应该是主工具。在“主工具”列表中选择“BLANK”，然后在“从工具”列表中选择剩下的工具(按下 Ctrl 键或按住鼠标左键来选择所有的从工具)。选择好主工具与从工具后，选择“Z”(方向组)方向作为工具自动定位时的移动方向，在“接触间隙”文本框中输入“0.6”(接触间隙等于坯料厚度)，单击“应用”按钮进行工具的自动定位，图 1-2-37 所示为自动定位的结果。如果结果不同，则单击“撤销”按钮，然后重复上述操作进行定位，确保结果准确。如果定位结果不对，则单击“工具”菜单中的“分析设置”命令，确定拉延类型设置的是“Double action”(双动)。最后单击“关闭”按钮退出自动定位。

图 1-2-36　“自动定位工具”对话框

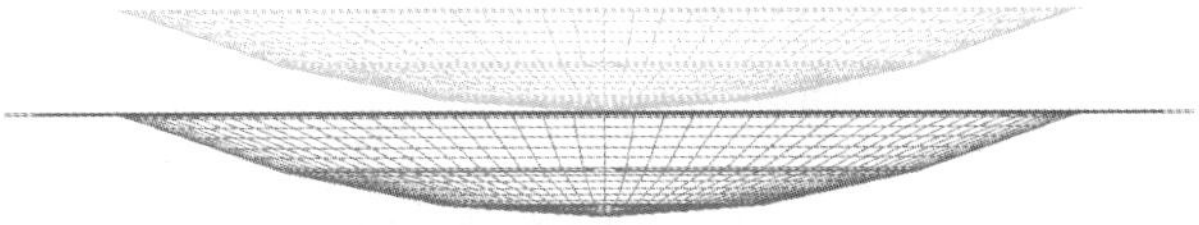

图 1-2-37　自动定位的结果

4. 凸模(PUNCH)运动行程的测量

工具定位后需设置工具的运动曲线，计算工具的运动行程。这就要先测量工具间的最小距离，再减去等距厚度(坯料厚度的 1.1 倍)，得到工具的运动行程。在“工具”菜单中单击“定位工具”命令中的“最小距离”子命令，弹出图 1-2-38 所示的“工具间最小的位移”对话框。

选择 Z 方向作为测量距离的方向。在“选择基准工具”列表中选择“PUNCH”，然后在“选择从工具”列表中选择“DIE”，这样将沿着 Z 方向测量两个工具之间的最小距离，并将结果显示在对话框的下部。工具 PUNCH 和 DIE 之间的最小距离约为 51.2 mm，得到工具 PUNCH 的运动行程约为 50.54 mm(51.2－0.6×1.1)。单击对话框中的“确定”按钮结束测量操作。

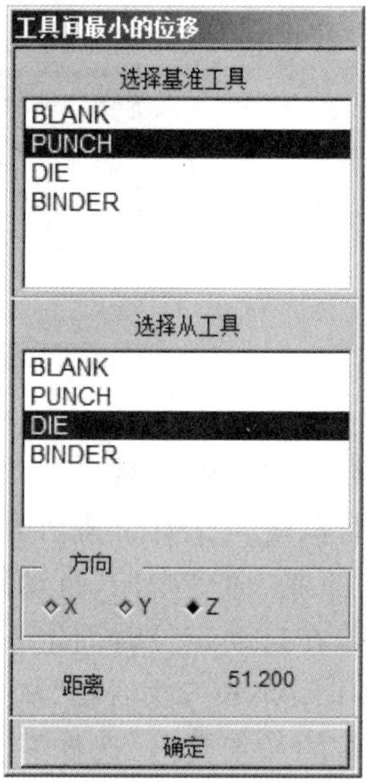

图 1-2-38 “工具间最小的位移”对话框

5. 定义凸模(PUNCH)的运动曲线

在“工具”菜单中单击“定义工具”命令，弹出“定义工具”对话框。从“工具名称”下拉列表中选择“Punch”，然后单击“定义加载曲线”按钮，弹出图 1-2-39 所示的“工具加载曲线”对话框，在“曲线类型”选项组中选择缺省的“运动”作为曲线类型，并通过勾选“Z”选项来确定冲压方向。单击“自动”按钮，在打开的“运动曲线”对话框(图 1-2-40)中，曲线类型采用缺省的“速度”，曲线形状选择缺省的“Trapezoidal”。“开始时间”采用缺省值，在“速度”文本框中输入“4000”(mm/s)，在“冲压距离”文本框中输入前面测量计算过的工具 PUNCH 的运动行程。单击“是”按钮创建出一条运动曲线，如图 1-2-41 所示。单击图 1-2-42 所示对话框中的“确定”按钮，返回到“工具加载曲线”对话框。再次单击“确定”按钮，返回到“定义工具”对话框。“定义接触”采用默认参数，无须设置。不要关闭这个对话框，接下来定义压边圈的压力曲线。

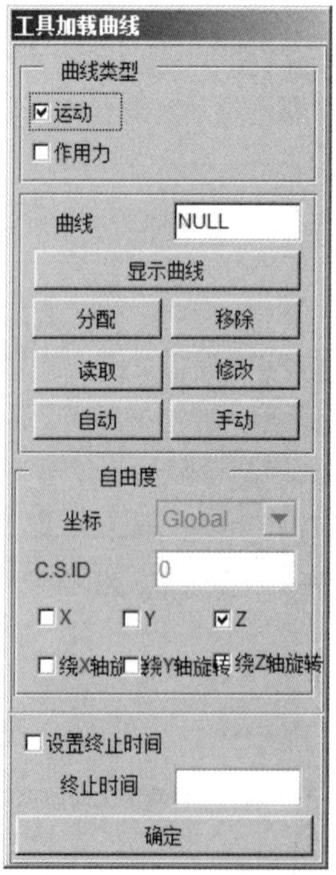

图 1-2-39 “工具加载曲线”对话框

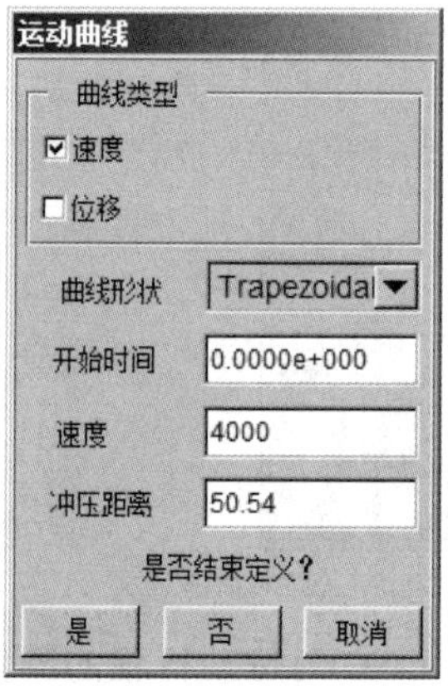

图 1-2-40 “运动曲线”对话框

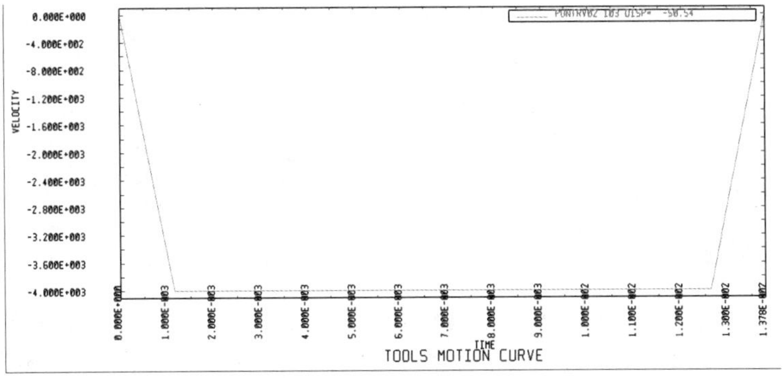

图 1-2-41　凸模的运动曲线

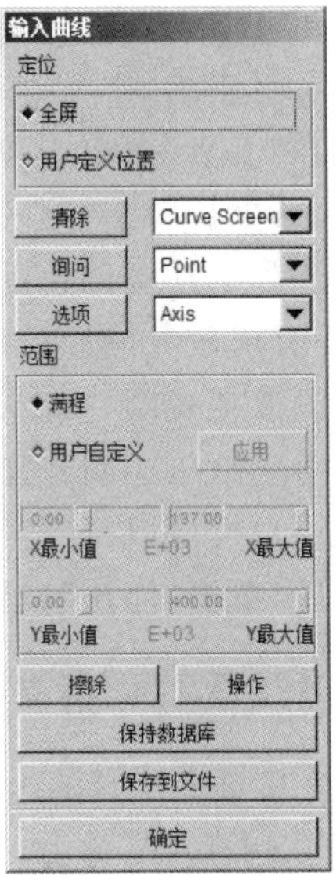

图 1-2-42　“输入曲线”对话框

6. 定义压边圈(BINDER)的压力曲线

从“工具名称”下拉列表中选择“Binder”，然后单击“定义加载曲线”按钮，在打开的“工具加载曲线”对话框中选择“作用力”作为曲线类型，确定 Z 方向为冲压方向，单击“自动”按钮，在弹出的图 1-2-43 所示对话框的“作用力”文本框中输入“500000”(N)，单击“确定”按钮退出该对话框，系统创建出压边圈的压力曲线，如图 1-2-44 所示。单击“输入曲线”对话框中的“确定”按钮，返回到“工具加载曲线”对话框。再次单击“确定”按钮，返回到“定义工具”对话框。在“定义工具”对话框中单击“确定”按钮，完成所有工具运动、压力曲线的定义。

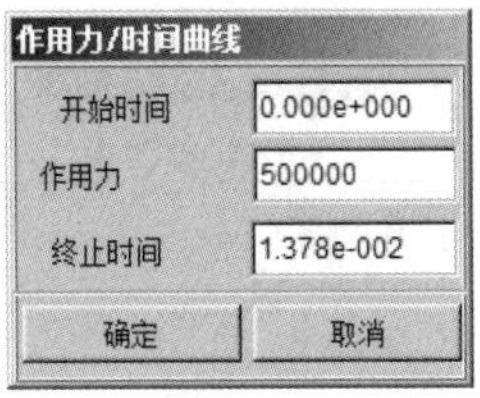

图 1-2-43　“作用力/时间”曲线对话框

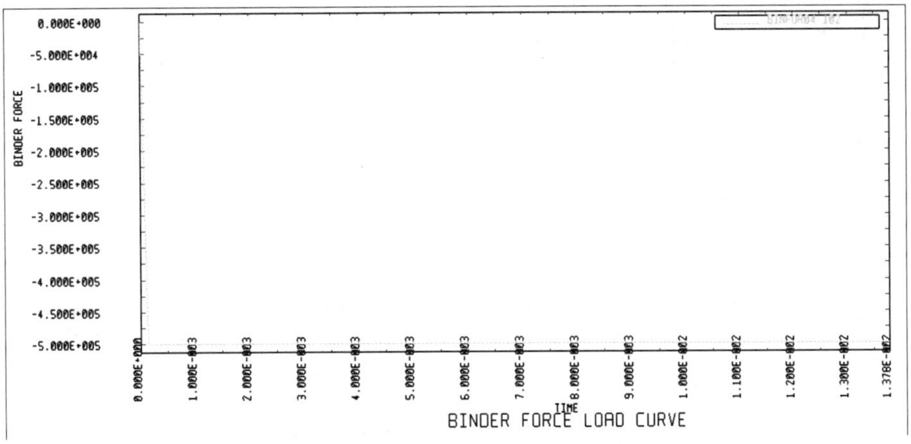

图 1-2-44　压边圈的压力曲线

六、预览工具的运动

在完成了前处理所有建立冲压模型的工作后，还需设置一些求解参数，才能向计算机提交分析任务。在设置这些参数前，还要检查已定义运动、压力曲线的工具，确保它们之间的运动关系正确。

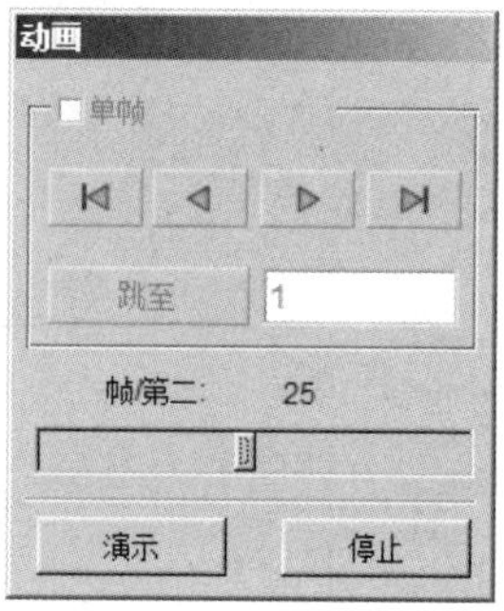

图 1-2-45 “动画”对话框

在“工具”菜单中单击“动画”命令，弹出图 1-2-45 所示的“动画”对话框。单击“演示”按钮，以缺省的参数来动画显示工具的运动。如果动画的速度比较快，则可将该对话框中的滑块向右拖动，设置成较大的帧数以防止速度过快。在进行动画演示时，用户可以改变视图。确认凸模是沿着$-Z$方向运动，最后和凹模合模。由于给压边圈施加的是压力载荷，故在动画演示时它并不运动。用户也可以打开“单帧”开关进行演示。检查完工具的运动情况后，单击“停止”按钮就可以退出“动画”对话框。

七、设置分析参数并求解计算

在验证完工具的运动后，可以定义最后的一些参数，然后开始分析计算。在“分析”菜单中单击“LS-DYNA”命令，弹出图 1-2-46 所示的“分析”对话框，选择分析类型为“Full Run Dyna”（完全运行 Dyna，即启动求解器后立即在后台进行运算），单击“控制参数”按钮，弹出图 1-2-47 所示的对话框，对于新用户，推荐采用缺省的控制参数。

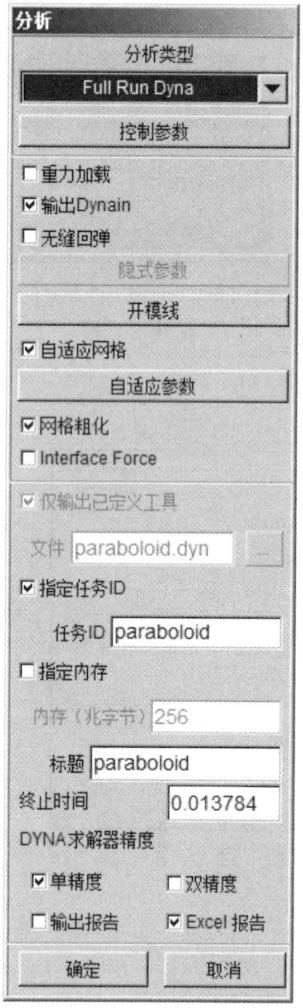

图 1-2-46 “分析”对话框

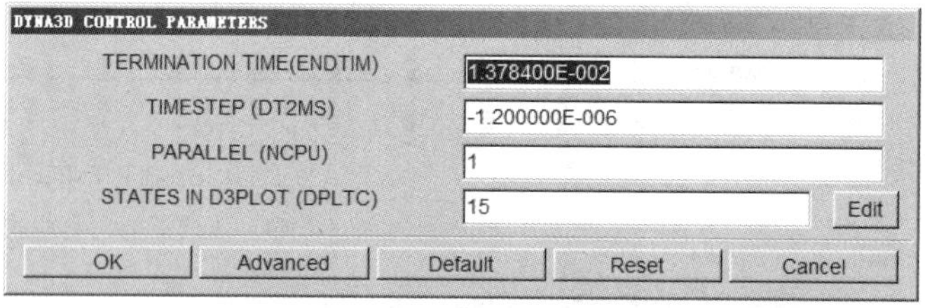

图 1-2-47 “DYNA3D CONTROL PARAMETERS”（控制参数）对话框

自适应网格功能允许采用在需要时重新划分毛坯网格的方法来增加结果的准确度。换言之，当毛坯随着模具变形时，需要更好、更小网格的区域将被分为更好、更小的单元。单击“分析”对话框中的“自适应参数”按钮，弹出图 1-2-48 所示的对话框，可以修改 LEVEL (MAXLVL)参数来缩短计算时间，代价是降低计算精度。

在“分析”对话框中指定一个合理的内存，然后单击“确定”按钮来启动求解器。

求解器在运算过程中会给出估计的计算完成时间。由于设置了自适应网格划分参数，坯料在计算过程中会几次重新划分网格，所以估计的时间是不准确的。LS-DYNA 前处理完成后，可单击“后处理”菜单，弹出图 1-2-49 所示的“Dynaform 问题”对话框。单击“是”按钮运行 eta/POST 后处理器，以读取和处理由 LS-DYNA 生成的结果文件。

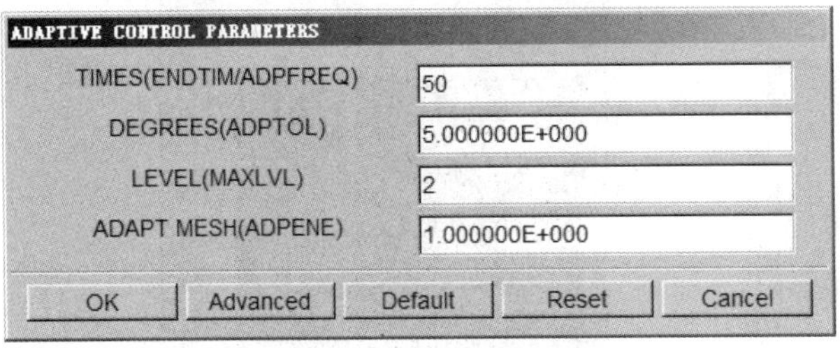

图 1-2-48　自适应参数对话框

图 1-2-49　“Dynaform 问题”对话框

八、eta/POST 后处理

eta/POST 能够读取和处理 d3plot 文件中所有可用的数据，包括没有变形的模型数据和所有由 LS-DYNA 生成的结果文件(应力、应变、时间历史曲线及变形过程等)。

1. 读入结果文件 d3plot 到 eta/POST

在后处理界面的“File”菜单中单击“Open”命令，弹出图 1-2-50 所示的对话框。从文件类型列表中选择 LS-DYNA Post 的结果文件，包含 d3plot、dynain 格式的文件。其中 d3plot 文件是成形模拟的结果文件，包括拉延、压边、翻边等工序和回弹过程的模拟结果；dynain 文件是板料变形结果文件。浏览到保存结果文件的目录，选择要读取的 d3plot 文件，单击“Open”按钮读入该文件并进行计算结果的后处理操作。

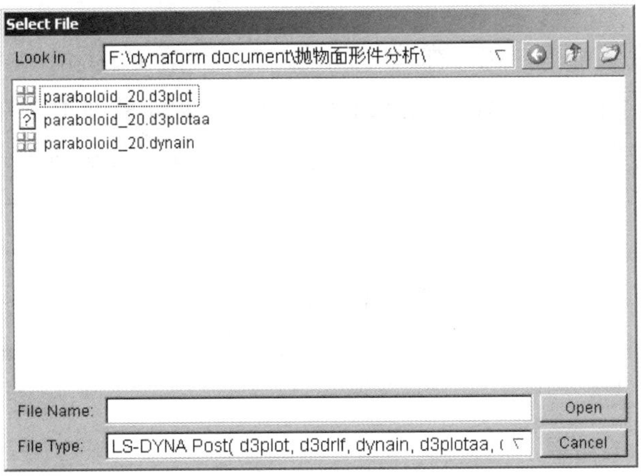

图 1-2-50　选择文件

2. 绘制变形过程

在后处理界面右侧操作选项中的“Frames”(帧)下拉列表(图 1-2-51)中选择“All Frames”(所有帧),然后单击按钮,用动画显示变形过程。为方便观察坯料,可单击后处理界面工具栏中的图标按钮,关闭所有的工具,只打开坯料零件层(图 1-2-52)。最后单击“Exit”按钮退出操作。

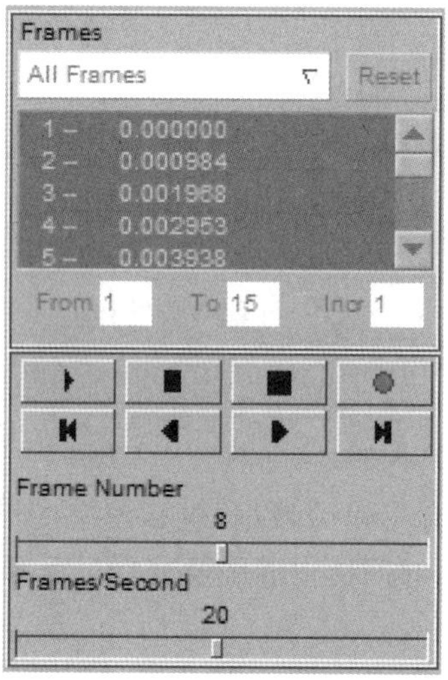

图 1-2-51 “Frames”(帧)下拉菜单

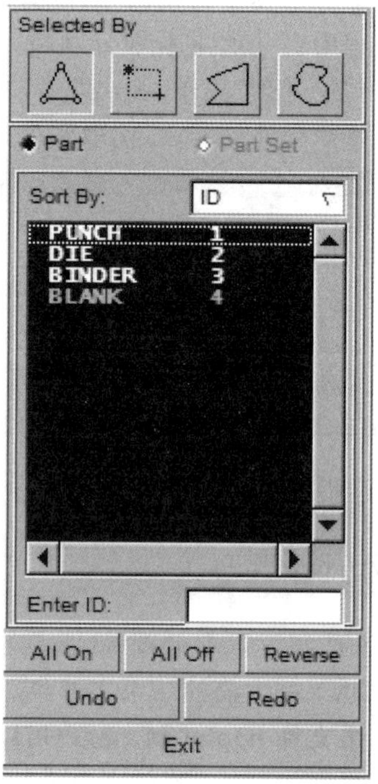

图 1-2-52 零件层操作对话框

3. 厚度变化过程

eta/POST 能够绘制厚度变化过程和 FLD 变化过程以及坯料上的应变/应力等物理量的分布。

在结果操作区域中单击图标按钮(Thickness)。在“Current Component”下拉列表中任意选择“THICKNESS”(绝对值)或“THINNING”(相对减薄率)。单击按钮可动画显示厚度变化过程,移动“Frames/Second”滑块设置所需的动画速度,单击按钮停止动画显示。

4. 成形极限图(FLD)

在结果操作区域中单击图标按钮(FLD)。在“〈Layer〉”下拉列表中选择“MIDDLE”。单击“FLD Curve Option”按钮可设置 FLD 参数(n、r、t 等),单击按钮可动画显示 FLD 变化过程。

5. 绘制单帧显示的结果

单帧显示的结果要比动画模拟更方便。在“Frames”(帧)下拉列表中选择“Single Frame”(单帧),然后在帧列表中拾取单个帧,查看单帧显示的结果,也可以移动“Frame

Number”滑块来选择单帧。最后一帧的厚度变化图如图 1-2-53 所示，最后一帧的成形极限图如图 1-2-54 所示。

图 1-2-53　最后一帧的厚度变化图

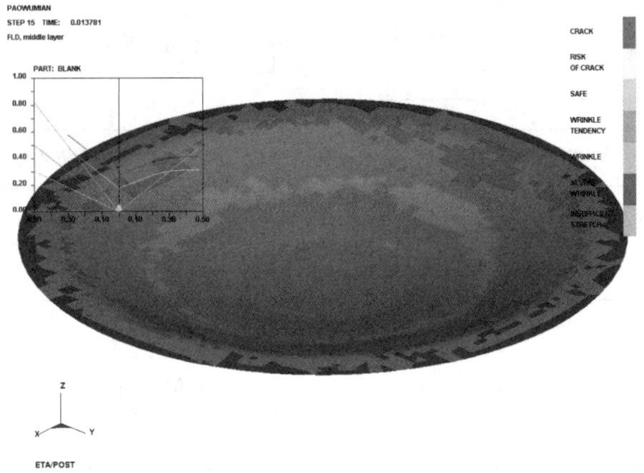

图 1-2-54　最后一帧的成形极限图

九、分析报告

根据得到的抛物线拉深件的成形极限图和厚度变化图，写出表 1-2-2 所示的抛物线拉深件成形 CAE 分析报告。

表 1-2-2　　抛物线拉深件成形 CAE 分析报告(压边力为 40 t)

材料：08-Z

序号	成形描述	分析、建议	备注
1	抛物线拉深件的凸缘及其附近为紫色及蓝色，表示有皱曲或起皱趋势；拉深件的悬空侧壁区大部分与中心区呈灰色，表示拉伸不足	外皱曲(凸缘处)不明显，且修边时可去除；板料悬空侧壁区拉伸不足，建议适当增大压边力或设置拉延筋	分析压边力为 20 t 时板料悬空侧壁区的皱曲变化及解决措施

续表

序号	成形描述	分析、建议	备注
2	抛物线拉深件凸缘处的壁厚最厚，厚度为料厚的 1.003 倍，从凸缘向中心厚度逐渐减小，但在悬空侧壁区中心处最薄，厚度为料厚的 95.6%	悬空处壁厚变薄说明此处材料的受力情况与法兰变形区、凸模底部变形区不同。若材料壁厚减薄量未超过 5%的限度，则可以不采取措施	分析压边力为 60 t 时板料悬空侧壁区厚度减薄量的变化及解决措施

【相关理论知识】

一、传统设置分析流程

传统设置分析流程如图 1-2-55 所示。

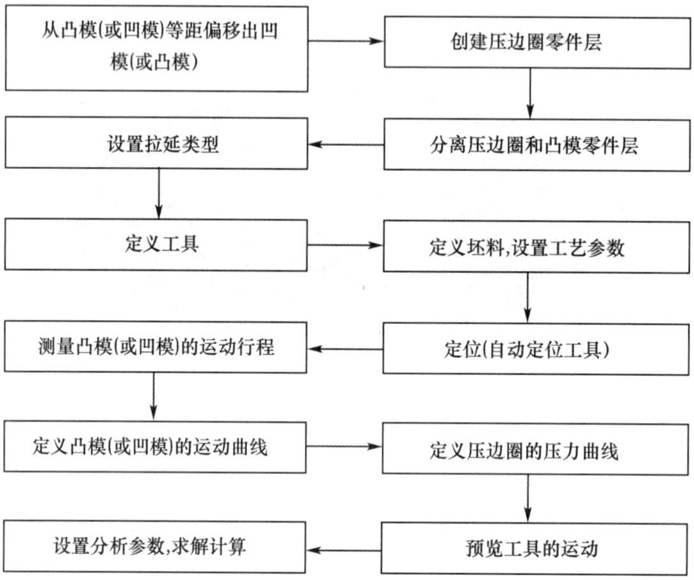

图 1-2-55 传统设置分析流程

二、网格划分

网格划分是有限元模拟分析的一个重要环节。网格划分时要考虑板材尺寸、边缘轮廓、孔洞等工艺及结构问题，需要的工作量较大。有限元模型的网格类型与数量对计算精度和分析效率将产生直接影响。一般情况下，增加网格数量会提高计算精度，但同时也会降低分析效率，所以应综合考虑计算精度与分析效率来确定网格数量。其次，模型的不同部位应被划分成大小不同的网格，以适应计算数据的分布特点。

网格划分的方法有多种：2 线网格划分、3 线网格划分、4 线网格划分以及曲面网格划分等。现对常用的网格划分方法进行介绍。单击“前处理”菜单中的“单元”命令，弹出图 1-2-56 所示的对话框，在此可创建单元。

标记单元：显示或关闭单元编号。

收缩单元：将原单元的尺寸缩小 20%绘制。

1.2 线网格划分 

2 线网格划分是在由两条线定义的区域内生成单元。在屏幕中选择两条线，在弹出的图 1-2-57 所示对话框的“N1”、“N2”、“N3”、“N4”文本框中输入整数。“N1”和“N2”文本框中分别是沿线 1 和线 2 创建的单元数，“N3”和“N4”文本框中分别是沿两个选定直线间两侧面创建的单元数。要创建网格，这四个数必须满足下面的标准：

$$N1<2N3, N3<2N1, N2<2N4, N4<2N2$$

当 N3 和 N4 被省略时，N1 是沿两条线创建的单元数，N2 是沿两条线的两侧面创建的单元数。单击图 1-2-57 中的“确定”按钮，弹出“Dynaform Question”对话框，如图 1-2-58 所示。

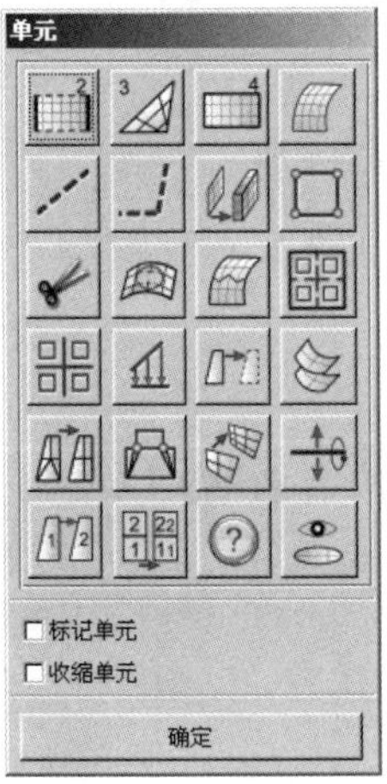

图 1-2-56　“单元”对话框

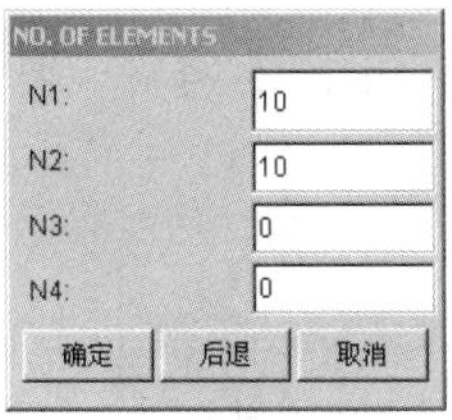

图 1-2-57　创建单元数

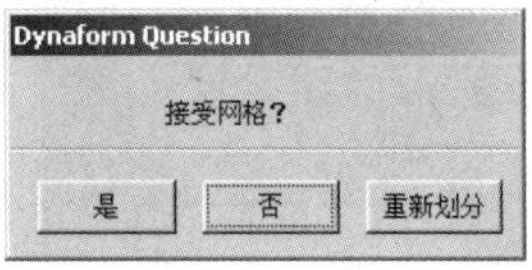

图 1-2-58　“Dynaform Question”对话框

单击“是”按钮表示接受网格，可继续选择下一组线；单击“否”按钮表示放弃网格，可重新选择一组线；单击“重新划分”按钮表示放弃网格并输入新的 N1、N2、N3 和 N4 值，结果如图 1-2-59 所示。

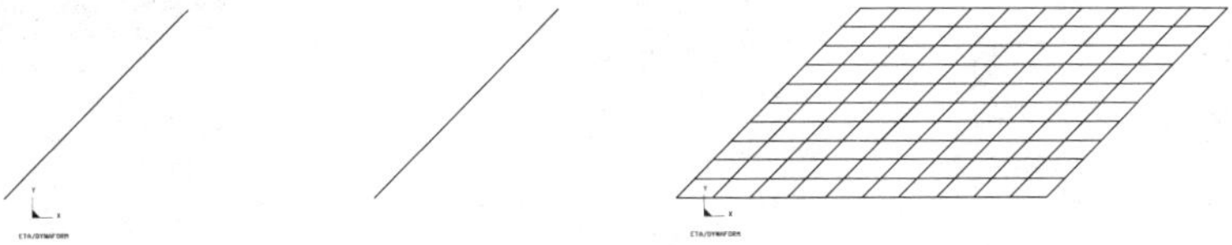

(a)划分前的两条线　　(b)划分后的网格

图 1-2-59　2 线网格划分

2.3 线网格划分 

3 线网格划分是在由三条线定义的区域内生成单元。选择图 1-2-60 所示的三条线后，弹出图 1-2-61 所示的“选择选项”对话框。其中“在转角处出现三角形单元”(图 1-2-62(a))是指在接下来的“NO. OF ELEMENTS”对话框中的三个数 N1、N2、N3 分别为沿三条选择线上要创建的单元数，只在第一和第二条线的转角处存在三角形单元；“沿边界出现三角形单元”(图 1-2-62(b))是指在接下来的“NO. OF ELEMENTS”对话框中只需输入一个数 N，则沿着三条边中的每一条都将有 N 个单元，沿着第三条线存在三角形单元。

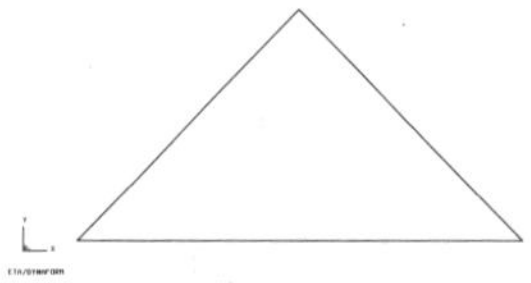

图 1-2-60　划分前的三条线

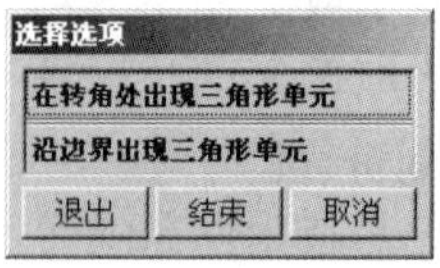

图 1-2-61　“选择选项”对话框

(a)在转角处出现三角形单元　　(b)沿边界出现三角形单元

图 1-2-62　3 线网格划分

3.4 线网格划分

4 线网格划分的操作类似于 2 线网格划分。

4. 曲面网格划分

曲面网格划分可在选定曲面上创建自动生成的网格。要创建网格，需设置图 1-2-63 所示的“曲面网格划分”对话框中的各项参数。

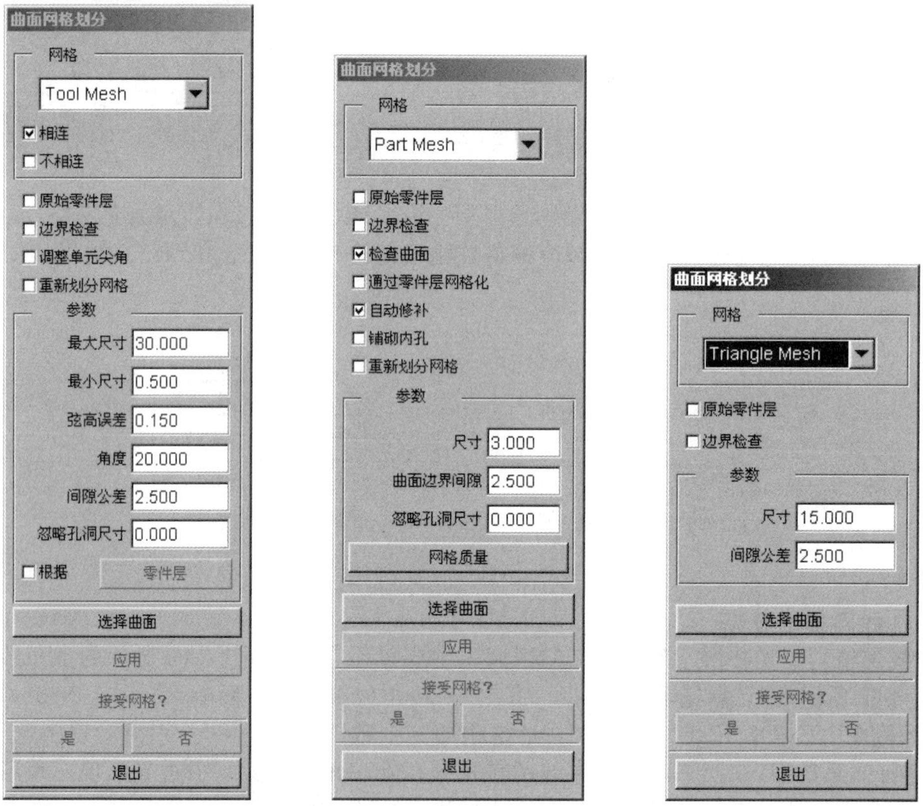

(a)工具网格划分　　(b)工件网格划分　　(c)三角形网格划分

图 1-2-63　“曲面网格划分”对话框

曲面网格划分类型包括“Tool Mesh”(工具网格划分)、“Part Mesh”(工件网格划分)和“Triangle Mesh”(三角形网格划分)三种。工件网格划分是一种新的拓扑网格划分方法，三角形网格划分方法划分的全部是三角形单元。

工具网格划分对话框如图 1-2-63(a)所示，其选项及参数的功能如下：

相连：可以自动将间隙在误差范围之内的相邻面上的网格连接或不连接起来。

不相连：对各个面进行网格划分后不会自动连接相邻面上的网格。

原始零件层：此功能决定在原始零件层或当前零件层创建单元。

边界检查：此功能决定是否在拓扑结构构成后检验并显示模型的边界线。

调整单元尖角：在网格划分结束之后将自动检查和修补由质量不好的 AD 曲面所导致的三角形单元中的尖内角(小于 5°)。如果选择此选项，则网格划分的速度将减小 40%～50%。因此，建议用户仅仅在网格中存在非常小的内角的情况下才选择此选项。

重新划分网格：如果对已划分好的网格局部区域所对应的面重新划分网格，而网格边界仍然和没有重新划分区域的边界节点相连，这样当所有网格划分好且需要修改局部区域的面时，不需要重新划分所有的网格。

最大尺寸：控制最大尺寸。

最小尺寸：控制最小尺寸。

弦高误差：在半径上控制单元数量。

角度：通过控制邻近单元的法向夹角来控制圆角处的单元个数。

间隙公差：相邻曲面之间所能允许的最大间隙。如果相邻曲面的间隙值大于间隙公差，则这两个相邻曲面不连续。

忽略孔洞尺寸：如果曲面上孔洞的尺寸小于所给的值，那么在划分曲面网格时程序将自动忽略这些孔洞。

eta/DYNAFORM 中的工具网格划分功能适合对工具(如凸模、凹模)的曲面网格进行划分。

工件网格划分对话框如图 1-2-63(b)所示，其部分选项的功能与工具网格划分对话框相同。“网格质量”是网格的质量控制选项。单击“网格质量”按钮，可弹出图 1-2-64 所示的对话框，调整其中的参数即可控制网格质量。

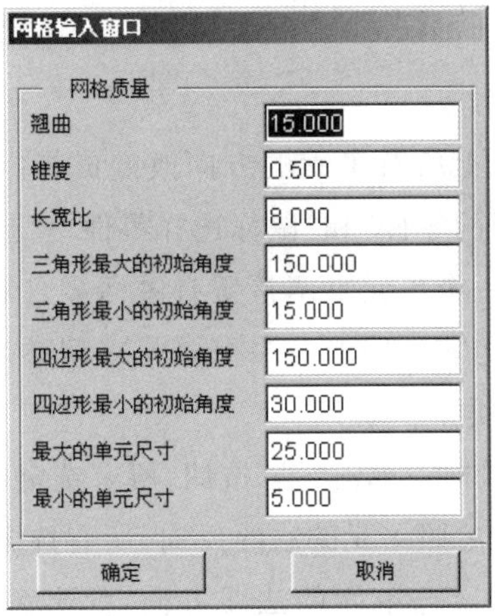

图 1-2-64　“网格输入窗口”对话框

三角形网格划分对话框如图 1-2-63(c)所示，用户只能输入单元尺寸和间隙公差。

5. 毛坯网格划分

此功能可以用毛坯轮廓线或曲面生成平整的毛坯网格。用毛坯生成功能生成的单元将以四边形网格为主，如果三角形单元不可避免，则应尽量放在板料的外围。毛坯网格划分质量与成形模拟结果关系很大。

在毛坯网格划分中的“网格大小”对话框(图 1-2-14)中，“工具半径”的意思是工具上最小的圆弧半径，通过这个圆弧半径来确定所需单元的尺寸大小，“转换”按钮可以显示与网格之间的转换结果。缺省的转换是按网格细分 3 级以及一个 90°圆弧上基本划分为三个单元来估算。

三、网格质量检查

完成网格划分后，为防止网格中存在一些可能影响模拟的缺陷，需检查网格质量并进行修补。单击“前处理”菜单中的“模型检查/修补”命令，弹出图 1-2-65 所示的对话框。该对话框中提供的模型检查及修补功能可用于检查网格质量。

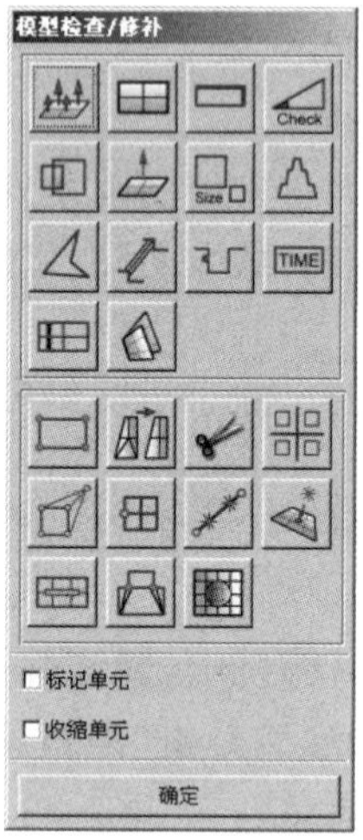

图 1-2-65 “模型检查/修补”对话框

1. 自动翻转单元法向

该功能可将选定的零件层上所有单元的方向改变成指定方向。图 1-2-18(a)所示的对话框中有两个选项：“所有打开的零件”和“鼠标选择零件”。缺省的是前者，即检查所有打开的零件层，这时可以任意选取一个单元来调整所有激活零件层的法向一致性。或者选择后者，然后再任意选取需要检查的零件层上的一个单元来调整该零件的法向一致性。建议在使用此功能时只选择一个零件层。

在图 1-2-18(c)所示的对话框中单击“是”按钮，所有选定单元的法线将调整为与参照的单元法线一致；单击“否”按钮，参照单元的法线反向，所有选定单元的法线与参照方向一致。屏幕上显示出一个箭头来表示所选单元的法线方向，弹出窗口出现提示“Is normal direction acceptable?”(是否接受显示的法线方向?)。单击“是”按钮，将检查零件层中的所有单元，转换所有单元的法向量，使之与显示的方向一致；单击“否”按钮，将检查零件层中的所有单元，转换所有单元的法向量，使之与显示方向的反方向一致。实际上，只要大多数单元的法向量一致，程序就能够计算，否则需要将单元的法向量翻转成一致。

2. 显示边界

该功能用来检验激活的零件层的边界线，可发现网格上的间隙、孔洞、退化的单元，以高亮的边界显示这些缺陷，然后手工修补有缺陷的单元。单击“清除加亮图形”图标按钮可消除加亮的边界线。

3. 长宽比

该功能用来检验所显示的平面单元和实体单元的图形的长宽比。长宽比是单元的长边与短边的比。eta/DYNAFORM 默认的图形的长宽比为 8.0。eta/DYNAFORM 会对单元长宽比的值进行检验，超出指定长宽比的单元会被加亮。

4. 内角

该功能用来检查壳单元和实体单元的内角的最小值(默认值为 1°)。eta/DYNAFORM 检查并加亮任意小于指定值的单元。

5. 重叠单元

该功能用来检查共享两三条边的重叠单元。如有重叠单元，则用户可以创建新零件层来存放这些单元。

6. 平面法线

该功能可在法向相反的两个单元间绘制边界线。

7. 单元尺寸

该功能用来检查平面单元、实体单元或梁单元的最小边(默认值为 0.1)。eta/DYNAFORM 会将所有小于用户定义长度标准的边的单元加亮。用户可以选择任何单元，它的单元尺寸会在提示窗口中给出。

8. 锥度

该功能对四边形单元的锥度进行检查，锥度值表示了单元的收敛幅度。矩形单元的锥度为 0，用户可以在下一对话框中输入 0 到 1 间的值(默认值为 0.5)。用户可以选择任何单元，它的锥度值会在提示窗口中给出。

9. 翘曲

该功能可检查四边形单元的翘曲变形。用户可以将四边形单元分割成两个三角形单元。

10. 特征线

该功能根据用户指定的角度标准来对平面单元间的角度进行检查。当两个平面单元法向之间的夹角不小于指定的标准时，单元间的边界就形成特征线。在这些地方用户也可以生成梁单元。

11. 锁模

该功能检查凹模的结构，检查给定点的尺寸是否限制凸模的运动。用户可以检查所有工具单元的冲压负角。

12. 时间步长

该功能显示 10 个具有最小时间步长的毛坯单元，即 10 个最小的毛坯单元。

13. 截面线

截面线是一系列坐标平面与有限元网格或曲面的相交线。该功能可测量截面长度、角度以及显示截面线。

14. 网格曲面偏差

该功能用来测量曲面和单元之间的偏差。用户可以先选择需要测量的曲面和单元，然后定义偏差范围，最后单击“曲面偏差”对话框中的“绘制”按钮，程序将显示偏差云图。用户也可以单击“显示值”按钮，然后通过指针点击节点来显示偏差值。

相关练习

1. 对图 1-2-66 所示冲压件进行 CAE 分析。材料为 1Cr18Ni9Ti 钢，料厚为 0.8 mm。

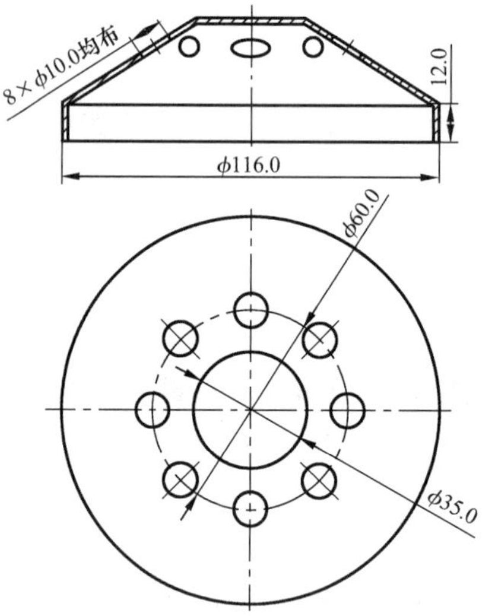

图 1-2-66 锥形件

2. 对图 1-2-67 所示冲压件进行 CAE 分析。材料为 08 钢，料厚为 0.8 mm。

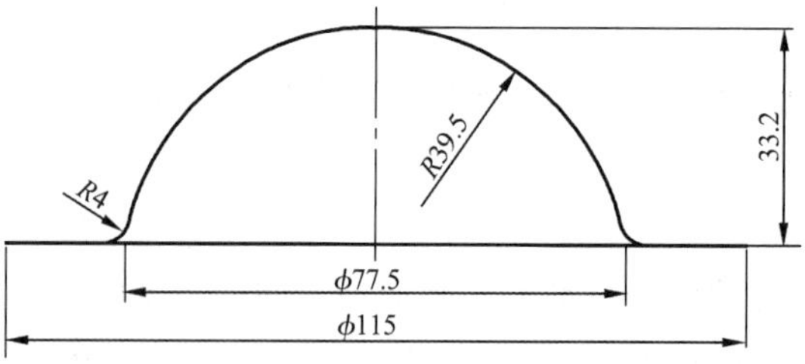

图 1-2-67 半球形件

项目二
冲压件成形的回弹分析

学习目标

1. 掌握成形件回弹分析的流程。
2. 能进行普通弯曲件弯曲回弹的计算。
3. 能进行简单成形件成形回弹的计算。
4. 能解读回弹分析的结果，并写出改进工艺设计及模具设计的分析报告。

工作任务

运用 DYNAFORM 软件的回弹分析功能，对给定冲压件进行回弹分析，得到回弹的具体数值，写出改进工艺设计及模具设计的分析报告。

任务一　U 形件成形的回弹分析

【学习目标】

(1)了解弯曲件成形分析的流程。
(2)能进行普通弯曲件弯曲回弹的分析。
(3)能进行普通弯曲件弯曲回弹的回弹角度测量。
(4)能通过解读回弹分析的结果，提出工艺设计或模具设计的改进方法。

【工作任务】

运用 DYNAFORM 软件的回弹分析功能，对 U 形件进行回弹分析，得到回弹的具体数值，并给出相应工艺设计或模具设计的改进方法。

该 U 形件如图 2-1-1 所示，材料为 JSC590R，长 60 mm，料厚 1 mm。

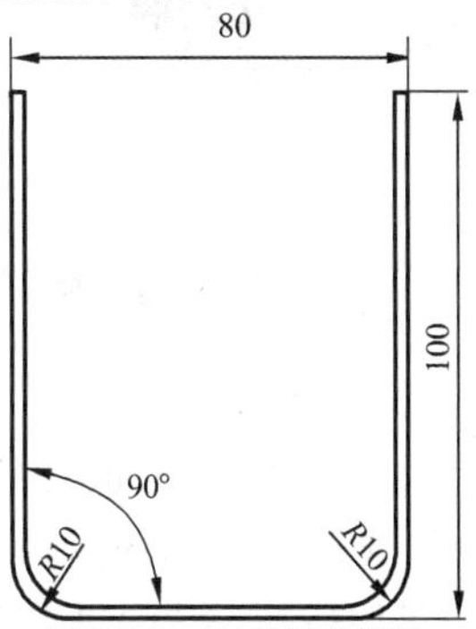

图 2-1-1　U 形件零件图

【相关实践知识】

回弹指物体在力的作用下产生物理变形，当压力释放时所产生的还原或近还原状态的物理变化。在板料成形中，回弹是模具设计时需要考虑的重要方面，零件的最终形状取决于成形后的回弹。若回弹量超过允许的容差，就会产生成形缺陷，影响零件的几何精度，达不到产品装配要求。因此，回弹一直是影响、制约模具和产品质量的重要因素。随着汽车、摩托车以及航空等工业的发展，对薄板壳类零件成形精度的要求越来越高，特别是近年来高强度钢板和铝合金板材的大量应用，使回弹问题更为突出，成为模具行业关注的热点。

一、零件工艺性分析

1. 材料分析

JSC590R 是冷轧板中的一种型号材质，表面质量较好，具有良好的冲压性能，常用作汽车等行业中车身和镀层板的原料。

2. 结构分析

该零件左右对称、结构简单，符合弯曲工艺性要求。

3. 精度分析

该零件的尺寸精度无公差要求，可按 IT14 级考虑。

二、建立三维模型

采用 UG、Pro/E 等三维造型软件对 U 形件、零件凹模等进行三维造型，将得到的三维模型转换成 iges 或 igs 格式。

U 形件模型如图 2-1-2 所示，提取该 U 形件的中性层，导出 part. igs，结果如图 2-1-3 所示。

根据零件形状，综合考虑汽车覆盖件压料面及工艺补充面的设计原则，设计凹模如图 2-1-4 所示，导出并保存为 die. igs 文件。相关模型见随书附带的光盘。

图 2-1-2　U 形件模型

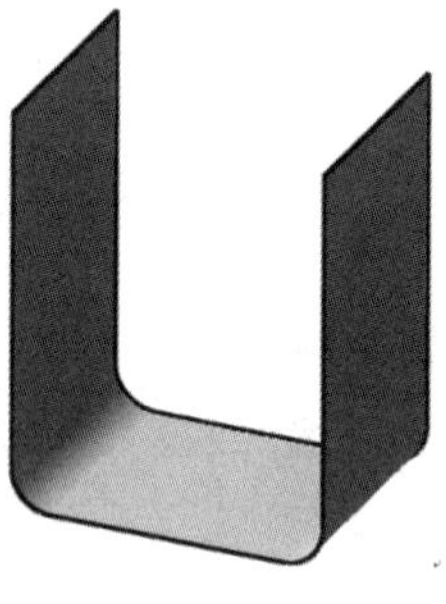

图 2-1-3　U 形件中性层

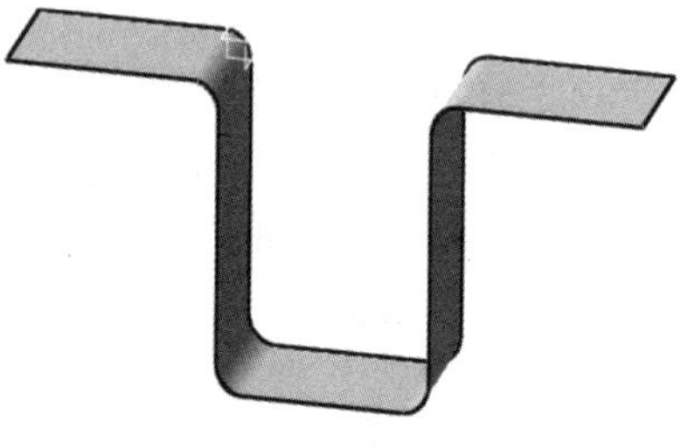

图 2-1-4　U 形件凹模

三、数据库操作

1. 修改语言

打开 DYNAFORM 软件，若为英文界面，则可单击“Option”菜单中的“System Language”命令，弹出图 2-1-5 所示的对话框，选择“Chinese”选项，如图 2-1-6 所示，单击“OK”按钮，然后关闭 DYNAFORM 软件。再重新打开 DYNAFORM 软件时，其语言即改成中文。

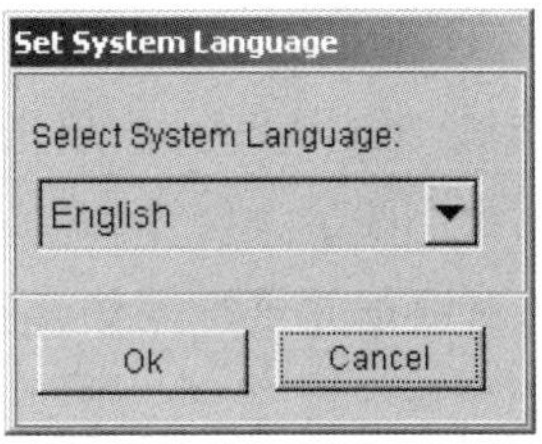

图 2-1-5　设置系统语言

图 2-1-6　选定中文语言

2. 创建文件(数据库)

打开 DYNAFORM 软件后，程序自动创建缺省的空数据库文件 Untitled. df。单击“文件”菜单中的“另存为”命令，修改文件名，将所建立的数据库文件保存在自己创建的文件夹下。

3. 分析设置

在“工具”菜单中单击“分析设置”命令，弹出图 2-1-7 所示的“分析设置”对话框。默认的单位系统是 MM(毫米)、TON(吨)、SEC(秒)、N(牛顿)，拉延类型是“Single action”(单动)，默认的坯料和所有工具的接触界面为“Form One Way S. to S.”(单面接触)，默认的冲压方向为 *Z* 向，默认的接触间隙为 1 mm。

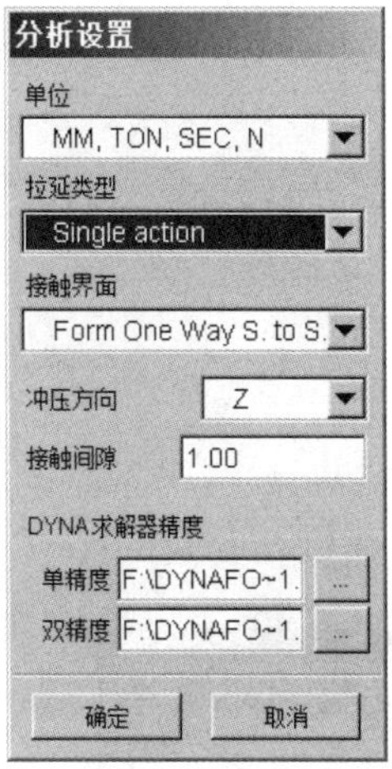

图 2-1-7　“分析设置”对话框

四、生成毛坯轮廓线

1. 导入模型

在“文件”菜单中单击“导入”命令，在弹出的图 2-1-8 所示的对话框中将文件类型设为“IGES(* . igs; * . iges)”，找到前面建立的 part. igs 模型，单击“确定”按钮。

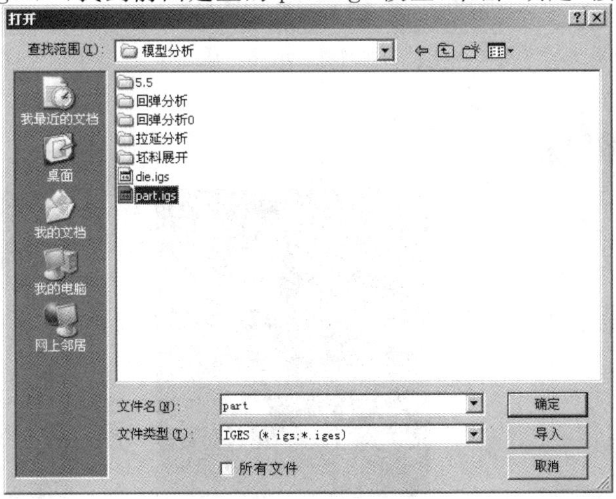

图 2-1-8　导入零件模型

2. 绘制网格

在“前处理”菜单中单击“单元”命令，弹出“单元”对话框(图 2-1-9)，单击“曲面网格划分”图标按钮，弹出图 2-1-10 所示的对话框，根据零件的大小改最大尺寸为“2”(图 2-1-11)，其他参数不变，单击“选择曲面”按钮，弹出图 2-1-12 所示的对话框并进行操作，结果如图 2-1-13 和图 2-1-14 所示。

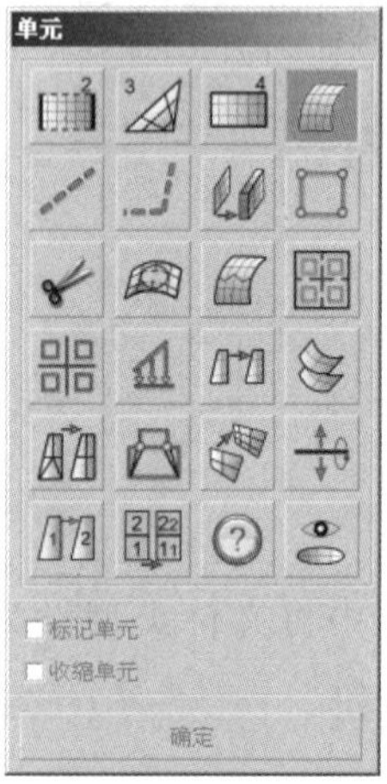

图 2-1-9 “单元”对话框(1)

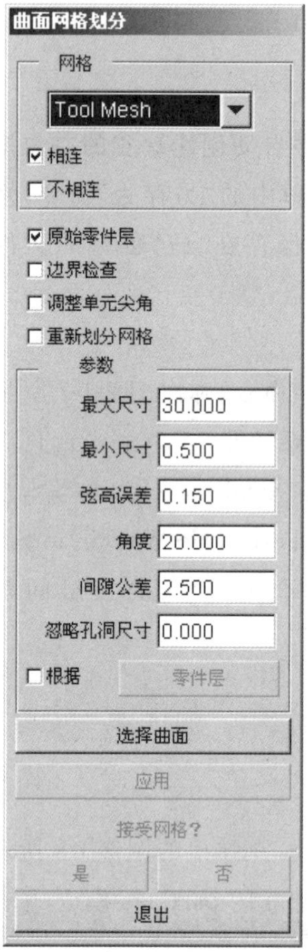

图 2-1-10 “曲面网格划分”对话框(1)

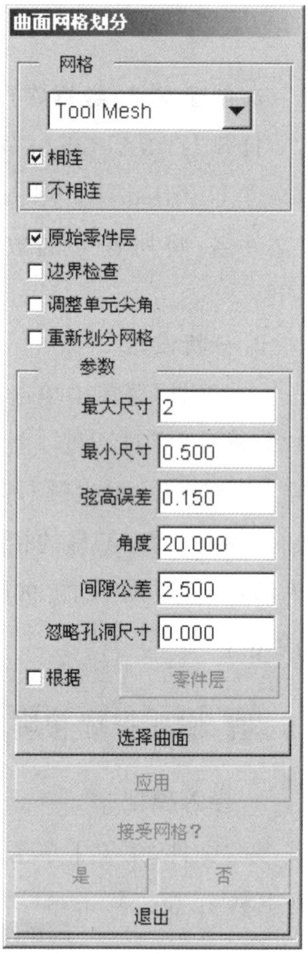

图 2-1-11 曲面网格划分参数设置

图 2-1-12 “选择曲面”对话框(1)

图 2-1-13 生成前的网格

图 2-1-14 生成后的网格

3. 检查网格

在“前处理”菜单中单击“模型检查/修补”命令，弹出图 2-1-15 所示的对话框。

(1)单击“自动翻转单元法向”图标按钮，弹出图 2-1-16 所示的对话框，单击“鼠标选择零件”，选择 part 零件，显示图 2-1-17 所示的法线方向，单击提示对话框中的“是”按钮，确定法线方向，结果如图 2-1-18 所示。

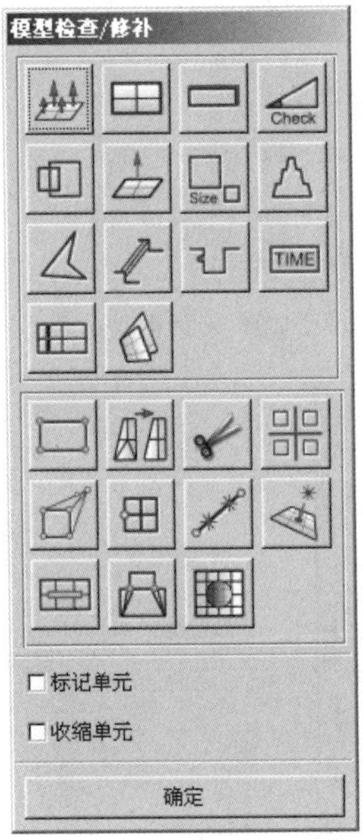

图 2-1-15　“模型检查/修补”对话框(1)

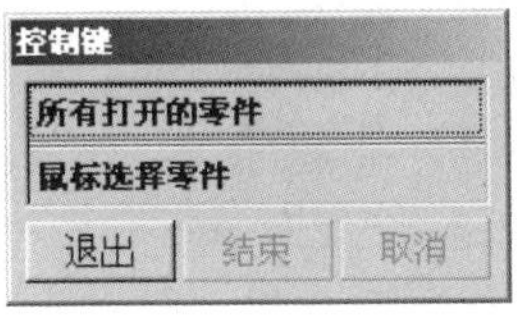

图 2-1-16　“控制键”对话框

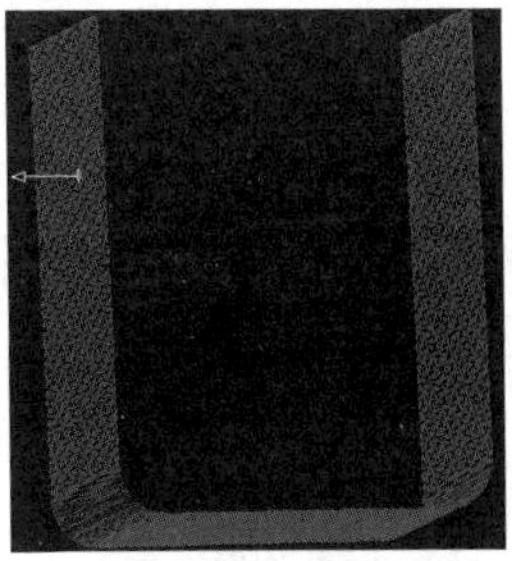
图 2-1-17　零件法线方向

(2)单击“显示边界”图标按钮，零件边界高亮显示，如图 2-1-19 所示。要求除了边界外，其他区域没有高亮显示。

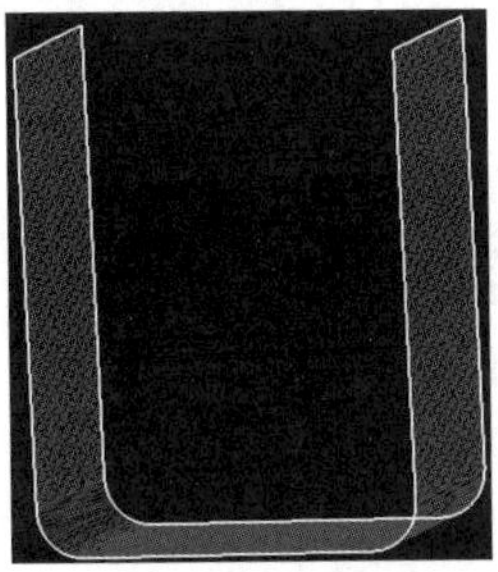
图 2-1-18　确定法线方向

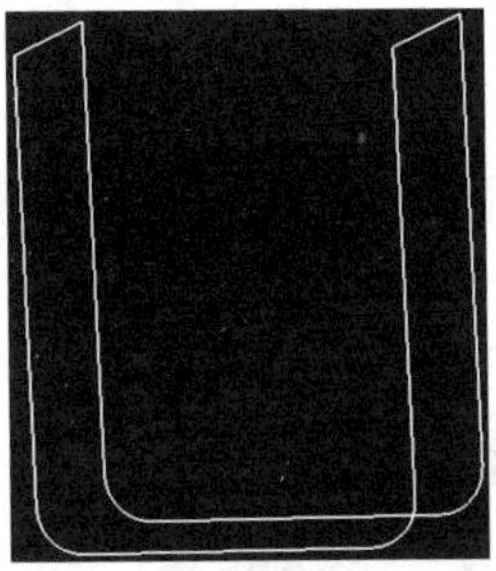
图 2-1-19　零件边界高亮显示

(3)法线一致性检查结果显示一致，如图 2-1-20 所示。

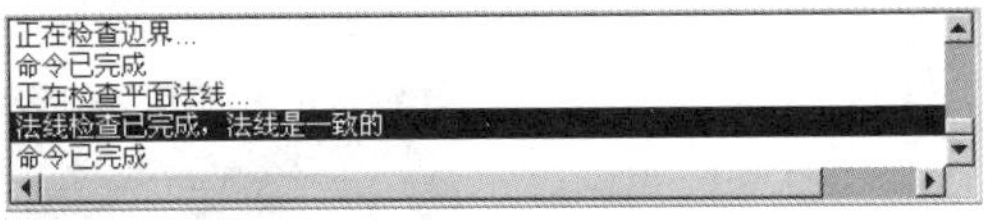

图 2-1-20　法线一致性检查结果

4. 生成毛坯轮廓线

单击“坯料工程”菜单中的“预处理”命令，弹出图 2-1-21 所示的对话框，单击“毛坯尺寸估算”图标按钮，弹出图 2-1-22 所示的对话框，在“求解器”下拉列表中选择“MSTEP”，单击“None”按钮，弹出“材料”对话框，在“标准”下拉列表中选择“Japan”，然后单击“材料库”按钮，弹出图 2-1-23 所示的对话框，选择“JSC590R(36)”。单击“确定”按钮，返回“毛坯尺寸估算”对话框，设置料厚为 1 mm，如图 2-1-24 所示。单击“应用”按钮，生成图 2-1-25 所示的毛坯轮廓线。

图 2-1-21 “BSE 预处理”对话框

图 2-1-22 “毛坯尺寸估算”对话框

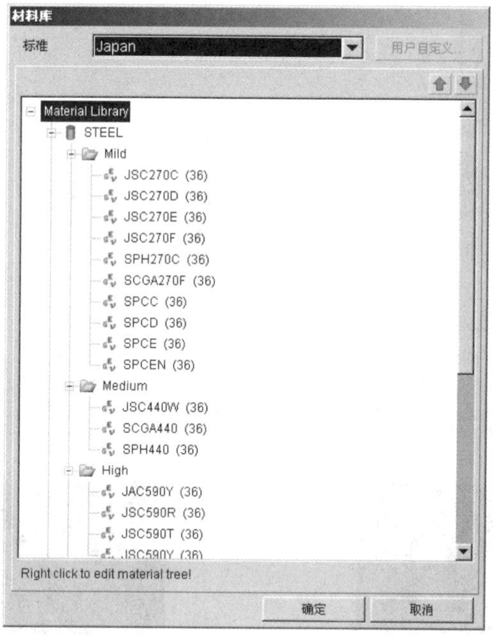

图 2-1-23 “材料库”对话框

图 2-1-24 毛坯尺寸估算参数设置

图 2-1-25 毛坯轮廓线

5. 保存文件

把文件另存到新的文件夹中，准备进行零件的成形模拟分析。

五、生成毛坯

单击“零件层”菜单中的“显示/隐藏零件层”命令，弹出图 2-1-26 所示的对话框，隐藏 PART 零件层，只显示坯料轮廓线层（OUTLINE）。

在“工具”菜单中单击“毛坯生成器”命令，弹出“选择选择”对话框，单击“边界线”选项，弹出“选择线”对话框，如图 2-1-27 所示。生成的毛坯网格单元如图 2-1-28 所示。

图 2-1-26　“显示/隐藏零件层”对话框

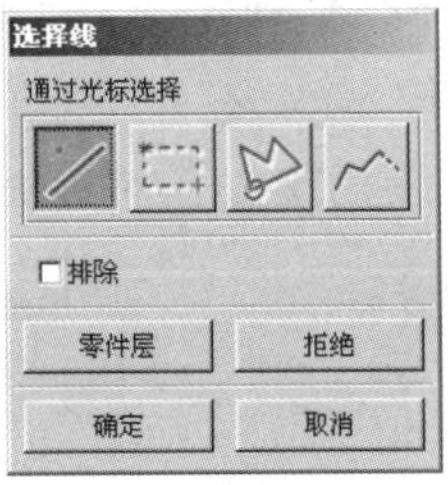

图 2-1-27　“选择线”对话框

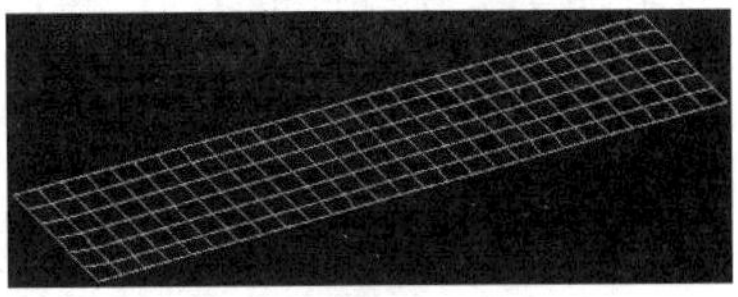

图 2-1-28　生成的毛坯网格单元

六、生成凹模

（1）导入模型文件 die. igs，如图 2-1-29 所示，导入的凹模如图 2-1-30 所示。

图 2-1-29　导入模型文件

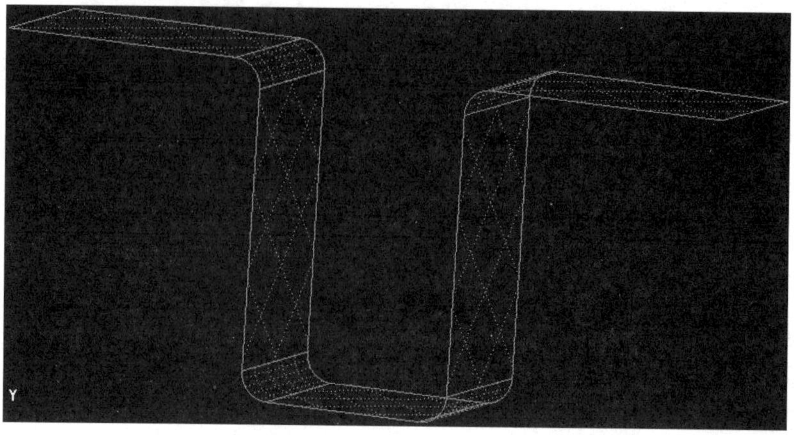

图 2-1-30 导入的凹模

(2)单击“零件层”菜单中的“编辑”命令,弹出图 2-1-31 所示的对话框,把导入的凹模名称改为“DIE”,同时把“OUTLINE”零件层改为“BLANK”,如图 2-1-32 所示。修改各零件层的名称与所在零件的名称一致,以方便后续操作时选用。

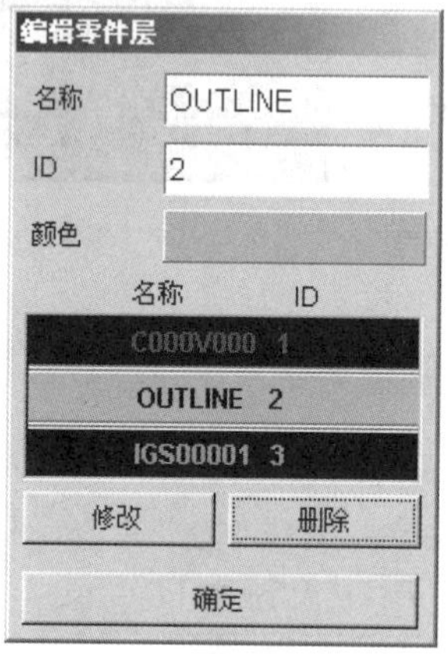

图 2-1-31 “编辑零件层”对话框

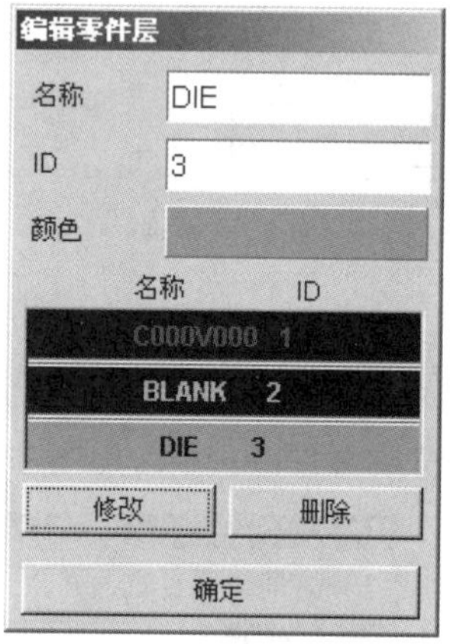

图 2-1-32 编辑零件层名称

(3)凹模网格划分

①在“零件层”菜单中单击“显示/隐藏零件层”命令,关掉其他零件层,只打开 DIE 零件层,并把它设为当前零件层。

②在“前处理”菜单中单击“单元”命令,在弹出的图 2-1-33 所示的对话框中单击“曲面网格划分”图标按钮,弹出图 2-1-34 所示的“曲面网格划分”对话框。根据凹模尺寸,将最大尺寸设置为“3”,其他参数保持不变。单击“选择曲面”按钮,弹出图 2-1-35 所示的“选择曲面”对话框,单击“显示曲面”按钮,凹模模型变成白色,说明它已被选中,在重新出现的“曲面网格划分”对话框中单击“应用”按钮,得到图 2-1-36 所示的凹模网格,单击“是”按钮接受网格划分,然后退出该对话框,完成凹模模型曲面的网格划分。

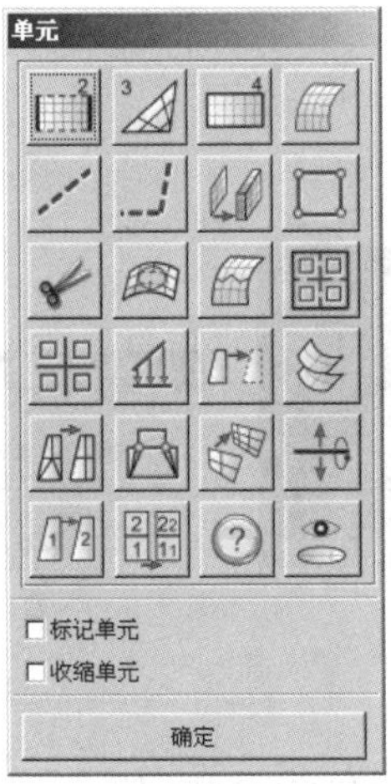

图 2-1-33　“单元”对话框(2)

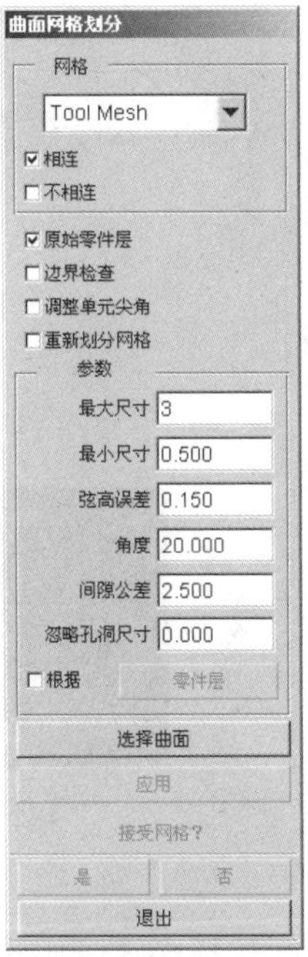

图 2-1-34　“曲面网格划分”对话框(2)

图 2-1-35　“选择曲面”对话框(2)

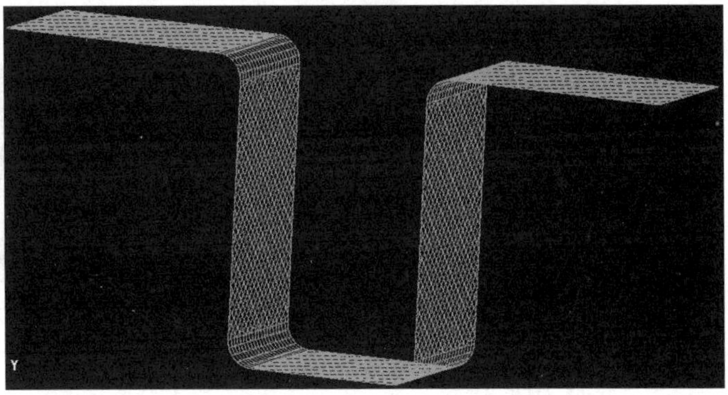

图 2-1-36　凹模网格

(4)网格检查和修补

关闭显示控制选项中的“线”和“曲面”选项，保留“单元”及“节点”选项。

在“前处理”菜单中单击“模型检查/修补”命令，弹出图 2-1-37 所示的“模型检查/修补”对话框。

①自动翻转单元法向

单击“自动翻转单元法向”图标按钮，弹出“控制键”对话框，直接在凹模模型的凸缘上单击，出现一个白色箭头(图 2-1-38)，同时弹出“Dynaform 问题”对话框，如图 2-1-39 所示。如箭头朝下，则单击“是”按钮；如箭头朝上，则单击“否”按钮。

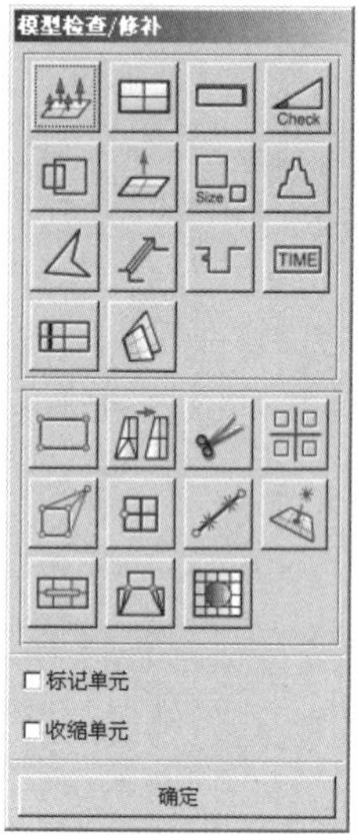

图 2-1-37 “模型检查/修补”对话框(2)

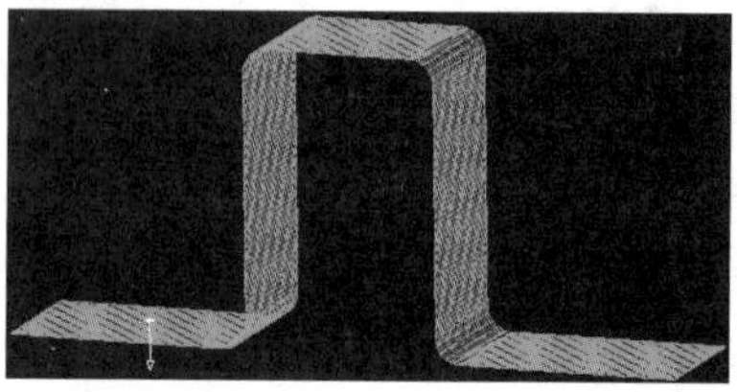

图 2-1-38 法向箭头

图 2-1-39 “Dynaform 问题”对话框

②显示边界

单击“显示边界”图标按钮，则模型的边界以粗白色线显示，如图 2-1-40 所示。如模型有间隙或空洞，则也会以粗白色线显示，表明错误所在，需要加以修补。在观察边界线显示结果时，为更好地观察结果中可能存在的缺陷，可不显示曲线、曲面、单元和节点，所得结果如图 2-1-41 所示。

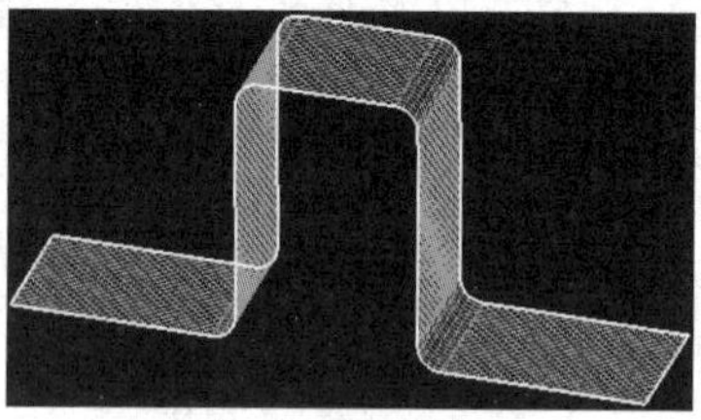

图 2-1-40 凹模边界

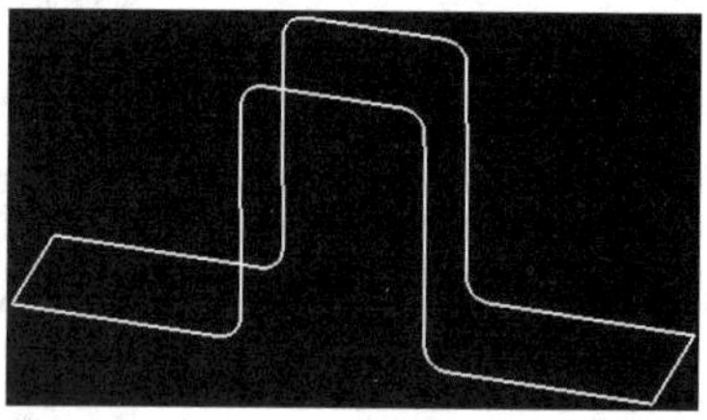

图 2-1-41 凹模边界线

③平面法线

单击“平面法线”图标按钮，进行平面法线一致性检查，结果显示一致，如图 2-1-42 所示。

图 2-1-42 平面法线一致性检查结果

七、创建压边圈并分离压边圈和凹模

1. 创建压边圈零件层

在“零件层”菜单中单击“创建”命令，在弹出的图 2-1-43 所示对话框的“名称”文本框中输入“BINDER”。单击“确定”按钮，完成压边圈零件层的创建，此时，系统自动将新建的零件层设置为当前零件层。

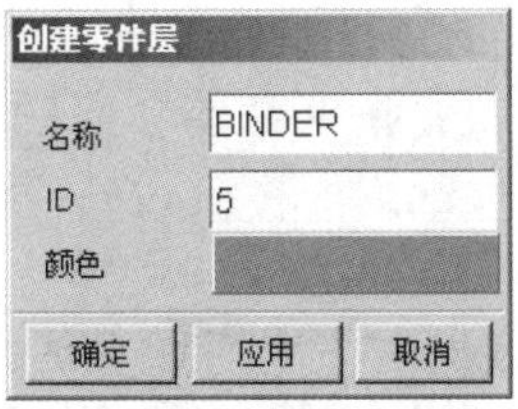

图 2-1-43　“创建零件层”对话框

2. 创建压边圈

在“零件层”菜单中单击“添加...到零件层”命令，在弹出的图 2-1-44 所示的对话框中单击“单元”按钮，弹出图 2-1-45 所示的“选择单元”对话框，单击“伸展”图标按钮，拖动“角度”滑键为 1°，在凹模模型即将添加压边圈处单击，被选中部分变成白色，选定后单击“确定”按钮，在返回的“添加...到零件层”对话框中单击“应用”按钮，完成压边圈的创建，最后关闭该对话框。

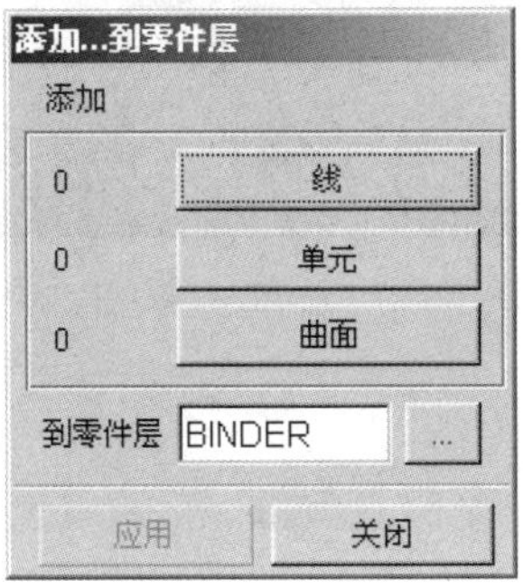

图 2-1-44　“添加...到零件层”对话框

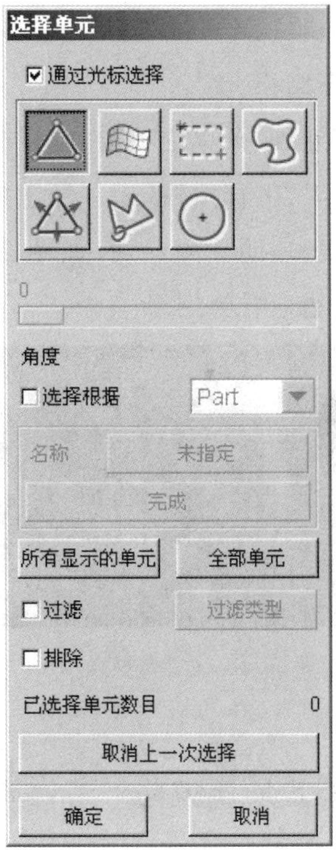

图 2-1-45　“选择单元”对话框

3. 分离压边圈和凹模

在“零件层”菜单中单击“分离零件层”命令，在弹出的图 2-1-46 所示的对话框中选中“DIE”和“BINDER”零件层，单击“确定”按钮，完成压边圈和凹模的分离。

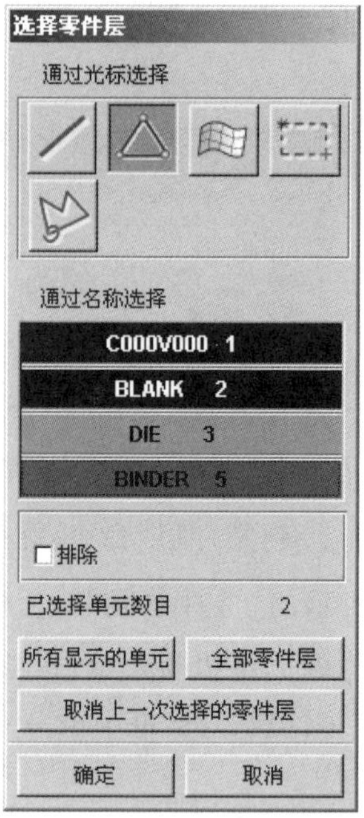

图 2-1-46 “选择零件层”对话框

4. 检查结果

在“前处理”菜单中单击“模型检查/修补”命令，在弹出的“模型检查/修补”对话框中单击“显示边界”图标按钮，查看压边圈是否与凹模分离。压边圈周边和凹模周边分别出现了粗白色线，表明分离成功，如图 2-1-47 所示。隐藏线、曲面、单元和节点，如图 2-1-48 所示，能更清楚地看到结果。

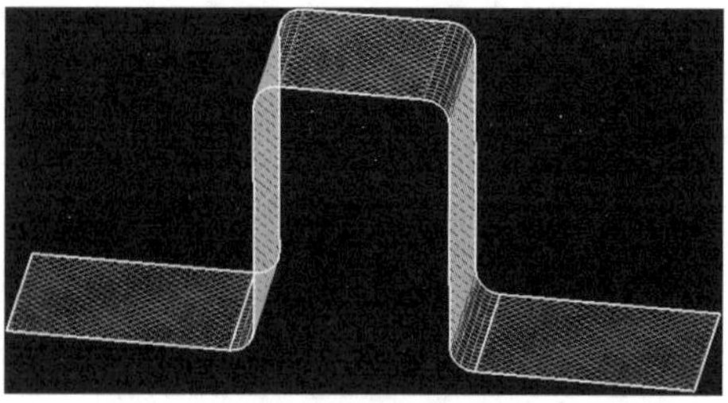

图 2-1-47 边界线检查

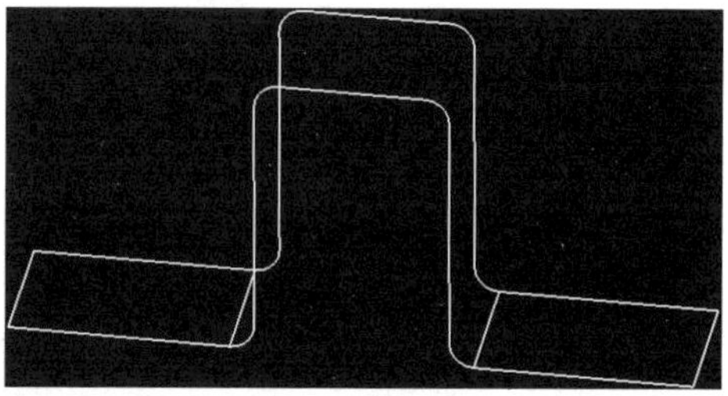

图 2-1-48 边界线显示

八、确定冲压方向

前面介绍过，DYNAFORM 软件默认的冲压方向为 Z 向，但是有些零件的设计与 DYNAFORM 软件的设置不同，因此需要调整零件的冲压方向。

单击“模面工程”菜单中的“预处理”命令，弹出图 2-1-49 所示的对话框。单击“Tipping”（倾斜）标签，弹出图 2-1-50 所示的“Tipping”选项卡。

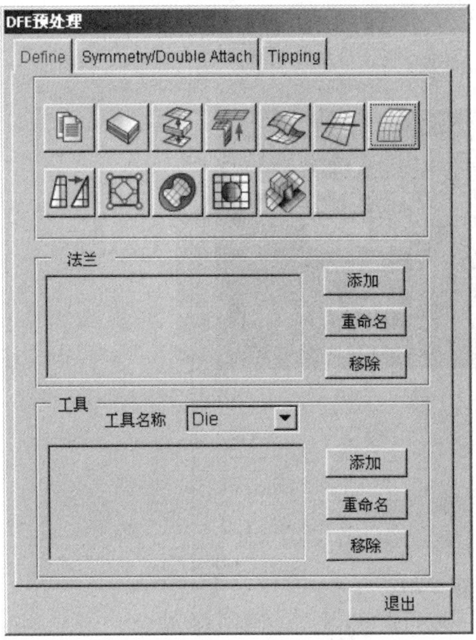

图 2-1-49 “DFE 预处理”对话框

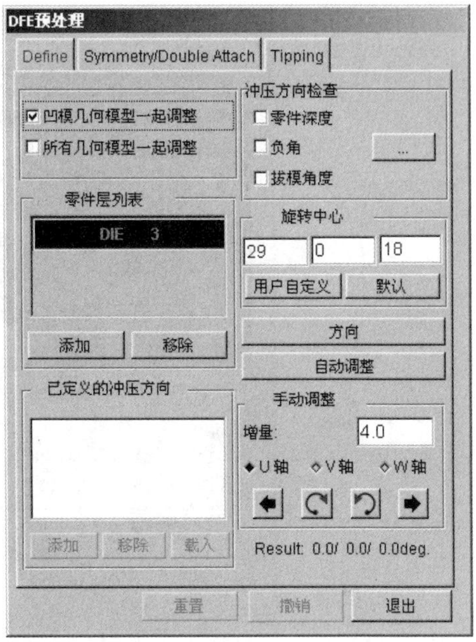

图 2-1-50 “Tipping”选项卡

在“零件层列表”选项组中添加 DIE 零件层；在“旋转中心”选项组中用户可以自定义，也可以采用默认值，默认值表示冲压中心位于凹模的质心处。

零件调整方式如果选择“凹模几何模型一起调整”，则使所有包含在凹模部件里面的几何模型一起随着凹模的网格倾斜；如果选择“所有几何模型一起调整”，则只使前工程数据库里面的部件模型随着凹模的网格变化。

“自动调整”是通过平均所有单元的法向矢量使冲压负角和拉深深度最小，从而将零件自动旋转到合适的冲压位置。如果网格或零件形状不规则且自动调整效果不佳，则可采用“手动调整”方法进一步调整冲压方向。

冲压方向调整好后，可以进行冲压方向的检查，判断调整后的结果是否合理。在“Tipping”选项卡的“冲压方向检查”选项组中选中“零件深度”复选框，在凹模上会显示出拉深深度等值线图，不同的拉深深度对应不同的颜色值，拉深深度值是根据毛坯和凸模第一个接触点估算得到的；选中“负角”复选框，凹模上会用不同颜色显示的云图来说明对应的每一个单元是否存在冲压负角，其中红色表示此区域的单元存在冲压负角；选中“拔模角度”复选框，蓝色表示边缘区域(拔模角度为 1°～3°)，绿色表示合理区域(拔模角度大于 3°)。其中，危险区域及边缘区域的角度范围可以自定义。

九、快速设置

在“设置”菜单中单击“拉延”命令，弹出图 2-1-51 所示的“快速设置/拉延”对话框。

1. 定义拉延(模具)类型

依据该零件实际模具工作过程，在“拉延类型”下拉列表中选择“Single action(Inverted

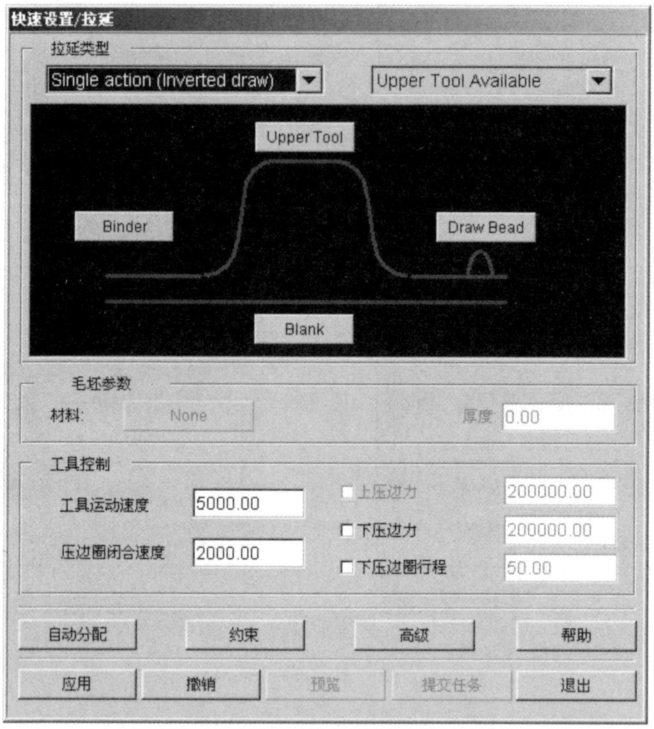

图 2-1-51 “快速设置/拉延”对话框

draw)”(单动)和“Upper Tool Available”(上模可见)。

2. 定义毛坯

(1)在“快速设置/拉延”对话框中单击“Blank”按钮,弹出图 2-1-52 所示的“定义毛坯”对话框,单击“选择零件”选项。

(2)在弹出的“Define Blank”(定义毛坯)对话框中单击“添加”按钮,弹出“选择零件层”对话框,选择 BLANK 零件层,返回图 2-1-53 所示的对话框,单击“确定”按钮。

(3)在返回的图 2-1-52 所示的对话框中单击“退出”按钮,完成毛坯的定义。

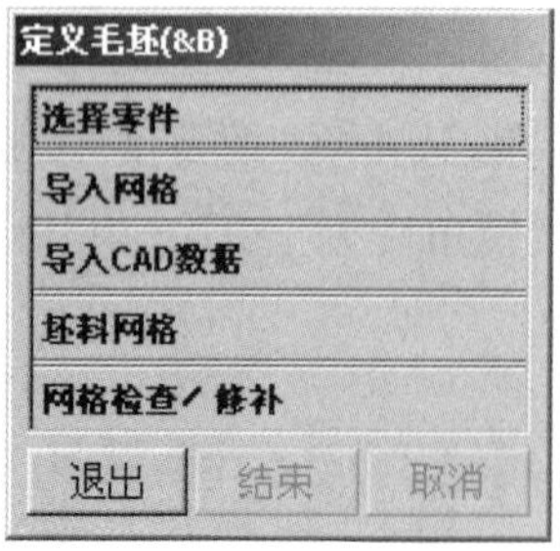

图 2-1-52 定义毛坯(1)

图 2-1-53 定义毛坯(2)

3. 定义毛坯材料及厚度

在"快速设置/拉延"对话框中单击"毛坯参数"选项组中的"None"按钮，弹出图 2-1-54 所示的"材料"对话框，在"标准"下拉列表中选择"Japan"，再单击"材料库"按钮，选择"JSC590R(36)"材料，如图 2-1-55 所示。单击"确定"按钮，完成材料的定义，弹出图 2-1-56 所示的对话框，单击"确定"按钮，返回到"快速设置/拉延"对话框，在"厚度"文本框中输入"1"，作为材料厚度。

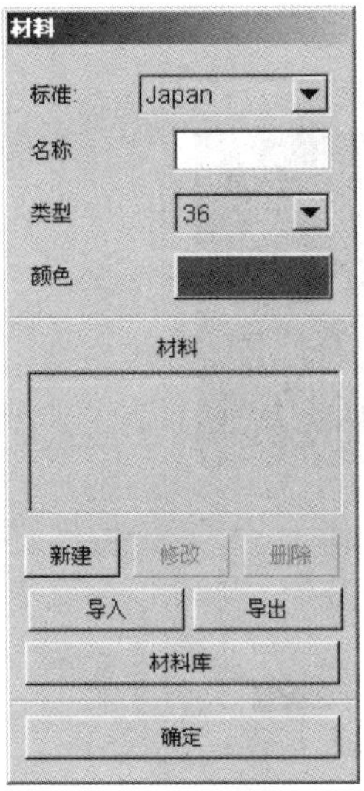

图 2-1-54　"材料"对话框

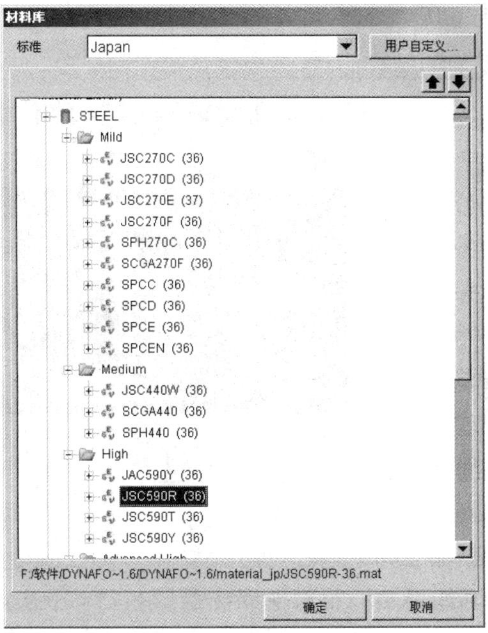

图 2-1-55　"材料库"对话框

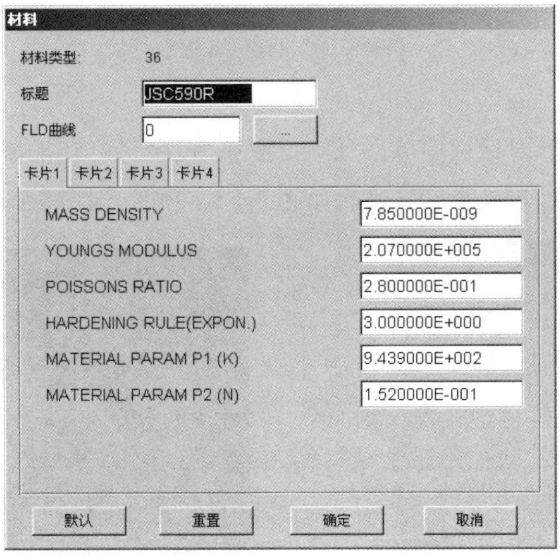

图 2-1-56　材料参数设置

4. 定义压边圈

在“快速设置/拉延”对话框中单击“Binder”按钮，重复以上操作，选择 BINDER 零件层。

5. 定义凹模

在“快速设置/拉延”对话框中单击“Upper Tool”按钮，重复以上操作，选择 DIE 零件层。

6. 初定下压边力

根据零件的结构形状，综合模具知识和经验，初定下压边力，如图 2-1-57 所示。

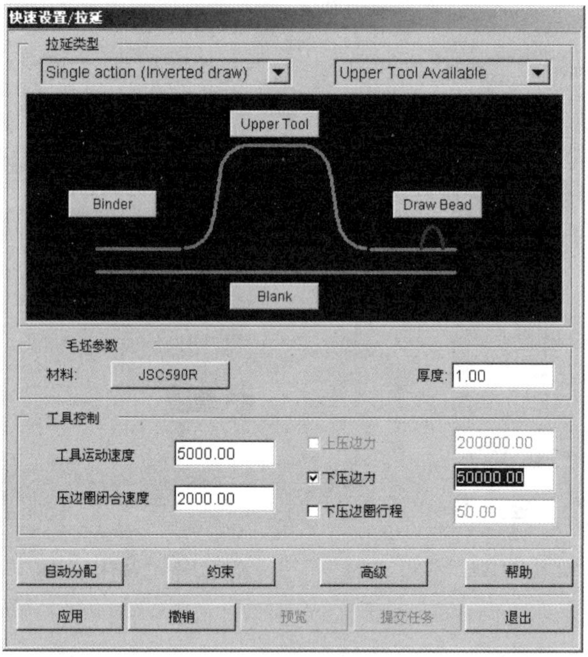

图 2-1-57　初定下压边力

7. 完成设置

在“快速设置/拉延”对话框中单击“应用”按钮，程序将自动生成配合工具并合理定位。单击“预览”按钮检查工具(模具)的运动，如图 2-1-58 和图 2-1-59 所示。

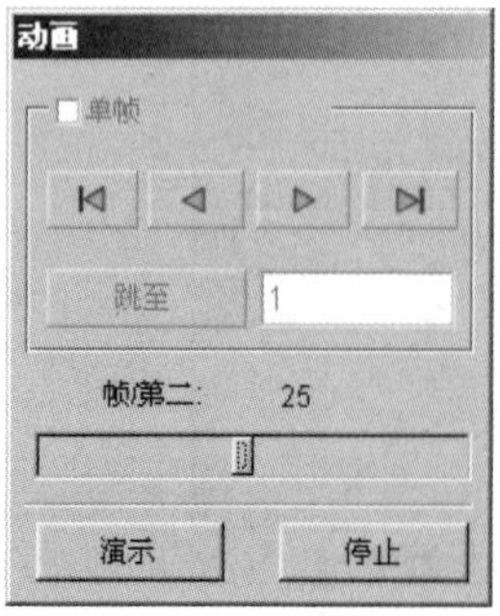

图 2-1-58　动画预览设置

图 2-1-59　配置后的零件状态

十、分析参数设置与求解计算

1. 分析类型设置

在“快速设置/拉延”对话框中单击“提交任务”按钮，弹出图 2-1-60 所示的“分析”对话框，从“分析类型”下拉列表中选择“Full Run Dyna”，勾选“输出 Dynain”选项，如图 2-1-61 所示。

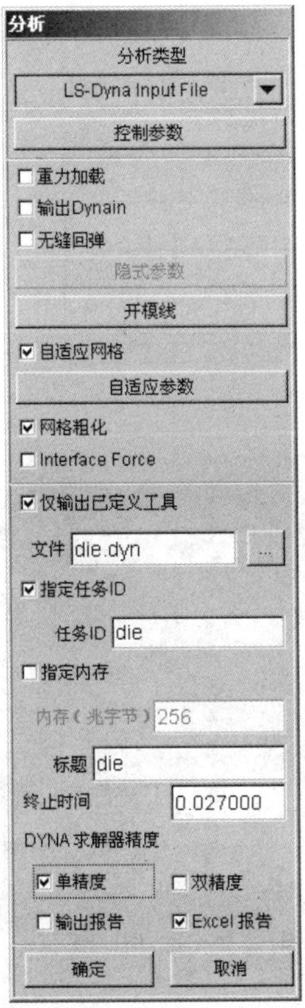

图 2-1-60　“分析”对话框

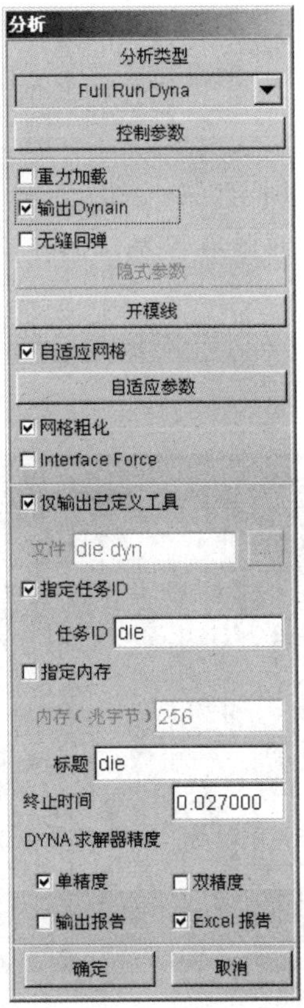

图 2-1-61　分析参数设置

2. 控制参数设置

采用程序默认的参数。

3. 自适应参数设置

在图 2-1-61 所示的对话框中勾选“自适应网格”选项，单击“自适应参数”按钮，弹出图 2-1-62 所示的对话框，将“LEVEL(MAXLVL)”文本框中的“4”改成“3”，如图 2-1-63 所示。

4. 提交任务进行计算

在参数设置完成后，单击“快速设置/拉延”对话框中的“提交任务”按钮，则程序自动在后台进行相关计算，计算时的界面如图 2-1-64 所示。

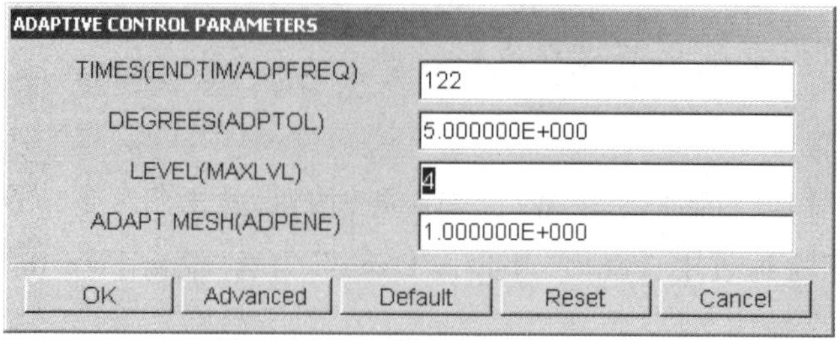

图 2-1-62 “ADAPTIVE CONTROL PARAMETERS”(自适应参数)对话框

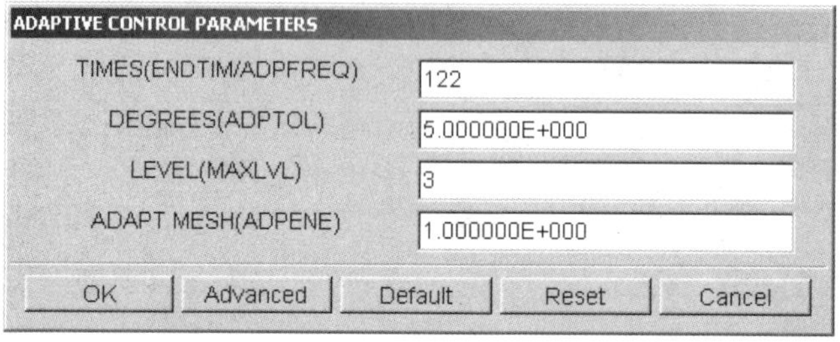

图 2-1-63 自适应参数设置

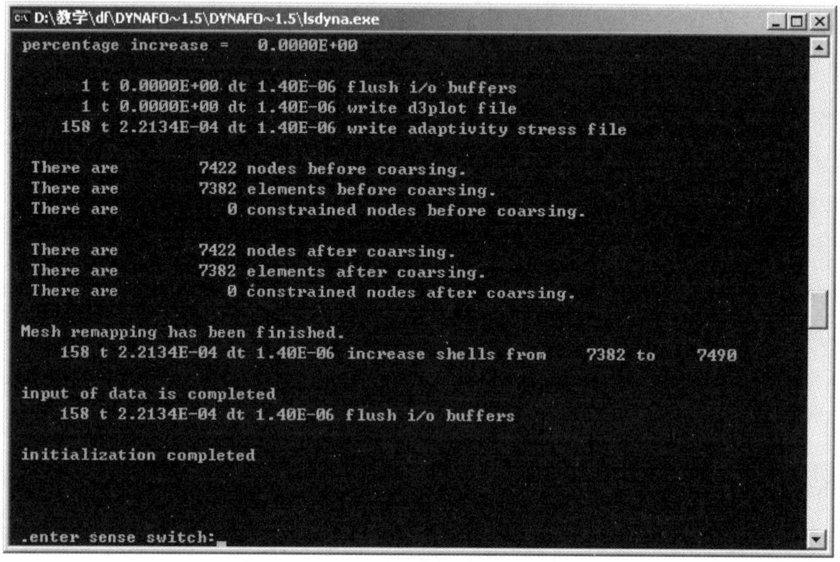

图 2-1-64 计算时的界面

十一、回弹计算

1. 新建文件夹

新建文件夹“回弹分析”，打开 DYNAFORM 软件，单击“文件”菜单中的“保存”命令，把文件名改为“回弹”，并保存在刚才新建的文件夹“回弹分析”里。

2. 导入模型

单击“文件”菜单中的“导入”命令，弹出图 2-1-65 所示的对话框，修改文件类型为“DYNAIN(* dynain *)”，找到前面分析得到的 DYNAIN 格式文件。导入该文件后的结果如图 2-1-66 所示。

图 2-1-65 导入 DYNAIN 格式文件

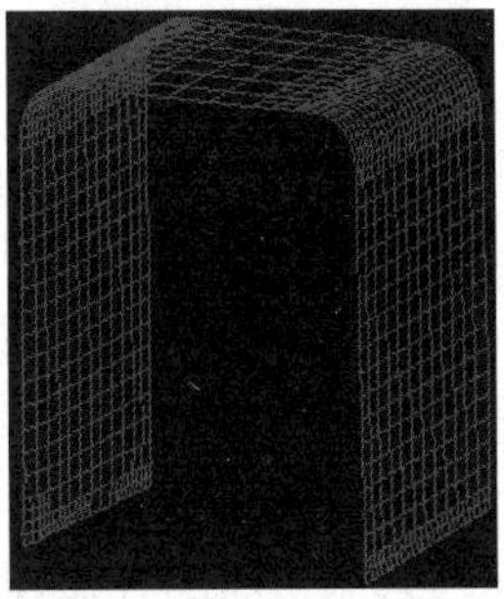

图 2-1-66 导入的分析模型

3. 定义毛坯

(1)在“设置”菜单中单击“回弹”命令，弹出图 2-1-67 所示的“快速设置/回弹”对话框，单击“Blank”按钮。

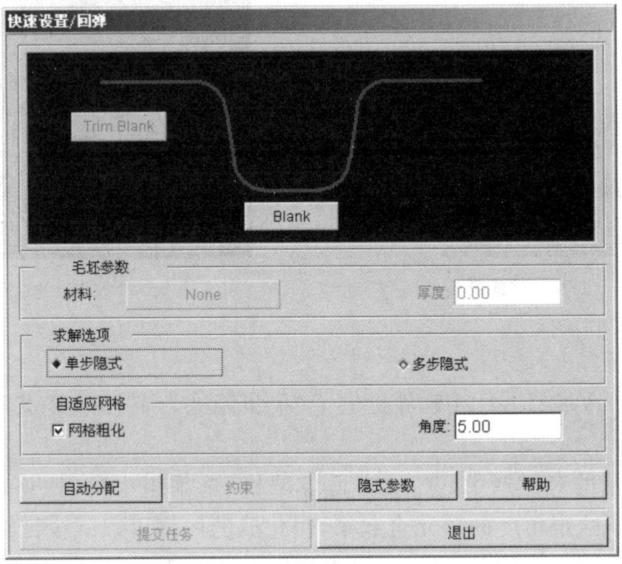

图 2-1-67 “快速设置/回弹”对话框

(2)在弹出的“定义毛坯”对话框(图 2-1-68)中单击“选择零件”选项,弹出“Define Blank”(定义毛坯)对话框,单击“添加”按钮,弹出“选择零件层”对话框,单击 BLANK 零件层,再单击“确定”按钮,返回图 2-1-69 所示的对话框。然后单击“确定”、“退出”按钮,返回“快速设置/回弹”对话框。

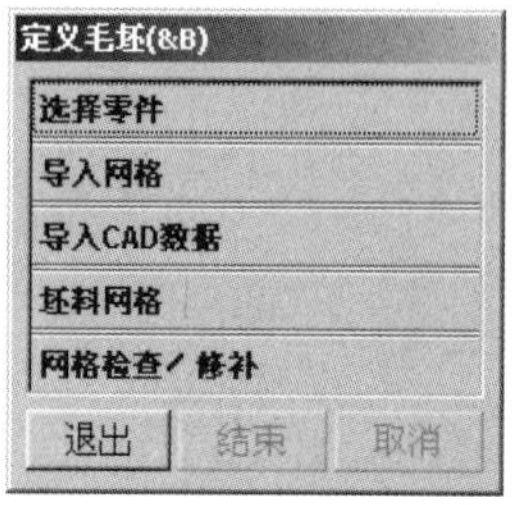

图 2-1-68 “定义毛坯”对话框

图 2-1-69 添加坯料

4. 确定材料参数

在“快速设置/回弹”对话框中单击“毛坯参数”选项组中的“None”按钮,参照前面 U 形件成形模拟过程中材料参数的确定方法,选择“JSC590R(36)”材料,注意这时选的材料必须与前面成形分析时用的材料一致。单击“确定”按钮,返回“快速设置/回弹”对话框,修改厚度为 1 mm。

5. 约束设置

在“快速设置/回弹”对话框中单击“约束”按钮,弹出图 2-1-70 所示的对话框,单击“节点”选项,在 DYNAIN 格式文件上选择三个节点,如图 2-1-71 所示,然后单击“退出”按钮,返回“快速设置/回弹”对话框。

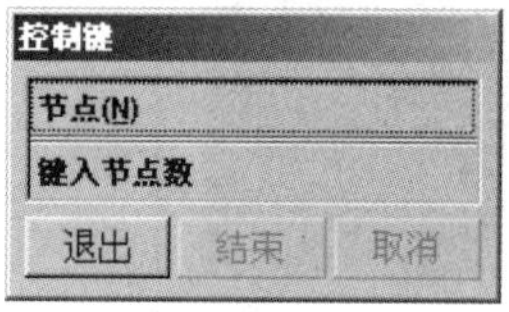

图 2-1-70 控制键选项

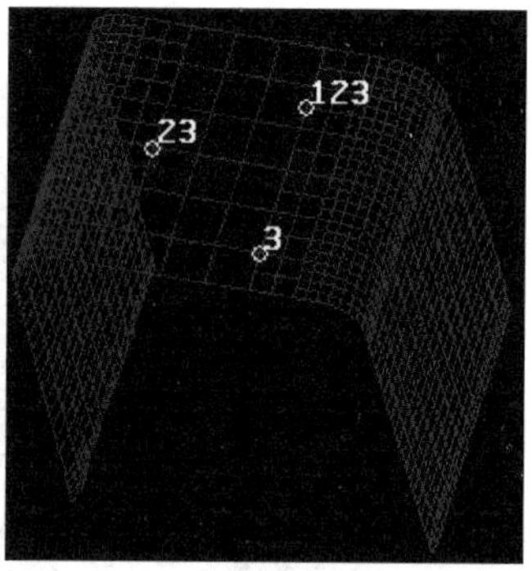

图 2-1-71 节点的选择

6. 其他参数设置

在回弹计算中,DYNAFORM 软件提供了“单步隐式”和“多步隐式”两种算法,这里选择“单步隐式”。

在图 2-1-72 所示的对话框中,选择“自适应网格”选项组中的“网格粗化”选项,可以把相邻的法向夹角小于给定角度的单元合起来,粗化后的网格可以减少计算时间和不稳定性,有利于回弹计算的收敛。然后单击“自动分配”按钮。

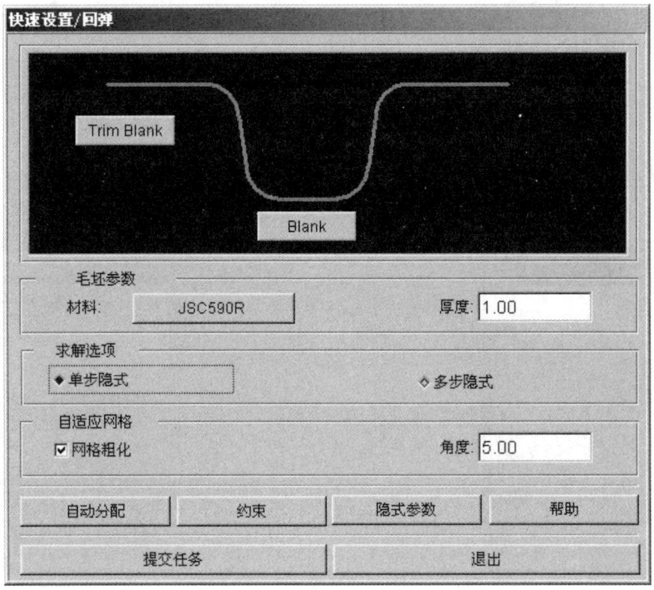

图 2-1-72　其他参数设置

7. 求解计算

单击“提交任务”按钮，弹出“分析”对话框，在“分析类型”下拉列表中选择“Full Run Dyna”选项，单击“确定”按钮进行计算。

十二、回弹结果分析

1. 打开回弹结果文件

打开 DYNAFORM 后处理器，单击“File”菜单中的“Open”命令，弹出图 2-1-73 所示的“Select File”对话框，选择上步计算得到的回弹结果文件(d3plot)。

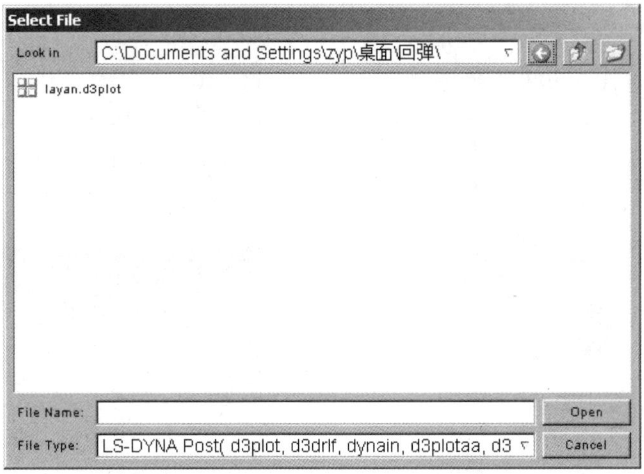

图 2-1-73　“Select File”对话框

2. 直观查看回弹情况

文件有两帧，分别单击“All Frames”(所有帧)和“Single Frame”(单帧)选项卡查看回弹情况，如图 2-1-74、图 2-1-75 所示。

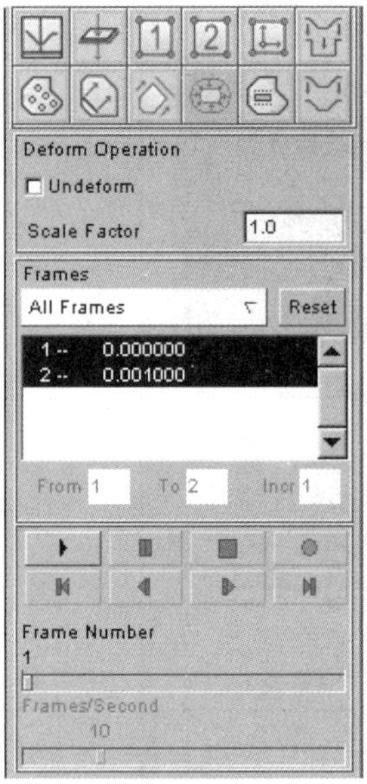

图 2-1-74 “All Frames”(所有帧)选项卡

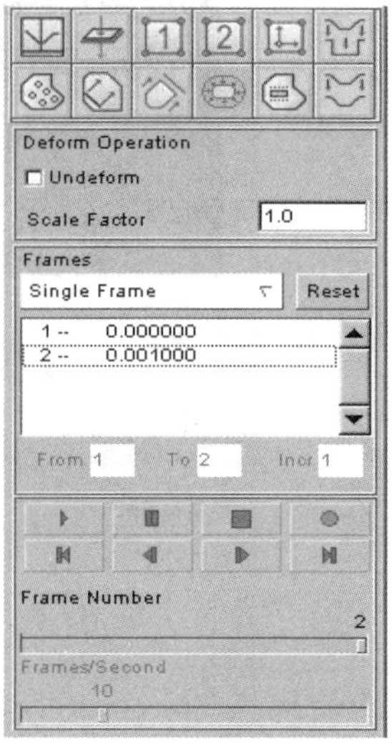

图 2-1-75 “Single Frame”(单帧)选项卡

3. 建立截面线

为了计算回弹量,在零件上取一个截面来查看回弹结果。单击“Tool”菜单中的“Section Cut”(切割面)命令,弹出图 2-1-76 所示的面板,单击“Define Cut Plane”(定义切割面)按钮,弹出“Control Option”(控制选项)对话框,如图 2-1-77 所示,单击“W Along +X Axis”按钮,在零件要做截面的位置选择两个节点,然后单击“Exit”和“Accept”按钮(图 2-1-78 中),则成功创建了一条截面线,如图 2-1-79 所示。查看第一帧和第二帧的变化,如图 2-1-80 所示。

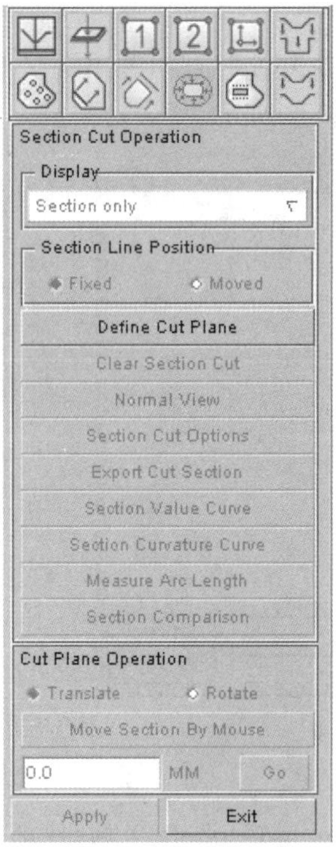

图 2-1-76 切割面操作面板

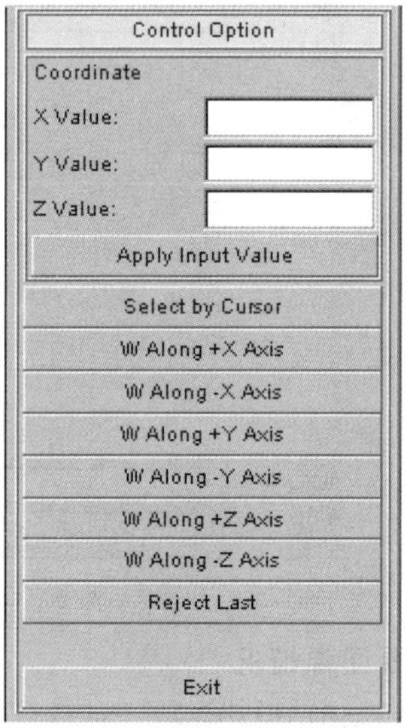

图 2-1-77 “Control Option”对话框

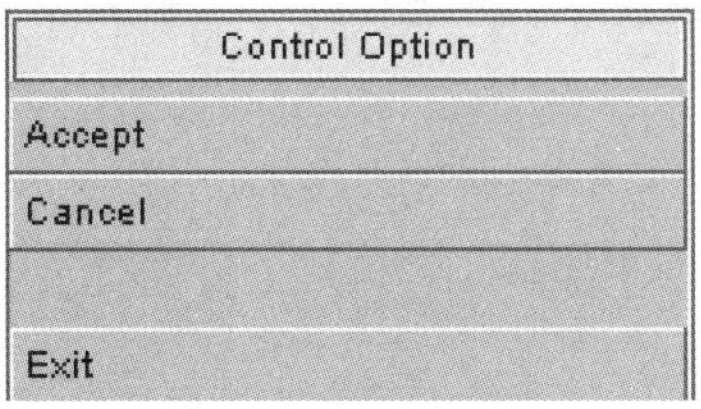

图 2-1-78　控制选项

图 2-1-79　创建好的截面线

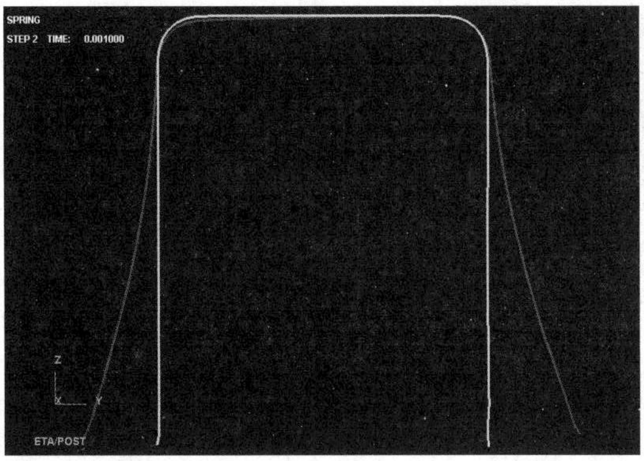

图 2-1-80　回弹前、后的截面线

4. 测量计算结果

选择第一帧，单击“File”菜单中的“Export”（导出）命令，弹出“Select File”对话框，在“File Name”文本框中输入文件名为“01”，如图 2-1-81 所示，然后单击“Save”按钮完成第一帧（回弹前截面线）的导出。再选择第二帧，保存文件名为“02”，完成回弹后截面线的导出。

图 2-1-81　回弹前截面线的导出

关闭后处理文件，打开前处理文件，单击“文件”菜单，导入回弹前的文件，如图 2-1-82 所示，重复该操作，导入回弹后的文件。回弹前、后截面线的对比如图 2-1-83 所示。

单击“辅助工具”菜单中的“两线夹角”命令，弹出图 2-1-84 所示的对话框。

图 2-1-82　导入回弹前、后的截面线

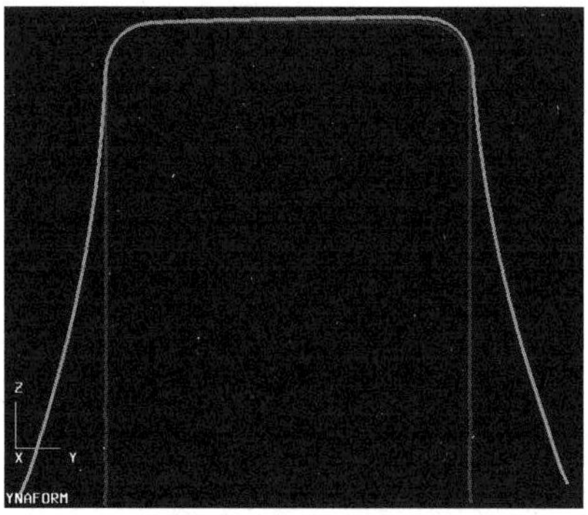

图 2-1-83　回弹前、后截面线的对比

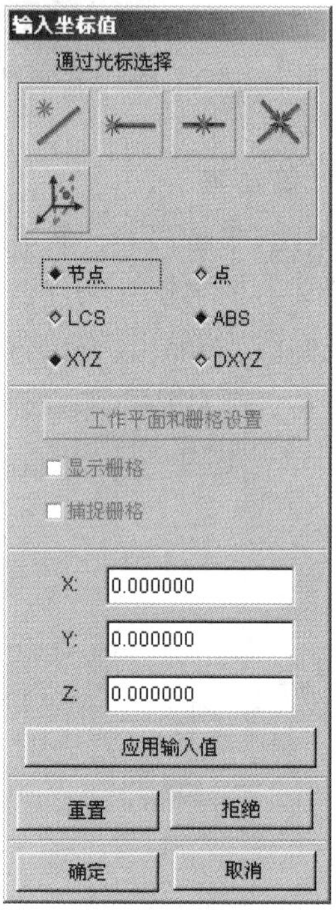

图 2-1-84　“输入坐标值”对话框

在回弹前和回弹后的截面线上，用鼠标在每边各选两个节点，系统则自动给出两线间的夹角，如图 2-1-85 所示的测量部位，角度在下面的说明栏里显示，如图 2-1-86 所示。由该图可知，回弹角度为 11.96°。重复同样的操作，在截面线的另一面相同位置测量回弹角度，测量的数值为 10.24°，然后计算其平均值，作为该零件模拟的回弹角度。

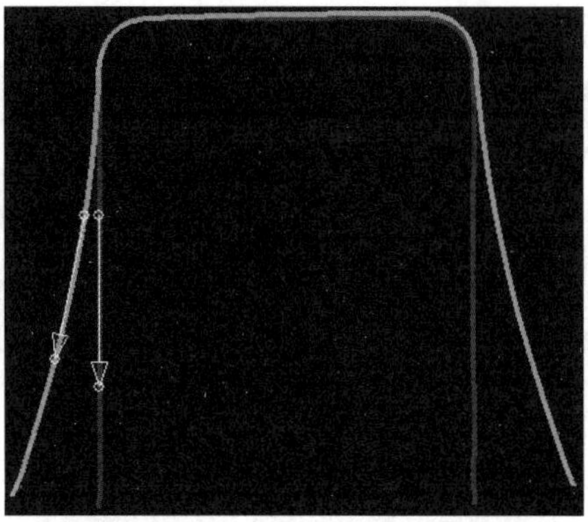

图 2-1-85 回弹角度的测量

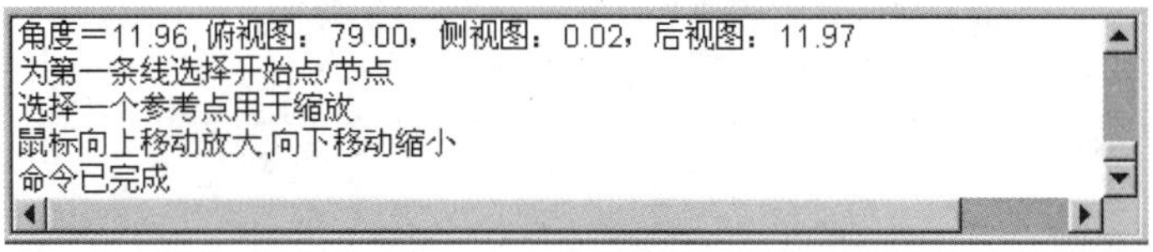

图 2-1-86 回弹角度的显示

十三、改进方法

根据得到的成形回弹结果,写出表 2-1-1 所示的 U 形件回弹的改进方法和建议。

表 2-1-1　　U 形件回弹的改进方法和建议

序号	缺陷描述	缺陷分析	改进方法和建议	备注
1	零件有较大回弹	弯曲是一种塑性变形,塑性变形总是包含弹性变形,所以要完全消除弹性变形是不可能的,故只能采取一些措施控制和减小回弹	(1)尽可能减小相对弯曲半径。如果产品允许,在弯曲变形区压出加强筋或成形边翼,以提高弯曲件的刚度,抑制回弹 (2)用校正弯曲代替自由弯曲 (3)采用拉弯工艺方法 (4)设计弯曲模具时,改变凸、凹模底部的设计角度,考虑回弹补偿	

【相关理论知识】

DYNAFORM 软件的回弹操作主要是通过“设置”菜单中的“回弹”命令实现的。

在“快速设置/回弹”对话框(图 2-1-87)中,可以很容易地设置一个回弹分析。

可以选择单步或多步隐式算法。单步隐式算法是缺省的设置,如果采用单步隐式算法不能得到收敛的回弹结果,用户就可以选择多步隐式算法来进行回弹分析。

在拉延计算时,为了充分保证成形后板坯的形状,可采用自适应网格技术,但这会导致回弹计算时网格数量非常多,所以在进行回弹分析前,应激活“网格粗化”选项来合并上道工序中重划分的单元。

设置合并相邻网格的角度标准。当网格之间的角度变化不超过此角度时,成形就会合

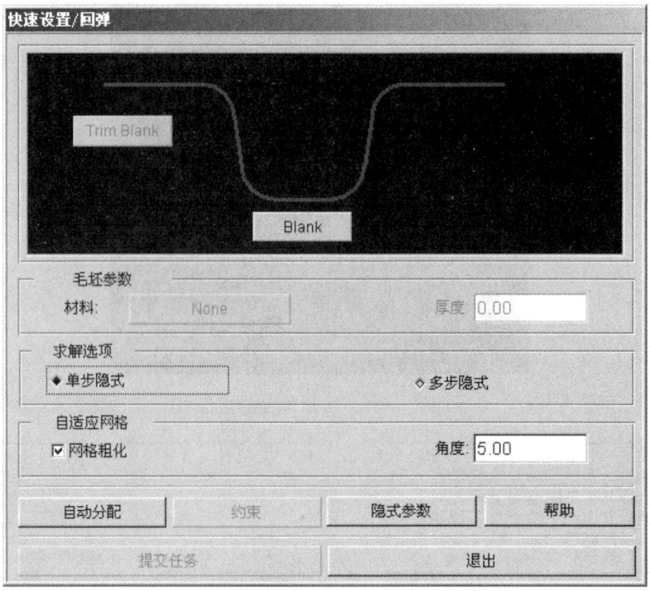

图 2-1-87　回弹分析界面

并这些单元。这个功能使 DYNAFORM 求解器能够合并邻近角度小于特定角度(缺省为 8°)的单元。粗化单元网格可以减小计算的不稳定性，所以有助于回弹模型的收敛。

需要注意的问题有：

(1)划分网格单元时，圆角处要保证足够多的网格，在 90°圆角处至少有 4 个网格单元。

(2)在毛坯单元上避免较大的长宽比。

(3)拉延与回弹模拟均使用 16 号单元类型。

(4)由于会产生动态效应，所以在成形仿真时应尽量避免过快的速度。

其他参数设置如下：

约束：让用户能够选择合适的约束点来防止零件在回弹分析中的刚体运动。

隐式参数：定义回弹分析参数，对话框如图 2-1-88 所示。

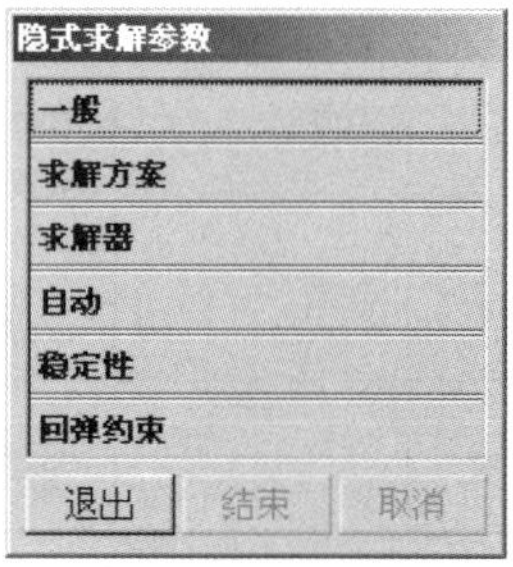

图 2-1-88　隐式求解参数

回弹分析的流程如下：

1. 读入变形后的毛坯

变形后的毛坯从一个拉延模拟结果中获得。在每道拉延模拟工序结束后，毛坯就会以 DYNAIN 文件格式输出，好的成形模拟结果对回弹收敛很重要。

在回弹分析界面中单击“Blank”按钮，然后在“定义毛坯”对话框中单击“选择零件”选项来导入 DYNAIN 文件。

2. 裁剪毛坯

如果不需要对毛坯进行裁剪操作，可以跳过此步。

3. 定义毛坯参数

需要定义初始的毛坯材料和厚度。在进行回弹分析之前，求解器需要毛坯参数来进行初始化。这些毛坯参数应当与拉延模拟设置中的参数一致。在初始化之后，记录在DYNAIN格式文件中的厚度、应力和应变等将覆盖初始的毛坯参数。

4. 选择隐式算法和网格粗化

较硬的板料推荐使用单步隐式算法，较软的或复杂的零件推荐使用多步隐式算法。

5. 定义隐式参数

没有合适的缺省隐式参数适合所有的回弹应用，所以需要根据不同的情况相应地调整隐式参数。

6. 移除刚体运动时推荐使用约束点选项

需要在毛坯上定义合适的约束点来消除刚体的6个自由度。在"隐式求解参数"对话框中选择"回弹约束"选项可以完成这个任务。对于大多数的回弹应用，推荐使用三点限制的回弹分析。所选择的3个节点应当互相隔开并且远离零件的边缘和较软的区域。第一个节点将约束该点三个方向的平动自由度并被定义为回弹模型的参考点，在这个节点处，回弹的位移为零；第二个节点将约束 Y 和 Z 方向的移动；第三个节点将消除 Z 方向的移动。

相关练习

对图2-1-89所示弯曲件的成形进行回弹分析。材料为08钢，宽度为120 mm，厚度为2 mm。

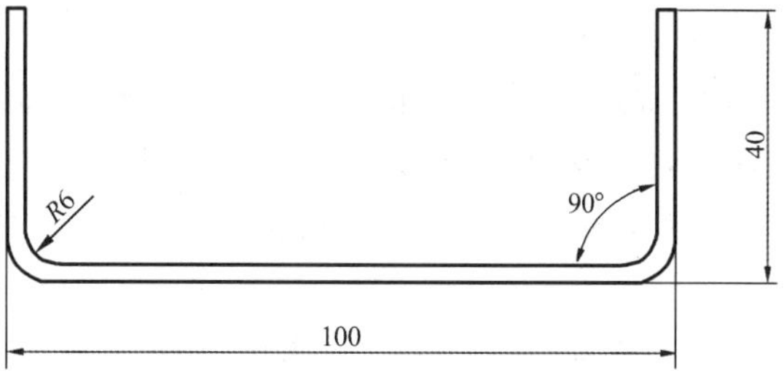

图2-1-89　弯曲件零件图

任务二　微波炉后挡板成形的回弹分析

【学习目标】

(1)掌握成形件回弹分析的流程。

(2)能进行简单成形件成形回弹的计算及测量。

(3)能解读回弹分析的结果，并写出改进工艺设计及模具设计的分析报告。

【工作任务】

运用DYNAFORM软件的回弹分析功能，对图2-2-1所示微波炉后挡板成形件进行回弹分析，得到回弹的具体数值，写出改进工艺设计及模具设计的分析报告。微波炉后挡板成形件的材料为ST13钢，料厚为0.6 mm。

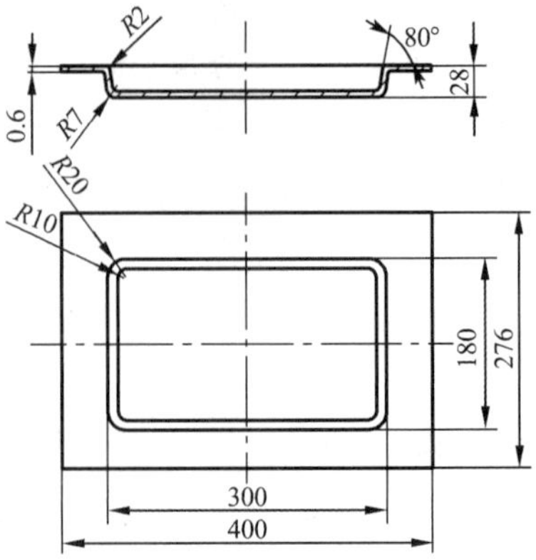

图 2-2-1 微波炉后挡板零件图

【相关实践知识】

一、筒形拉深件成形工艺性分析

1. 材料分析

ST13 钢是拉深级的冷轧钢板，具有良好的冲压成形性能。

2. 结构分析

该零件为浅成形(拉深性质)件，其结构简单，转角处圆角较大，对成形较为有利，但材料厚度为 0.6 mm，相对较薄，不利于材料的流动，对拉深有一定的影响。凸缘较大，成形后有回弹，使工件高度发生变化，严重影响工件的尺寸精度。

3. 精度分析

该零件的尺寸精度无公差要求，可按 IT14 级考虑，精度较低，但凸缘处预计有大的回弹，导致精度严重下降，应采用对回弹值进行补偿的成形工艺。

二、建立三维模型

采用 UG、Pro/E 等三维造型软件对微波炉后挡板、凹模进行三维造型，将得到的两个三维模型转换成 iges 格式。该零件的模型如图 2-2-2 所示，凹模模型如图 2-2-3 所示。该零件的模型显示出其材料壁厚中间层所在的曲面，凹模模型显示出筒形拉深件的内表面。

图 2-2-2 微波炉后挡板模型

图 2-2-3 凹模模型

三、数据库操作

1. 创建文件(数据库)

打开 DYNAFORM 软件，程序自动创建缺省的空数据库文件 Untitled. df。单击“文件”菜单中的“另存为”命令，修改文件名，将所建立的数据库文件保存在自己设定的目录下。

2. 导入模型

在“文件”菜单中单击“导入”命令，在弹出的图 2-2-4 所示的对话框中将文件类型设为“IGES(＊. igs; ＊. iges)”，找到前面建立的模型，分别将 part. igs 和 die. igs 文件导入。单击“零件层”菜单中的“编辑”命令，修改各零件层的名称与所在零件的名称一致，以方便后续操作时选用。

3. 分析设置

在“工具”菜单中单击“分析设置”命令，弹出图 2-2-5 所示的“分析设置”对话框。默认的单位系统是 MM(毫米)、TON(吨)、SEC(秒)、N(牛顿)，拉延类型是“Single action”(单动)，默认的毛坯和所有工具的接触界面为“Form One Way S. to S.”(单面接触)，默认的冲压方向为 Z 向，默认的接触间隙为 0.6 mm。可以改变这些默认值。

图 2-2-4　导入文件

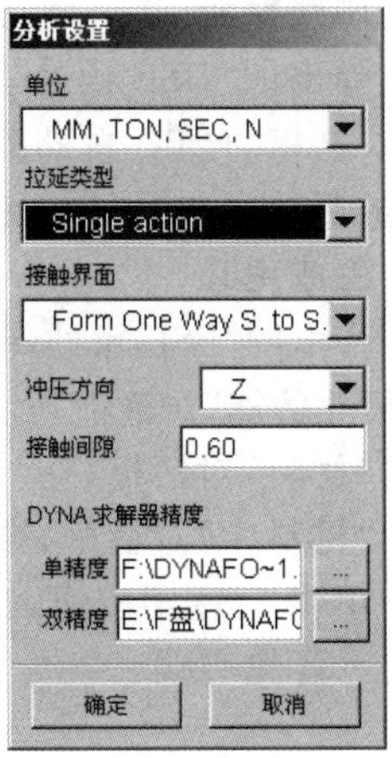

图 2-2-5　“分析设置”对话框

四、生成毛坯

1. 零件网格划分

在“零件层”菜单中单击“显示/隐藏零件层”命令，关掉其他零件层，只打开 PART 零件层，并把它设为当前零件层。在“坯料工程”菜单中单击“预处理”命令，在弹出的图 2-2-6 所示的“BSE 预处理”对话框中单击“零件网格”图标按钮，弹出图 2-2-7 所示的“曲面网格划分”对话框。将尺寸设置为“8”，其他参数保持不变。单击“选择曲面”按钮，弹出“选择曲面”对话框，单击“显示曲面”按钮，零件模型变成白色，说明它已被选中，在重新出现的“曲面网格划分”对话框中单击“应用”按钮，再单击“是”按钮接受网格划分，最后单击“退出”按钮，完成零件模型曲面的网格划分。

图 2-2-6 “BSE 预处理”对话框

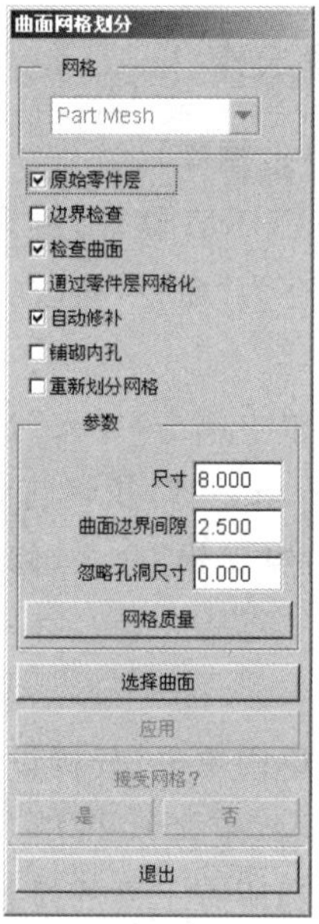

图 2-2-7 “曲面网格划分”对话框(零件)

2. 网格检查

在弹出的“BSE 预处理”对话框中单击“模型检查/修补”图标按钮，弹出“模型检查/修补”对话框，使用“自动翻转单元法向”、“显示边界”、“长宽比”、“内角”命令进行检查，最后单击“确定”按钮。

3. 生成毛坯

在弹出的“BSE 预处理”对话框中单击“毛坯尺寸估算”图标按钮，弹出图 2-2-8 所示的“毛坯尺寸估算”对话框，在“求解器”下拉列表中选择“MSTEP”，单击“空”按钮，弹出图 2-2-9 所示的“材料”对话框，在“标准”下拉列表中选择“China”，单击“材料库”按钮，弹出图 2-2-10 所示的“材料库”对话框，选择“St13_1.00mm(36)”，单击“确定”按钮。在返回的“材料”对话框中单击“确定”按钮，在返回的“BSE 预处理”对话框中单击“应用”按钮，生成图 2-2-11 所示的毛坯轮廓线。

图 2-2-8 “毛坯尺寸估算”对话框

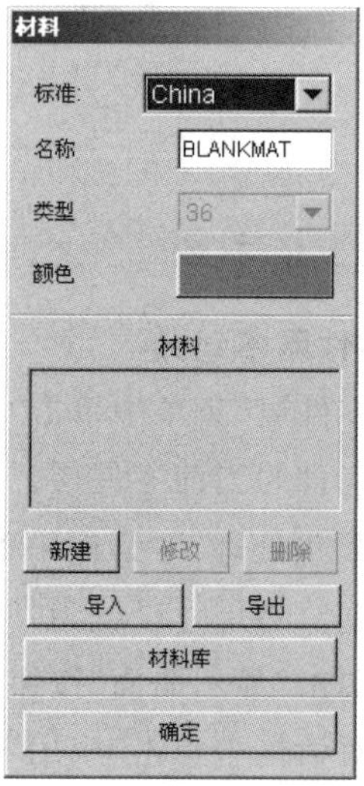

图 2-2-9 “材料”对话框(1)

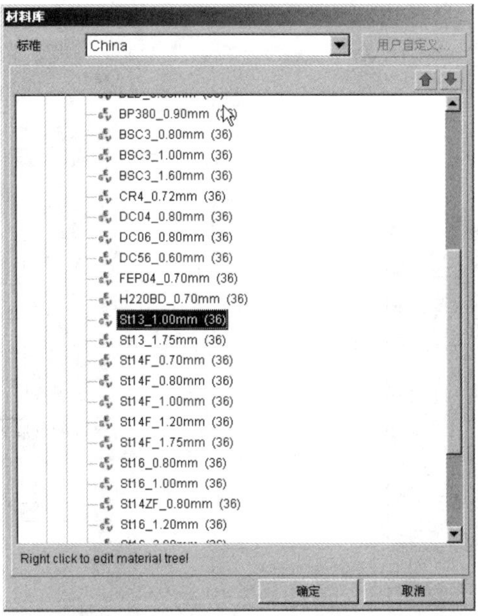

图 2-2-10　“材料库”对话框(1)

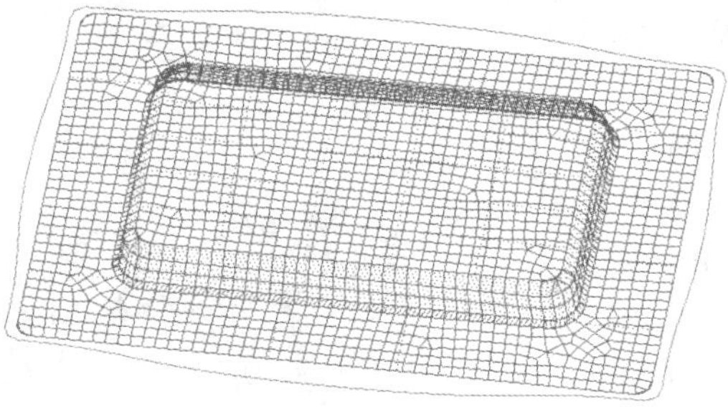

图 2-2-11　毛坯轮廓线

五、划分网格与检查

1. 凹模网格划分

(1)在“零件层”菜单中单击“显示/隐藏零件层”命令,关掉其他零件层,只打开 DIE 零件层,并把它设为当前零件层。

(2)在“前处理”菜单中单击“单元”命令,弹出图 2-2-12 所示的“单元”对话框,单击“曲面网格划分”图标按钮,弹出图 2-2-13 所示的“曲面网格划分”对话框。将最大尺寸设置为“8”,其他参数保持不变。单击“选择曲面”按钮,弹出图 2-2-14 所示的“选择曲面”对话框,单击“显示曲面”按钮,凹模模型变成白色,说明它已被选中,在重新出现的“曲面网格划分”对话框中单击“应用”按钮,得到图 2-2-15 所示的凹模网格,单击“是”按钮接受网格划分,最后单击“退出”按钮,完成凹模模型曲面的网格划分。

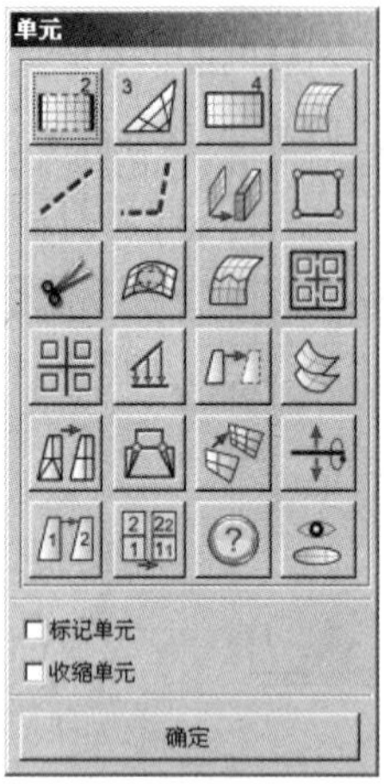

图 2-2-12 “单元”对话框

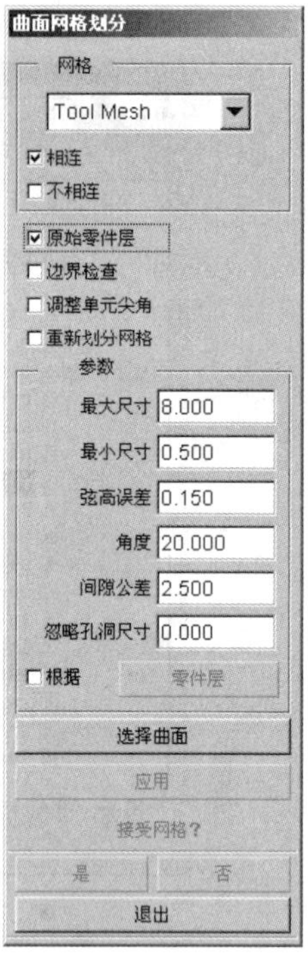

图 2-2-13 “曲面网格划分”对话框(凹模)

图 2-2-14 “选择曲面”对话框

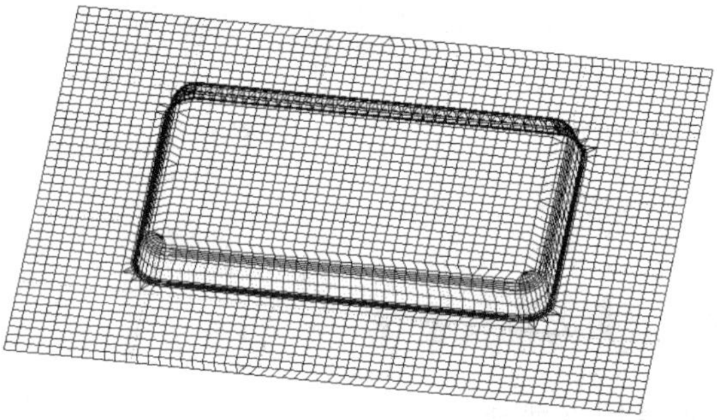

图 2-2-15 凹模网格

2. 网格检查

关闭显示控制选项中的“线”和“曲面”选项,选中“单元”选项。

在“前处理”菜单中单击“模型检查/修补”命令,弹出图 2-2-16 所示的“模型检查/修补”对话框,使用“自动翻转单元法向”、“显示边界”命令进行检查。

(1)自动翻转单元法向

单击“自动翻转单元法向”图标按钮,弹出“控制键”对话框,直接在凹模模型的凸缘上点击,出现一个带有箭头的白色单元(图 2-2-17),同时弹出“Dynaform 问题”对话框。如箭头朝下,则单击“是”按钮;如箭头朝上,则单击“否”按钮。

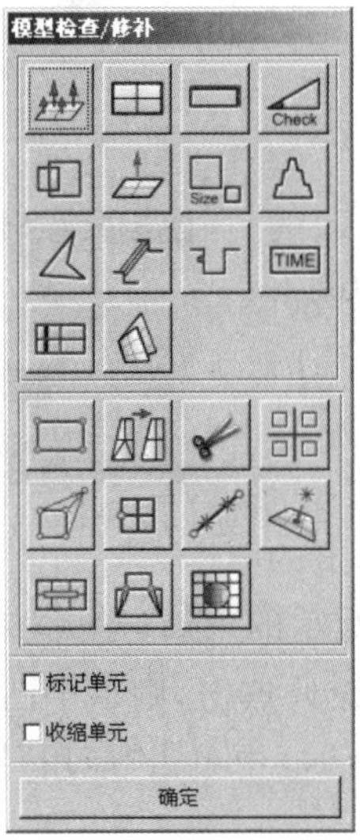

图 2-2-16　“模型检查/修补”对话框

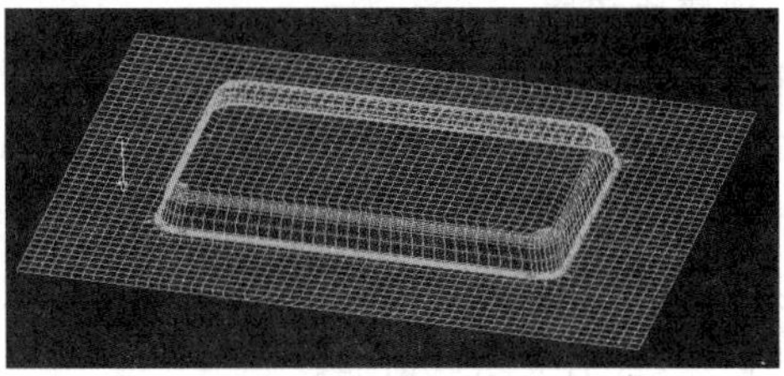
图 2-2-17　单元法向

(2)显示边界

单击“显示边界”图标按钮，则模型的边界以粗白色线显示，如图 2-2-18 所示。如模型有间隙或空洞，则也会以粗白色线显示，表明错误所在，需要加以修补。

3. 毛坯网格划分

在“零件层”菜单中单击“显示/隐藏零件层”命令，关掉其他零件层，只打开 OUTLINE 零件层，并把它设为当前零件层。在“工具”菜单中单击“毛坯生成器”命令，在弹出的图 2-2-19 所示的对话框中单击“边界线”选项，弹出“选择线”对话框，直接点击毛坯轮廓线，毛坯轮廓线变成白色(图 2-2-20)，说明它已被选中，这时出现“网格大小”对话框，设置单元大小为“8”，单击“确定”按钮，在随后出现的对话框中单击“是”按钮，接受网格划分。划分好的毛坯网格如图 2-2-21 所示。

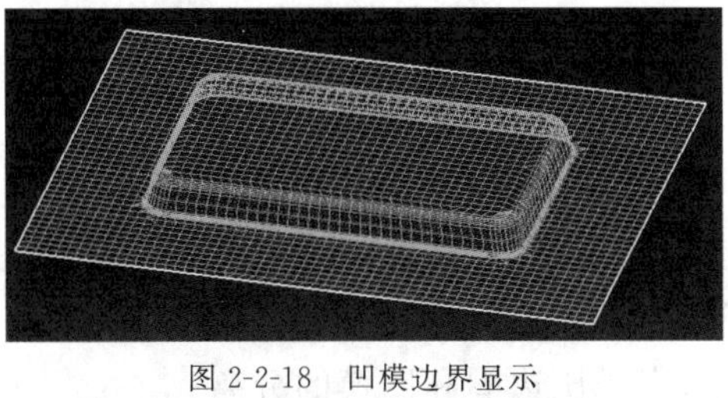
图 2-2-18　凹模边界显示

图 2-2-19　“选择选项”对话框

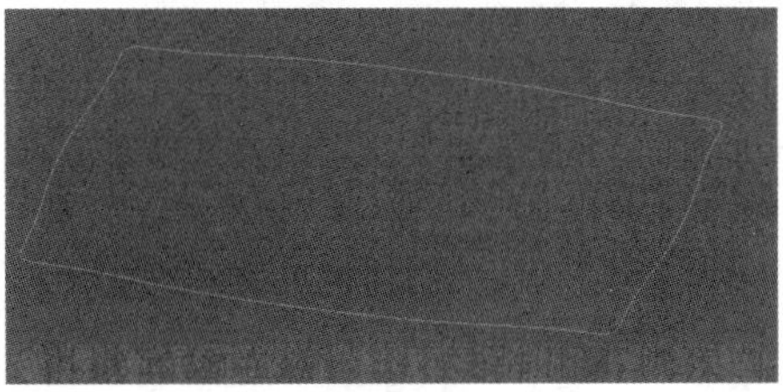
图 2-2-20　被选中的毛坯轮廓线

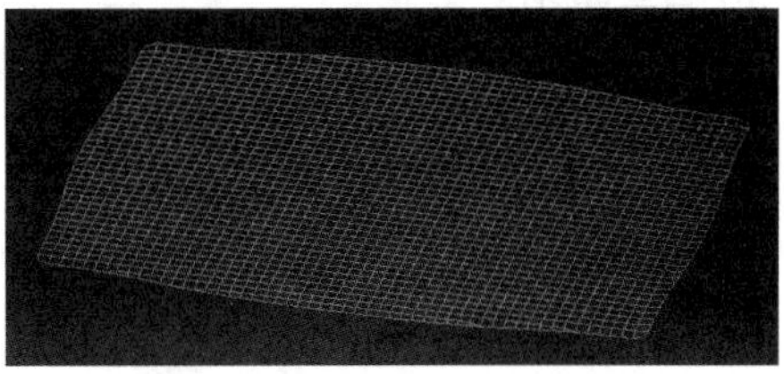
图 2-2-21　划分好的毛坯网格

六、创建压边圈并分离压边圈和凹模

1. 创建压边圈零件层

在“零件层”菜单中单击“创建”命令，弹出图 2-2-22 所示的“创建零件层”对话框，在“名称”文本框中填写“BINDER”，单击“应用”按钮，完成压边圈零件层的创建，此时，系统自动将新建的零件层设置为当前零件层。

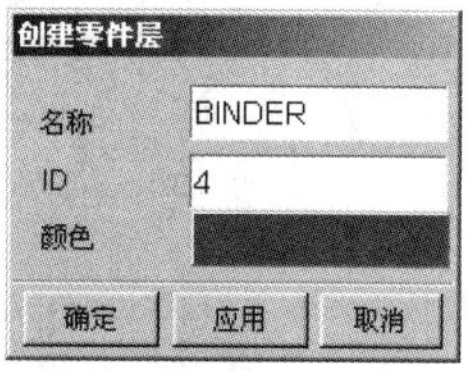

图 2-2-22 “创建零件层”对话框

2. 创建压边圈

在“零件层”菜单中单击“添加... 到零件层”命令，在弹出的图 2-2-23 所示的对话框中单击“单元”按钮，弹出图 2-2-24 所示的“选择单元”对话框，单击“伸展”图标按钮，拖动“角度”滑键为 1°，在凹模模型的凸缘处点击，则整个凸缘被选中而变成白色，单击“确定”按钮，在返回的“添加... 到零件层”对话框中单击“应用”按钮，完成压边圈的创建，最后关闭对话框。

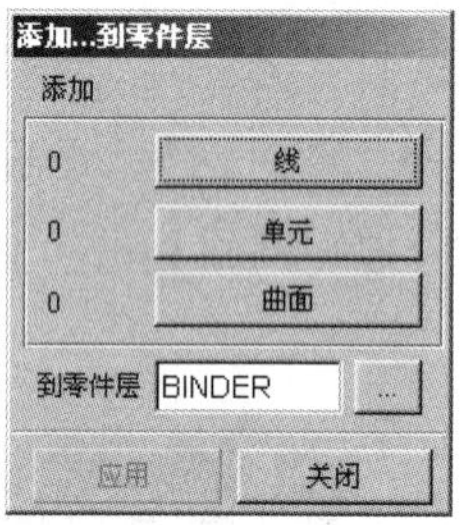

图 2-2-23 “添加... 到零件层”对话框

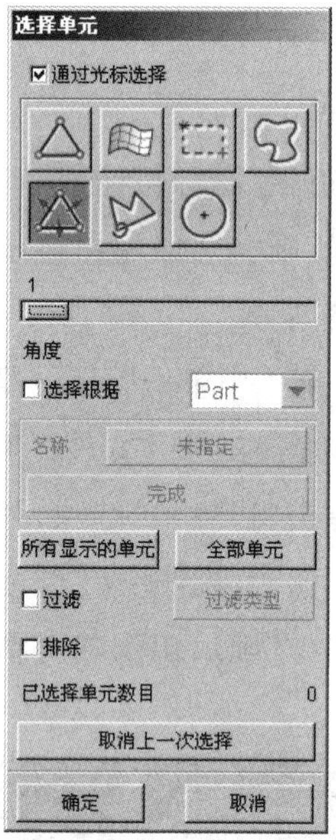

图 2-2-24 “选择单元”对话框

3. 分离压边圈和凹模

在“零件层”菜单中单击“分离零件层”命令，在弹出的图 2-2-25 所示的对话框中选中“DIE”和“BINDER”零件层，单击“确定”按钮，完成压边圈和凹模的分离。

4. 检查结果

在“前处理”菜单中单击“模型检查/修补”命令，在弹出的“模型检查/修补”对话框中单击“显示边界”图标按钮，查看压边圈是否与凹模分离。压边圈周边和凹模周边分别出现了粗白色线，表明分离成功，如图 2-2-26 所示。

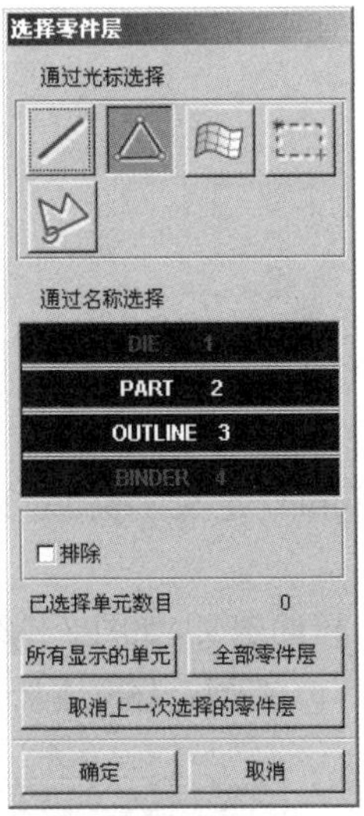

图 2-2-25　“选择零件层”对话框

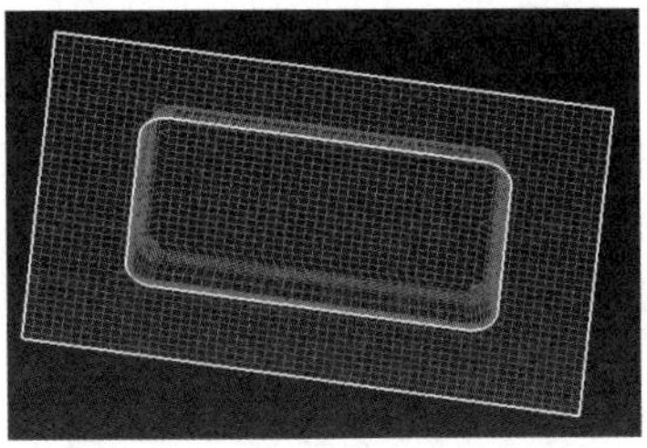

图 2-2-26　压边圈和凹模的分离结果

七、快速设置

在“设置”菜单中单击“拉延”命令，弹出图 2-2-27 所示的“快速设置/拉延”对话框。

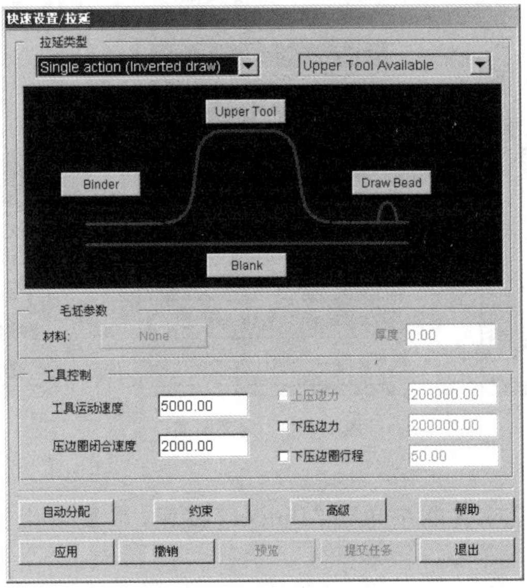

图 2-2-27　“快速设置/拉延”对话框

1. 定义拉延(模具)类型

在“拉延类型”下拉列表中选择“Single action(Inverted draw)”(单动)和“Upper Tool Available”(上模可见)。

2. 定义凹模

(1)在“快速设置/拉延”对话框中单击“Upper Tool”按钮，弹出图 2-2-28 所示的“定义工具”对话框，单击“选择零件”选项。

(2)在弹出的“Define Tool”(定义工具)对话框中单击“添加”按钮，弹出“选择零件层”

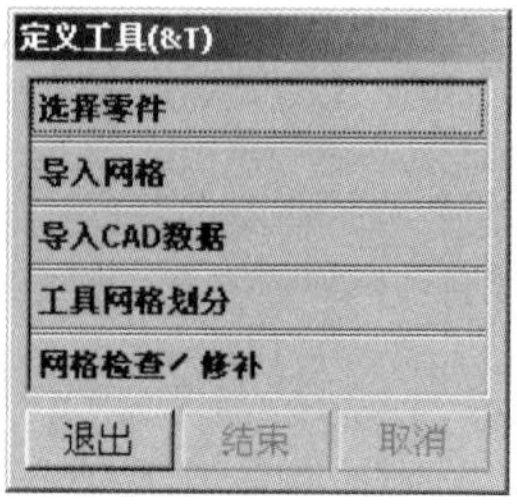

图 2-2-28 “定义工具”对话框

对话框，选择“DIE”零件层，单击“确定”按钮，返回“Define Tool”（定义工具）对话框，在此对话框中 DIE 零件层为红色显示。单击“确定”按钮。

（3）在弹出的“定义工具”对话框中单击“退出”按钮，完成凹模的定义，如图 2-2-29 所示。

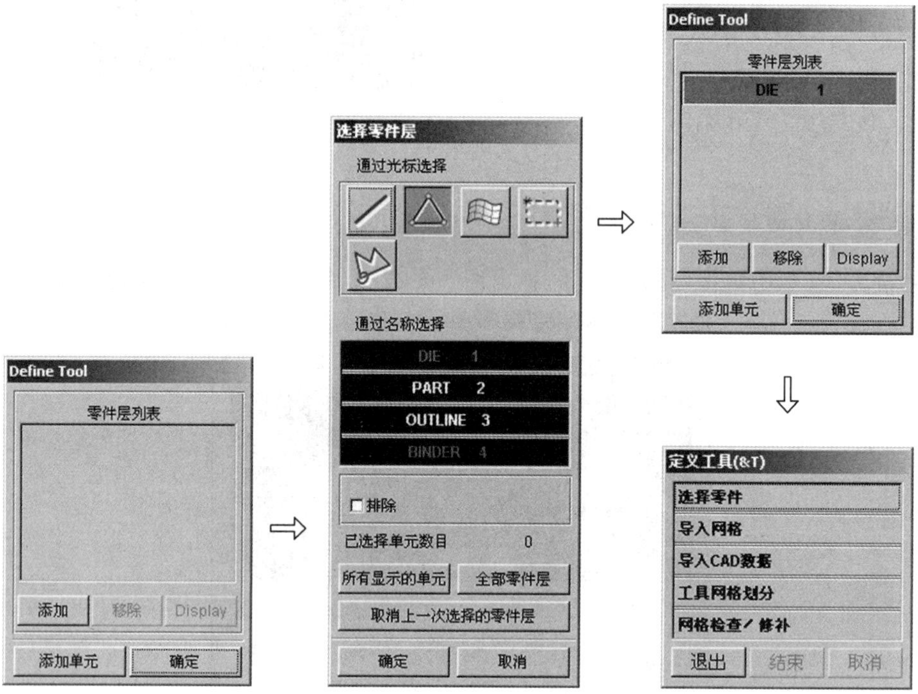

图 2-2-29 定义凹模

3. 定义压边圈

在“快速设置/拉延”对话框中单击“Binder”按钮，重复以上操作，选择 BINDER 零件层。

4. 定义毛坯

在“快速设置/拉延”对话框中单击“Blank”按钮，重复以上操作，选择 BLANK 零件层。

5. 定义毛坯材料及厚度

在“快速设置/拉延”对话框中单击“毛坯参数”选项组中的“None”按钮，弹出图 2-2-30 所示的“材料”对话框，单击“材料库”按钮，弹出图 2-2-31 所示的“材料库”对话框，选择“St13_1.00mm(36)”材料，单击“确定”按钮，完成材料的定义。在“厚度”文本框中输入“0.6”，作为材料厚度。

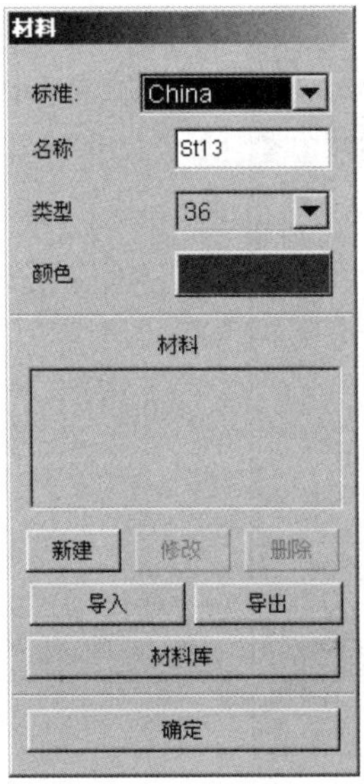

图 2-2-30　“材料”对话框(2)

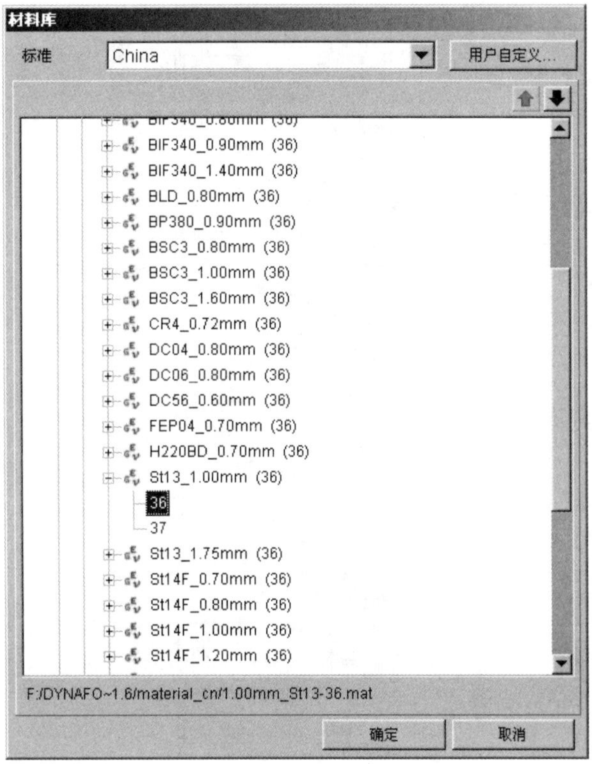

图 2-2-31　“材料库”对话框(2)

6. 完成设置

单击“应用”按钮，程序将自动生成配合工具并合理定位。单击“预览”按钮检查工具(模具)的运动，结果如图 2-2-32 所示。

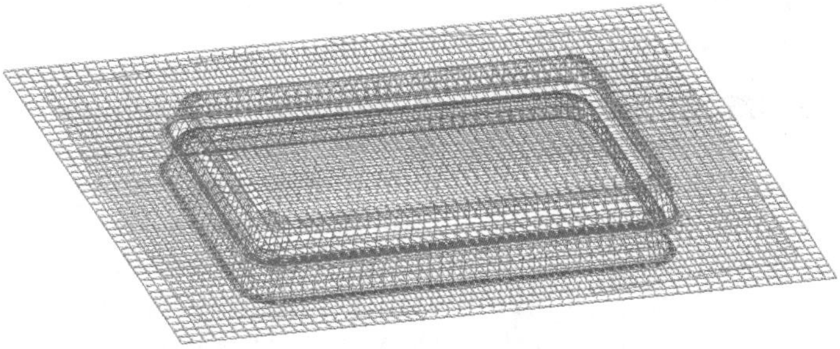

图 2-2-32　分析模型

八、分析参数设置与求解计算

1. 分析类型设置

在“快速设置/拉延”对话框中单击“提交任务”按钮，弹出图 2-2-33 所示的“分析”对话框，从“分析类型”下拉列表中选择“Full Run Dyna”选项，如图 2-2-34 所示。

图 2-2-33 “分析”对话框

图 2-2-34 分析参数设置

2. 控制参数设置

单击“控制参数”按钮，在弹出的对话框中直接单击“确定”按钮，采用系统默认的参数。

3. 自适应参数设置

选中“自适应网格”选项，单击“自适应参数”按钮，弹出图 2-2-35 所示的对话框，在“LEVEL(MAXLVL)”文本框中输入“3”。

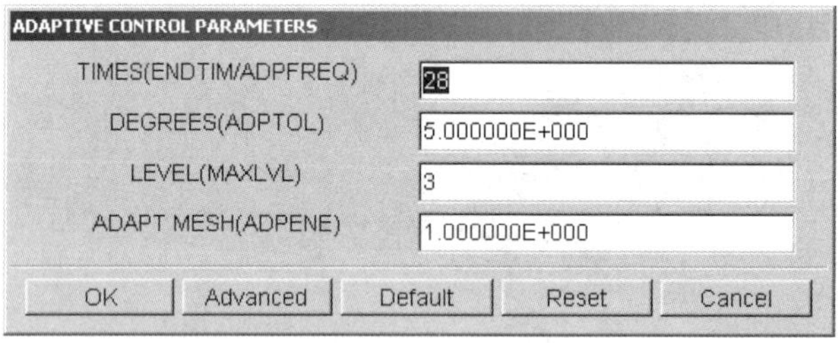

图 2-2-35 “ADAPTIVE CONTROL PARAMETERS”(自适应参数)对话框

4. 其他参数设置

其他参数的设置如图 2-2-34 所示。

5. 提交任务进行计算

参数设置完后单击“确定”按钮，则程序自动在后台进行相关计算。计算时的界面如图 2-2-36 所示。

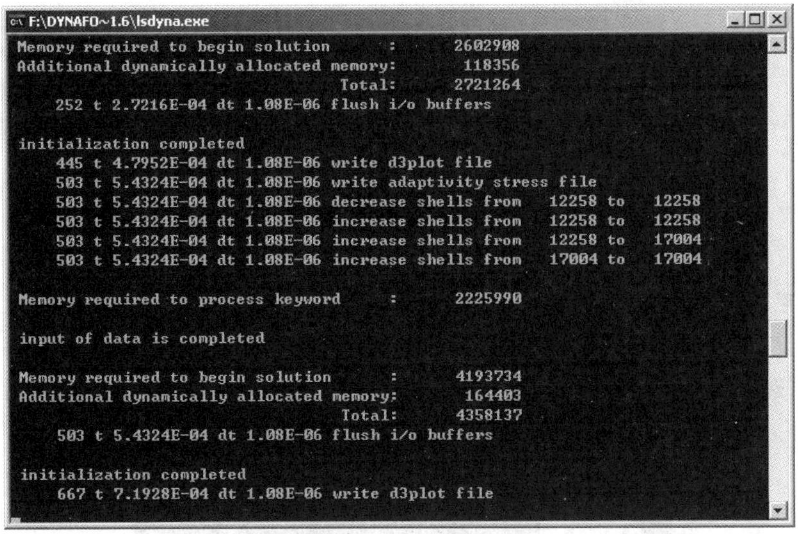

图 2-2-36　计算时的界面

九、回弹计算

1. 新建文件

单击“文件”菜单中的“新建”命令，再单击“文件”菜单中的“另存为”命令，修改默认的文件名，并保存在自己设定的目录下。

2. 导入模型

单击“文件”菜单中的“导入”命令，弹出图 2-2-37 所示的对话框，修改文件类型为“DYNAIN(* dynain *)”，找到前面分析得到的 DYNAIN 格式文件。导入该文件后的结果如图 2-2-38 所示。

图 2-2-37　导入模型

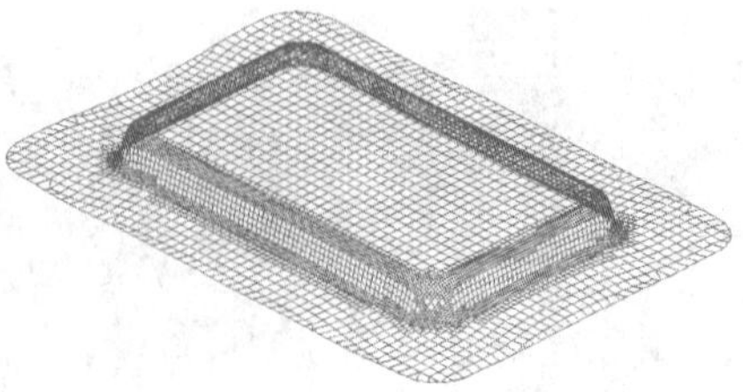

图 2-2-38　导入后的分析模型

3. 定义毛坯

(1)在“设置”菜单中单击“回弹”命令，弹出图 2-2-39 所示的“快速设置/回弹”对话框，单击“Blank”按钮。

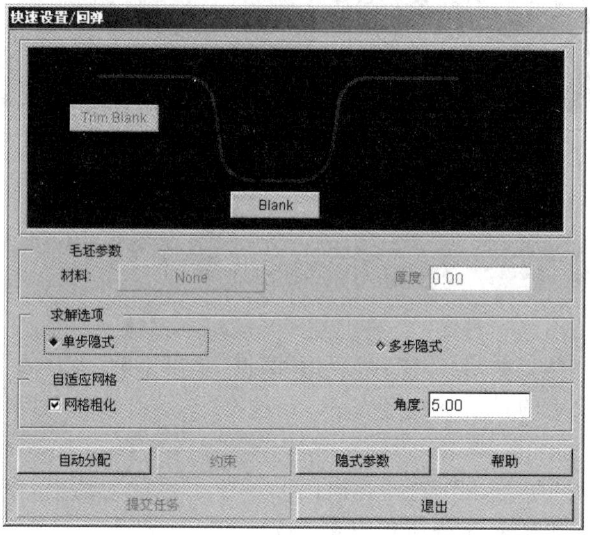

图 2-2-39　“快速设置/回弹”对话框

(2)在弹出的“定义毛坯”对话框中单击“选择零件”选项，弹出“Define Blank”(定义毛坯)对话框，单击“添加”按钮，弹出“选择零件层”对话框，单击其中的零件层，最后单击“确定”按钮，如图 2-2-40 所示。

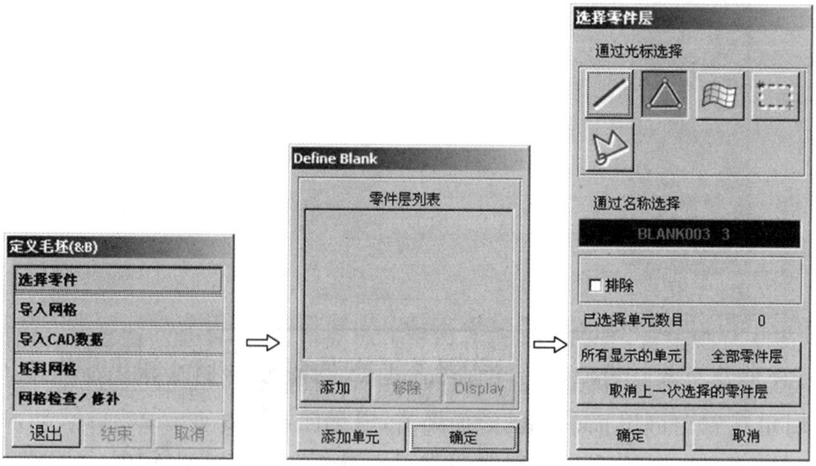

图 2-2-40　毛坯定义过程

4. 确定材料参数

在“快速设置/回弹”对话框中单击“毛坯参数”选项组中的“None”按钮，弹出图 2-2-41 所示的“材料”对话框，单击“材料库”按钮，弹出图 2-2-42 所示的“材料库”对话框，选择“St13_1.00mm(36)”材料(**注意**：这时所选的材料必须与前面成形分析时所用的材料一致)。单击“确定”按钮，返回“快速设置/回弹”对话框，修改厚度为“0.6”。

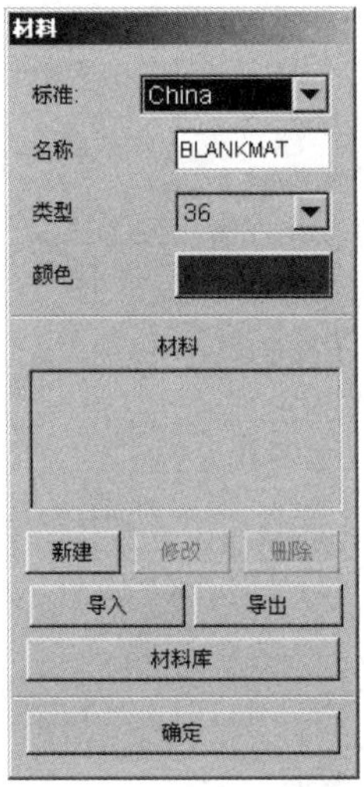

图 2-2-41　“材料”对话框(3)

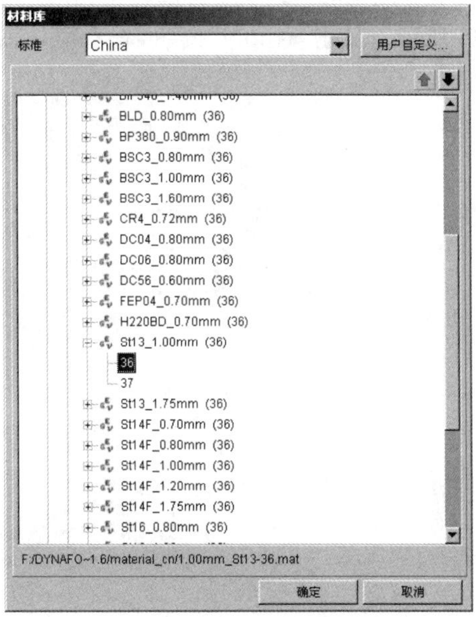

图 2-2-42　“材料库”对话框(3)

5. 求解计算

在“快速设置/回弹”对话框中选择“单步隐式”、“网格粗化”，单击“自动分配”按钮，然后单击“提交任务”按钮，弹出“分析”对话框，在“分析类型”下拉列表中选择“Full Run Dyna”选项，单击“确定”按钮进行计算。

十、回弹结果分析

1. 导入回弹结果文件

打开 DYNAFORM 后处理器，单击“File”菜单中的“Import”(导入)命令，弹出图 2-2-43 所示的“Select File”对话框，选择上步计算得到的回弹结果文件(d3plot)，文件有两帧，分别单击两帧查看变化情况。

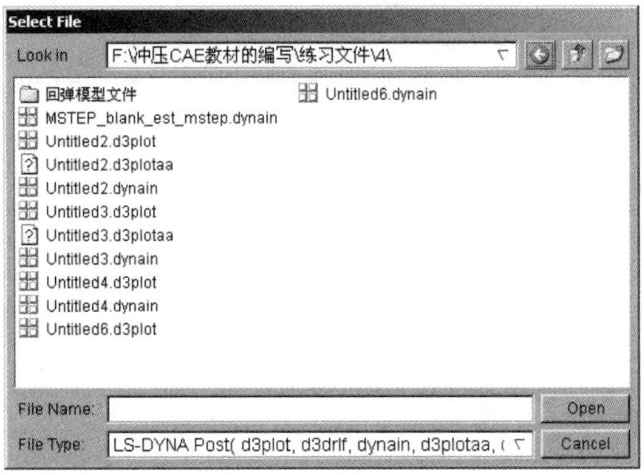

图 2-2-43　“Select File”对话框

2. 建立截面线

为了计算回弹量，在零件上取一个截面来查看回弹结果。单击“Tool”菜单中的“Section Cut”(切割面)命令，在右侧面板中单击“Define Cut Plane”(定义切割面)按钮，弹出“Control Option”(控制选项)对话框，单击“W Along +Y Axis”按钮，在零件要做截面的位置选择两个节点，如图 2-2-44 所示。单击“Exit”和“Accept”按钮，则创建了一条截面线，如图 2-2-45 所示。单击“Apply”按钮，查看第一帧和第二帧的变化。

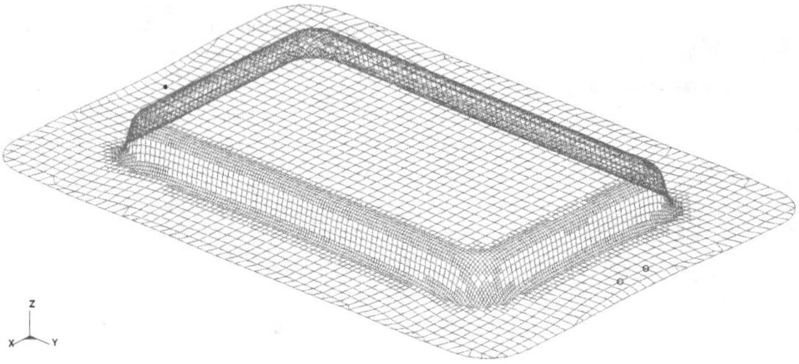

图 2-2-44 选择两个节点

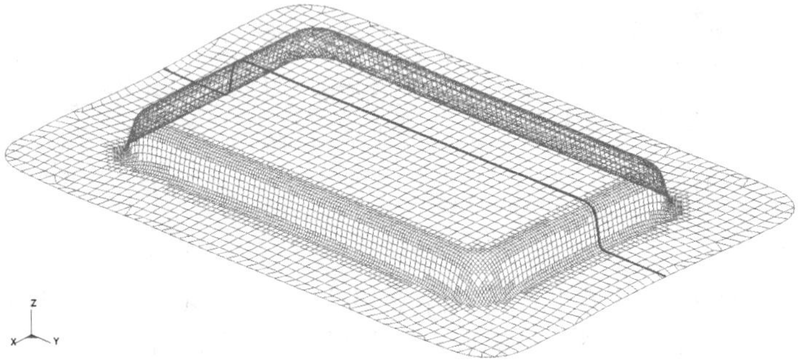

图 2-2-45 创建的一条截面线

3. 测量计算结果

选择第一帧，单击“Angle Between Two Lines”(两线间的夹角)图标按钮，用鼠标在每边各选两个节点，系统则自动给出两线间的夹角，结果如图 2-2-46 所示。单击“Exit”按钮退出测量，选择第二帧，用同样的方法测量回弹后两线间的夹角，结果如图 2-2-47 所示。回弹前两线间的夹角为 79.107°，回弹后两线间的夹角为 75.776°，角度回弹量为 3.331°。

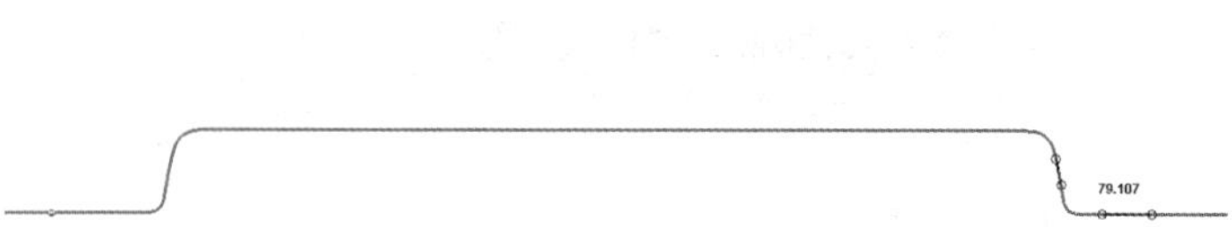

图 2-2-46 回弹前两线间的夹角

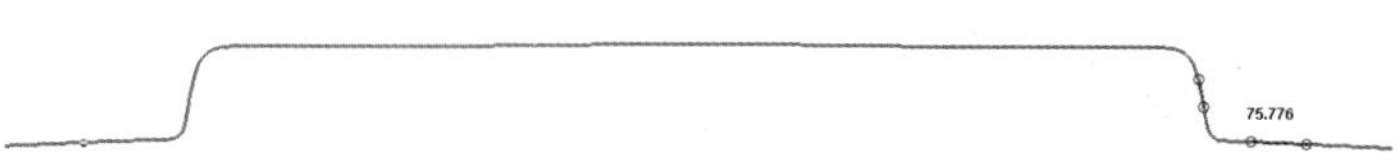

图 2-2-47 回弹后两线间的夹角

十一、分析报告

根据得到的微波炉后挡板成形回弹图，写出表 2-2-1 所示的微波炉后挡板成形 CAE 分析报告。

表 2-2-1　　微波炉后挡板成形 CAE 分析报告

材料：ST13

序号	缺陷描述	缺陷分析、建议	备注
1	凸缘处有较大回弹产生	凸缘直边处的主要变形为弯曲，因此产生了较大的回弹。建议在模具上对凸缘处的角度进行回弹补偿	

【相关理论知识】

DYNAFORM 软件的测量功能包括测量两矢量之间的夹角（ANGLE BETWEEN TWO LINES）、测量点/节点间的距离（DISTANCE BETWEEN POINTS/NODES）、测量半径（RADIUS THROUGH 3PTS/3NDS）、计算所选单元的面积（AREA OF SELECTED ELEMENTS）、测量线的长度（LENGTH OF LINE）等五个方面。测量值显示在消息提示窗口或测量处。

1. 测量两矢量之间的夹角（ANGLE BETWEEN TWO LINES）

此功能允许用户测量两个所选矢量之间的夹角，夹角单位用度（°）表示。单击该图标按钮后，系统弹出选择点对话框，提示用户通过分别选择两个矢量的起点和终点的方式来选择两个矢量。用户可以依次在屏幕上通过用鼠标选择节点/点或输入坐标的方式定义两个矢量。定义两个矢量之后，程序将在消息提示区以下面的格式显示四个角度的测量值。例如：

ANGLE＝69.90，TOP：72.49，SIDE：3.41，REAR：124.78

其中 ANGLE 表示两个矢量的夹角；TOP 值为两个矢量在全局坐标系 $X-Y$ 平面上的投影的夹角；SIDE 值为两个矢量在全局坐标系 $X-Z$ 平面上的投影的夹角；REAR 值为两个矢量在全局坐标系 $Y-Z$ 平面上的投影的夹角。

2. 测量点/节点间的距离（DISTANCE BETWEEN POINTS/NODES）

此功能允许用户测量两点/节点之间、点到直线、点到曲面之间的距离。单击该图标按钮后，系统弹出图 2-2-48 所示的对话框，用户需要选择测量的类型。

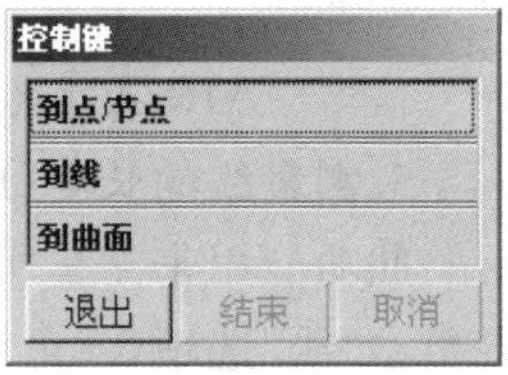

图 2-2-48　选择测量的类型

（1）到点/节点

测量两点/节点之间的距离。选择此功能后，系统弹出节点选择对话框，用户可以通过在屏幕上用鼠标选择两个点/节点来测量它们之间的距离，或者通过输入坐标的方式定义两个点来测量它们之间的距离。测量点的结果会显示在屏幕上，同时在消息提示区中给出两点之间的距离值（DISTANCE）、两点在绝对坐标系下 X 方向（DX）、Y 方向（DY）和 Z 方向（DZ）的增量值。例如：

DISTANCE＝185.465，DX＝157.975，DY＝97.165，DZ＝0.000

(2)到线

测量点/节点到曲线之间的最近距离。选择此功能后，系统提示用户首先需要选择一个点/节点。用户可以通过在屏幕上用鼠标选择点/节点或输入坐标的方式定义一个点，然后在屏幕上选择一条曲线，此时系统将提示用户该点到曲线的最小距离值。例如：

DISTANCE＝80.728，DX＝69.490，DY＝40.977，DZ＝－3.000

同时，曲线上离选择点最近的点将高亮显示在屏幕上，系统弹出图 2-2-49 所示的对话框，询问用户是否在曲线上离选择点最近点的位置创建一个节点。用户可以单击“是”按钮创建节点，或者单击“否”按钮继续进行测量。

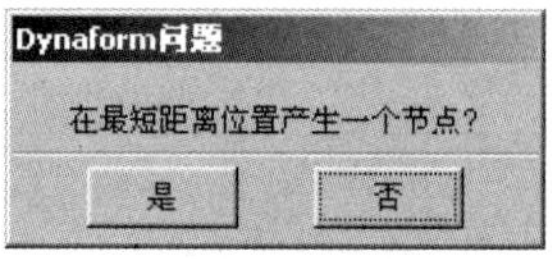

图 2-2-49 “Dynaform 问题”对话框

(3)到曲面

测量点/节点到曲面之间的最近距离。选择此功能后，系统提示用户首先需要选择一个点/节点。用户可以通过在屏幕上用鼠标选择点/节点或输入坐标的方式定义一个点，然后在屏幕上选择一个曲面，此时系统将提示用户该点到曲面的最小距离值。例如：

DISTANCE＝28.193，DX＝24.824，DY＝13.327，DZ＝－1.000

同时，曲面上离选择点最近的点将高亮显示在屏幕上，系统弹出图 2-2-49 所示的对话框，询问用户是否在曲面上离选择点最近点的位置创建一个节点。用户可以单击“是”按钮创建节点，或者单击“否”按钮继续进行测量。

3. 测量半径(RADIUS THROUGH 3PTS/3NDS)

此功能允许用户通过选择三个点/节点来测量经过此三点/节点圆的半径。单击该图标按钮后，系统弹出点/节点选择对话框，用户可以通过在屏幕上用鼠标选择三个点/节点或输入坐标的方式定义三个点来测量通过此三点圆的半径，测量结果将在消息提示区中显示出来。例如：

R＝20.000 CENTER AT，X＝－200.000，Y＝0.000，Z＝0.000

其中 R 为圆的半径，X、Y、Z 分别为通过此三点所构成圆的圆心在全局坐标系下的坐标值。

4. 计算所选单元的面积(AREA OF SELECTED ELEMENTS)

此功能用来计算所选单元的面积。选择此功能后，系统弹出单元选择对话框，用户可以选择任意多个单元，然后确认，这时在消息提示区中将显示所选单元的面积和质心坐标位置。例如：

AREA：1000.0000；MASS CENTER：1000.00000，0.00000，0.00000

5. 测量线的长度(LENGTH OF LINE)

此功能用来测量所选线的长度。选择此功能后，系统弹出图 2-2-50 所示的对话框。如果单击“线”选项，就可以直接通过在屏幕上选择直线的方式来测量该直线的长度；如果单击“键入线编号”选项，就可以通过输入曲线的编号来测量该直线的长度，这时系统弹出图 2-2-51 所示的对话框，允许用户输入一个曲线编号。输入后单击“确定”按钮，这时该曲线的长度信息将显示在消息提示区中。例如：

LINE SEGMENT LENGTH IS：232.3619

图 2-2-50　"显示线"对话框

图 2-2-51　输入曲线编号

相关练习

对图 2-2-52 所示带凸缘浅盒形件的成形进行回弹分析。材料:08 钢。

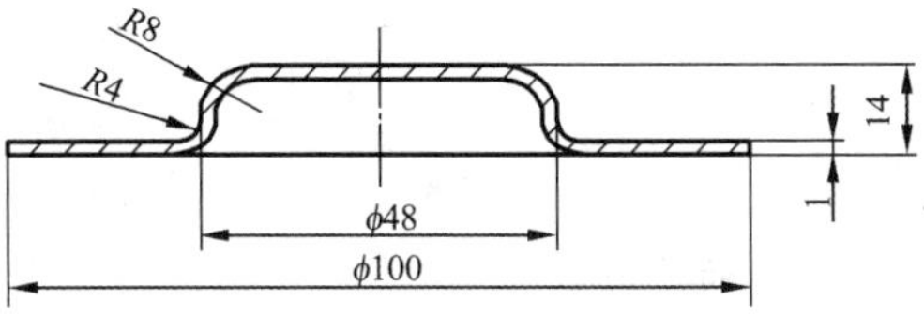

图 2-2-52　带凸缘浅盒形件零件图

项目三
冲压件坯料尺寸的计算

学习目标

1. 掌握冲压件坯料尺寸计算的流程。
2. 能进行一般冲压件坯料尺寸的计算，得到坯料外形图。
3. 能利用 DYNAFORM 软件的测量功能得到坯料的具体尺寸。
4. 能写出坯料尺寸计算分析报告。

工作任务

运用 DYNAFORM 软件的 BSE(坯料尺寸计算)功能对给定冲压件进行坯料尺寸计算，得到坯料外形图，将坯料有限元网格化后，再利用 DYNAFORM 软件的测量功能得到其具体尺寸。

任务一　测试件坯料尺寸的计算

【学习目标】

(1)了解冲压件坯料尺寸计算的流程。
(2)能进行一般冲压件(以曲面造型文件提供)坯料尺寸的计算，得到坯料外形图。
(3)能利用 DYNAFORM 软件的测量功能得到坯料的具体尺寸。
(4)能写出坯料尺寸计算分析报告。

【工作任务】

运用 DYNAFORM 软件的 BSE(坯料尺寸计算)功能对图 3-1-1 所示测试件进行坯料尺寸计算，得到坯料外形图，将坯料有限元网格化后，再利用 DYNAFORM 软件的测量功能得到其具体尺寸。测试件材料为 ST13 钢，料厚为 0.4 mm。

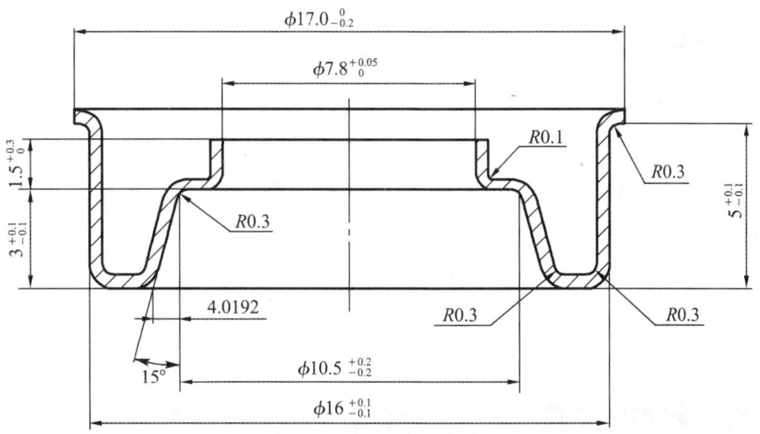

图 3-1-1 测试件零件图

【相关实践知识】

一、筒形拉深件成形工艺性分析

1. 材料分析

ST13 钢是拉深级的冷轧钢板，具有良好的冲压成形性能。

2. 结构分析

该零件形状较复杂，成形过程中不仅有一般拉深，还有反拉深，手工的坯料计算会因材料的多次变形而产生较大的误差。

3. 精度分析

该零件的尺寸精度要求较高，需采用精密多工位级进模生产方可满足要求。

二、建立三维模型

采用 UG、Pro/E 等三维造型软件，取冲压件料厚的中间面，对测试件进行三维造型，将得到的三维模型转换成 iges 格式。注意这时测试件的内孔已封闭，原因在于测试件的内孔是通过孔翻边工序得到的，翻孔的宽度窄且该孔与所在外形相比较大，由此判断出该处的成形区为弱区，成形时不会引起整个冲压件的收缩，故在进行坯料尺寸计算时可以将其简化成平面考虑。测试件模型如图 3-1-2 所示。

图 3-1-2 测试件模型(内孔已封闭)

三、数据库操作

1. 创建文件(数据库)

打开 DYNAFORM 软件,程序自动创建缺省的空数据库文件 Untitled. df。单击“文件”菜单中的“另存为”命令,修改文件名,将所建立的数据库文件保存在自己设定的目录下。

2. 导入模型

在“文件”菜单中单击“导入”命令,在弹出的图 3-1-3 所示的对话框中将文件类型设为“IGES(*. igs; *. iges)”,找到前面建立的模型并将其导入。单击“零件层”菜单中的“编辑”命令,修改零件层的名称与所在零件的名称一致,以方便后续操作时选用。

图 3-1-3 导入文件

四、BSE(坯料尺寸计算)

1. 网格划分

单击“坯料工程”菜单中的“预处理”命令,弹出“BSE 预处理”对话框,如图 3-1-4 所示。单击“零件网格”图标按钮,弹出“曲面网格划分”对话框,如图 3-1-5 所示。修改尺寸为“0.5”,单击“选择曲面”按钮,弹出“选择曲面”对话框,如图 3-1-6 所示。在“通过光标选择”选项组中单击“选择曲面”图标按钮,然后单击“显示曲面”按钮,则模型颜色变为白色,表明模型被选中,再单击“确定”按钮,在“曲面网格划分”对话框中单击“应用”按钮,然后退出。划分好的网格如图 3-1-7 所示。

图 3-1-4　“BSE 预处理”对话框

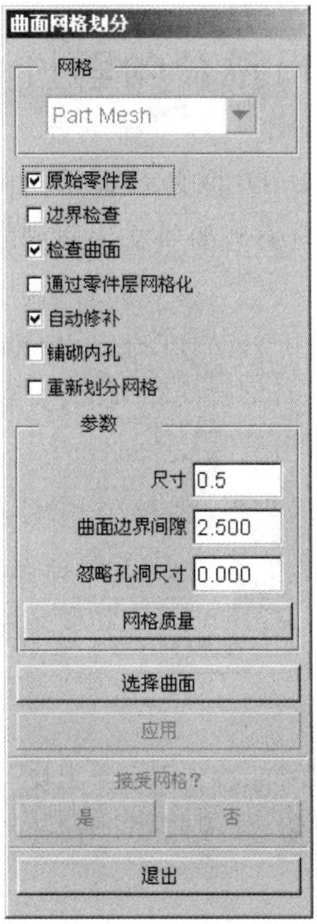

图 3-1-5　“曲面网格划分”对话框

图 3-1-6　“选择曲面”对话框

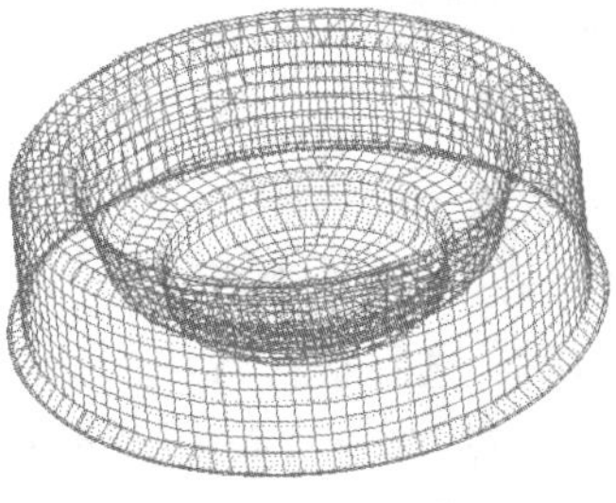

图 3-1-7　划分好的网格

2. 网格检查

关闭显示控制选项中的“线”和“曲面”选项，选中“单元”选项。

在“BSE 预处理”对话框中单击“模型检查/修补”图标按钮，弹出图 3-1-8 所示的“模型检查/修补”对话框，使用“显示边界”、“长宽比”、“内角”命令进行检查。

(1)边界检查

单击“显示边界”图标按钮，则模型的边界以粗白色线显示，如图 3-1-9 所示。如模型有间隙或空洞，则也会以粗白色线显示，表明错误所在，需要加以修补。

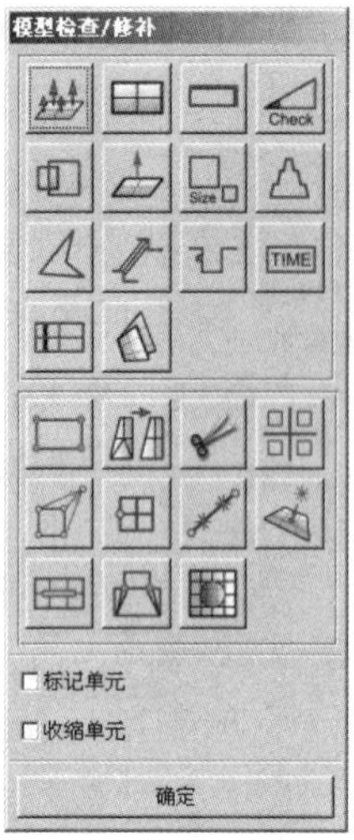

图 3-1-8 “模型检查/修补”对话框

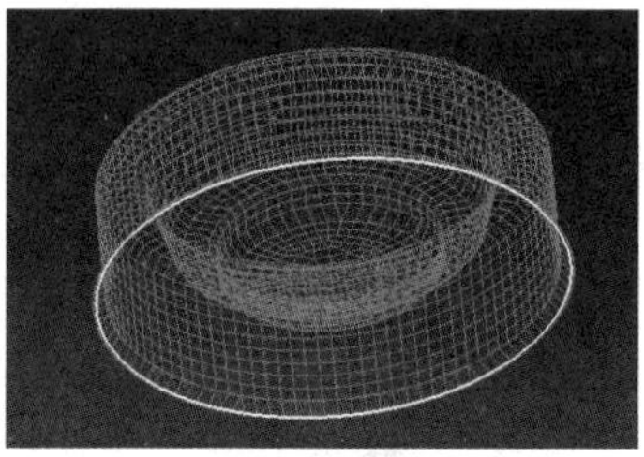

图 3-1-9 凹模边界显示

(2)长宽比检查

单击“长宽比”图标按钮，弹出图 3-1-10 所示的“Input Ratio”(输入比率)对话框，输入后单击“确定”按钮，如无问题，则返回“模型检查/修补”对话框。

(3)内角检查

单击“内角”图标按钮，弹出图 3-1-11 所示的“Input Angle”(输入角度)对话框，修改角度为 10°，单击“确定”按钮，如无问题，则返回“模型检查/修补”对话框。

图 3-1-10 “Input Ratio”(输入比率)对话框

图 3-1-11 “Input Angle”(输入角度)对话框

3. 毛坯尺寸估算

在“BSE 预处理”对话框中单击“毛坯尺寸估算”图标按钮，弹出图 3-1-12 所示的“毛坯尺寸估算”对话框，选择材料为“St13”，厚度为“0.4”，单击“应用”按钮，程序开始计算，如图 3-1-13 所示。计算完毕后，在模型网格外侧出现毛坯外形轮廓线，如图 3-1-14 所示。

图 3-1-12 “毛坯尺寸估算”对话框

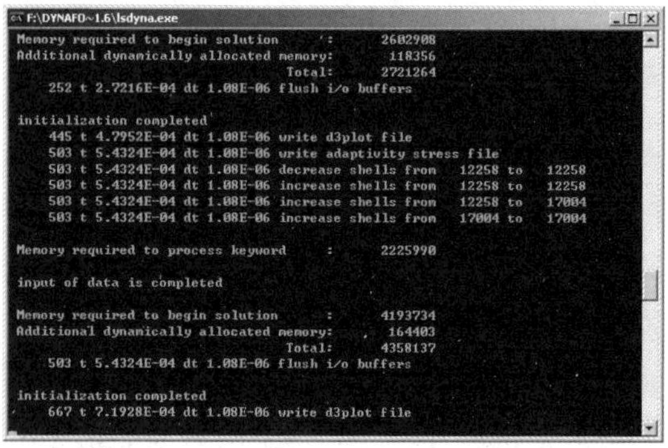

图 3-1-13 计算时的界面

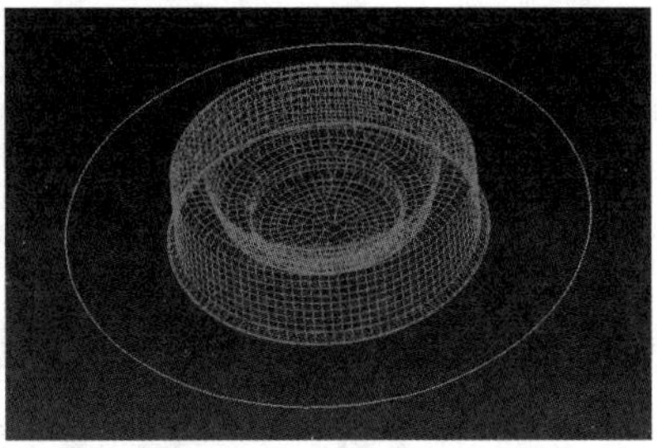

图 3-1-14　毛坯外形轮廓线

4. 毛坯网格化及尺寸测量

（1）毛坯网格化

在“工具”菜单中单击“毛坯生成器”命令，在弹出的图 3-1-15 所示的对话框中单击“边界线”选项，弹出图 3-1-16 所示的“选择线”对话框，直接点击毛坯轮廓线，毛坯轮廓线变成白色，说明它已被选中，这时出现图 3-1-17 所示的“网格大小”对话框，按图示设置参数，单击“确定”按钮，在随后出现的对话框中单击“是”按钮，接受网格划分。划分好的毛坯网格如图 3-1-18 所示。

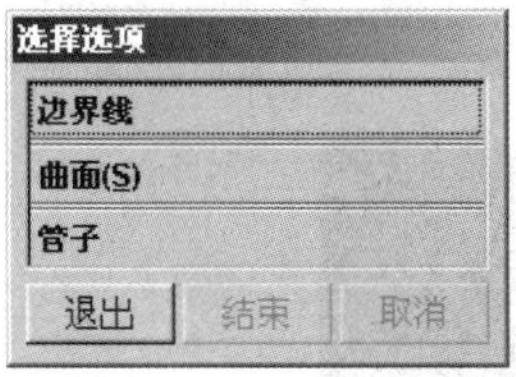

图 3-1-15　“选择选项”对话框

图 3-1-16　“选择线”对话框

图 3-1-17　“网格大小”对话框

图 3-1-18　划分好的毛坯网格

（2）毛坯尺寸测量

在“辅助工具”菜单中单击“点/节点间距离”命令，在弹出的图 3-1-19 所示的对话框中单击“到点/节点”选项，弹出图 3-1-20 所示的“输入坐标值”对话框。先点击毛坯轮廓线上的一个节点，然后再点击沿直径方向对面的毛坯轮廓线上的另一个节点，毛坯的直径尺寸即出现，数值为 28.019 mm，如图 3-1-21 所示。

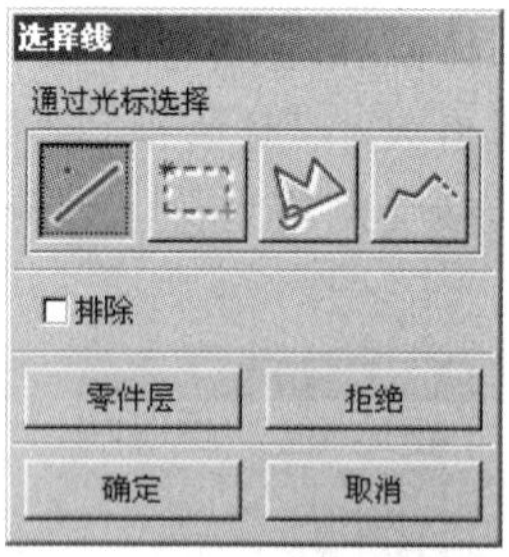

图 3-1-19 “控制键”对话框

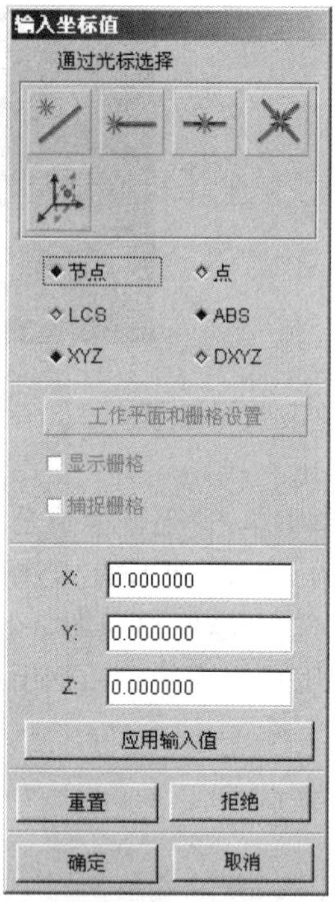

图 3-1-20 “输入坐标值”对话框

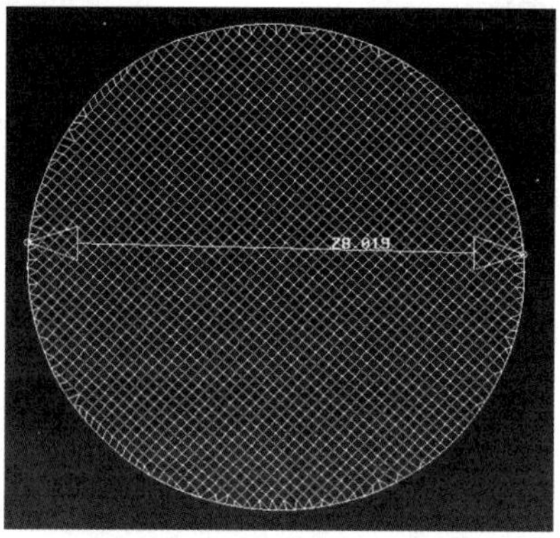

图 3-1-21 毛坯直径的测量结果

五、分析报告

根据得到的毛坯直径的测量结果，写出表 3-1-1 所示的测试件毛坯尺寸计算报告。

表 3-1-1　　测试件毛坯尺寸计算报告

材料：ST13

序号	计算结果	分析、建议	备注
1	测试件毛坯为圆形，直径为 ϕ28.019 mm	为保险起见，建议采用 ϕ28.5 mm 的圆坯料	

【相关理论知识】

图 3-1-22　“坯料工程”菜单

坯料工程(Blank Size Engineering,简写为 BSE)模块是 eta/DYNAFORM 的一个子模块,其中包括快速求解模块,用户可以在很短的时间内完成对产品可成形性的分析,大大缩短了计算时间。此外,BSE 还可以用来精确预测毛坯的尺寸和帮助改善毛坯外形。如图 3-1-22 所示,“坯料工程”菜单包含“预处理”、“Mstep”(快速求解)、“多步展开”和“开发”命令。

一、预处理

“BSE 预处理”对话框中的几个功能如图 3-1-4 所示,用户必须通过单击“坯料工程”—“预处理”—(导入)或“文件”—“导入”命令来导入零件几何模型或零件网格。

1. 导入

允许用户读入模型文件。

2. 检查重叠曲面

该功能允许用户在进行网格剖分之前检查重叠曲面是否存在。

3. 抽取中面

该功能方便用户在导入带有厚度的曲面后从体曲面中分离抽取出中间曲面进行分析计算。

4. 分离曲面

该功能用于分离带厚度信息的实体钣金零件的顶部和底部曲面。

5. 展开法兰

该功能使用户能够展开零件上的法兰部分。

6. 零件网格

该功能使用户能够利用零件网格剖分器对零件几何模型进行网格划分。详细操作过程请参考项目一任务二的“相关理论知识”部分。

7. 模型检查/修补

该功能使用户能够方便地检查和修补网格。

8. 内部填充

该功能用来填充零件网格中的所有孔洞。

9. 冲压方向

该功能用来调整冲压方向。

10. 毛坯尺寸估算

该功能用来估算毛坯轮廓,对话框如图 3-1-12 所示。在进行估算之前,用户需要定义毛坯的材料和厚度。估算出的毛坯轮廓将自动存放在名为“OUTLINE”的新部件中。

二、Mstep(快速求解)

快速求解器是 ETA 公司开发的一种改进的一步法求解器,它为用户提供了一种获得更加精确结果的方法。此方法通过对计算过程反复迭代而得到比较精确的结果,但是会导致计算时间比传统的计算时间稍微要长一些。快速求解器主要在汽车设计的初期阶段用于快速获得产品成形性分析的准确评估、估算零件的初始轮廓以及计算修边线等。

三、开发

得到估算的毛坯轮廓后，毛坯开发对话框使用户能够为后续的毛坯排样、成本估算和成形模拟等应用来调整毛坯的轮廓外形，其中包括毛坯网格生成、外部光顺、矩形拟合、输出毛坯轮廓估算报告和零件优化排样等功能。

相关练习

1. 用 DYNAFORM 软件的坯料尺寸计算功能对图 3-1-23 所示拉深件进行坯料尺寸计算。材料：ST13 钢。

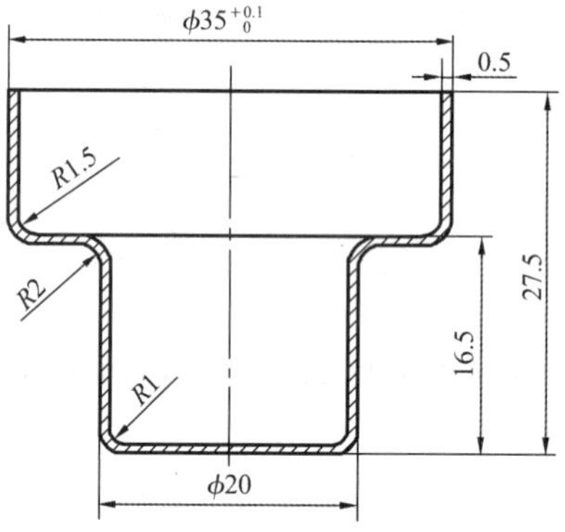

图 3-1-23　拉深件零件图

2. 用 DYNAFORM 软件的坯料尺寸计算功能对图 3-1-24 所示冲压件进行坯料尺寸计算。材料：ST12 钢。

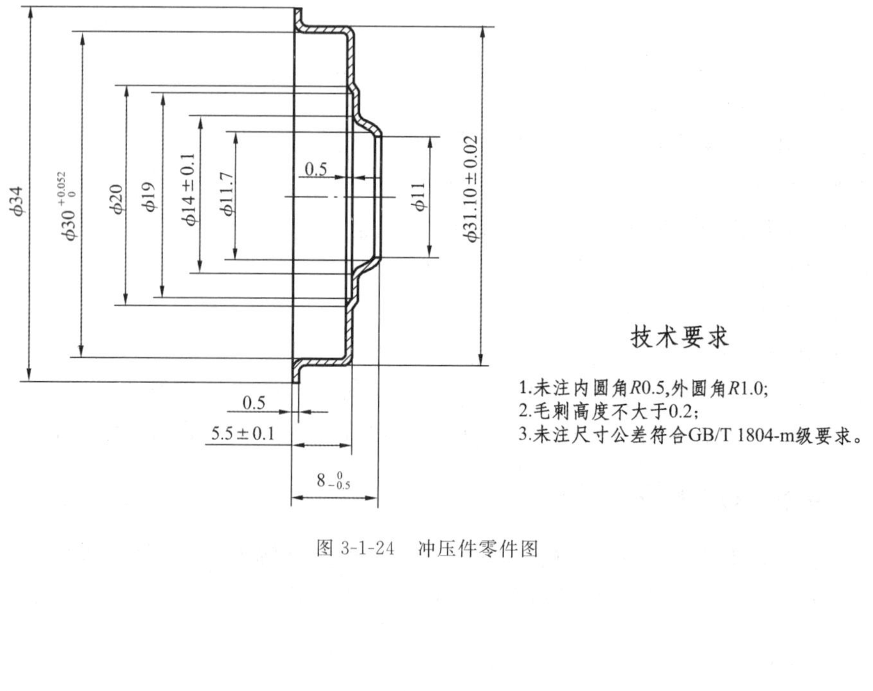

图 3-1-24　冲压件零件图

任务二　柴油机油箱坯料尺寸的计算

【学习目标】

(1)掌握冲压件坯料尺寸计算的流程。
(2)能进行一般冲压件(以实体造型文件提供)坯料尺寸的计算,得到坯料外形图。
(3)能利用 DYNAFORM 软件的测量功能得到坯料的具体尺寸。
(4)能写出坯料尺寸计算分析报告。

【工作任务】

运用 DYNAFORM 软件的坯料尺寸计算功能对图 3-2-1 所示柴油机油箱进行坯料尺寸计算,得到坯料外形图,将坯料有限元网格化后,再利用 DYNAFORM 软件的测量功能得到其具体尺寸。柴油机油箱的材料为 ST14 钢,料厚为 0.8 mm(具体尺寸详见光盘)。

图 3-2-1　柴油机油箱零件

【相关实践知识】

一、筒形拉深件成形工艺性分析

1. 材料分析

ST14 钢是较深拉深级的冷轧钢板,具有优异的冲压成形性能。

2. 结构分析

柴油机油箱的形状为不规则的深盒形,较为复杂,成形过程为二次拉深。

3. 精度分析

该零件的尺寸精度要求一般,采用普通拉深模即可满足要求。

二、建立三维模型

采用 UG、Pro/E 等三维造型软件对柴油机油箱进行三维造型,将得到的三维模型转换成 iges 格式。注意这时柴油机油箱凸缘部分的宽度已放大并有大的圆角,原因在于:柴油机油箱凸缘部分的尖角不利于直接成形,根据金属的均匀流动规律,必须是圆角才能顺利成形。柴油机油箱模型如图 3-2-2 所示。

图 3-2-2　柴油机油箱模型

三、数据库操作

1. 创建文件(数据库)

打开 DYNAFORM 软件，程序自动创建缺省的空数据库文件 Untitled. df。单击“文件”菜单中的“另存为”命令，修改文件名，将所建立的数据库文件保存在自己设定的目录下。

2. 导入模型

在“文件”菜单中单击“导入”命令，在弹出的图 3-2-3 所示的对话框中将文件类型设为“IGES(*.igs; *.iges)”，找到前面建立的模型文件并将其导入。单击“零件层”菜单中的“编辑”命令，修改零件层的名称与所在零件的名称一致，以方便后续操作时选用。

图 3-2-3　导入文件

四、BSE(坯料尺寸计算)

1. 抽取中间曲面

单击“坯料工程”菜单中的“预处理”命令，弹出“BSE 预处理”对话框，如图 3-2-4 所示。单击“抽取中面”图标按钮，弹出“选择曲面”对话框，如图 3-2-5 所示。在“通过光标选择”选项组中单击“选择曲面”图标按钮，然后单击“显示曲面”按钮，则模型颜色变为白色，表明模型被选中，软件开始计算，抽取出中间曲面。再单击“确定”按钮，在弹出的图 3-2-6 所示的对话框中单击“结束”按钮退出。完成的中间曲面如图 3-2-7 所示。

图 3-2-4　“BSE 预处理”对话框

图 3-2-5　“选择曲面”对话框(1)

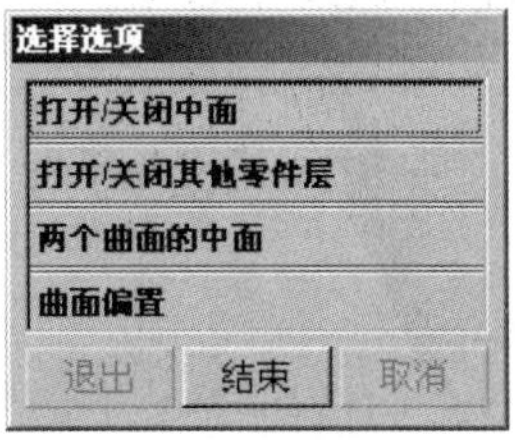

图 3-2-6　“选择选项”对话框(1)

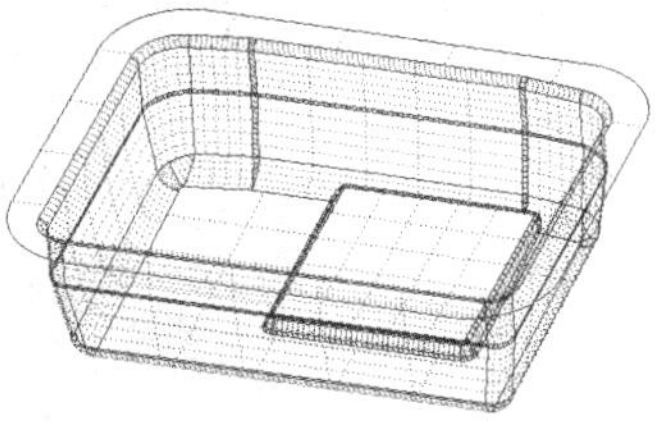

图 3-2-7　柴油机油箱的中间曲面

2. 网格划分

单击“坯料工程”菜单中的“预处理”命令，弹出“BSE 预处理”对话框。单击“零件网格”图标按钮，弹出“曲面网格划分”对话框，如图 3-2-8 所示。修改尺寸为“10”，单击“选择曲面”按钮，弹出“选择曲面”对话框，如图 3-2-9 所示。在“通过光标选择”选项组中单击“选择曲面”图标按钮，然后单击“显示曲面”按钮，则模型颜色变为白色，表明模型被选中。再单击“确定”按钮。在弹出的“曲面网格划分”对话框中单击“应用”按钮，然后退出。划分好的网格如图 3-2-10 所示。

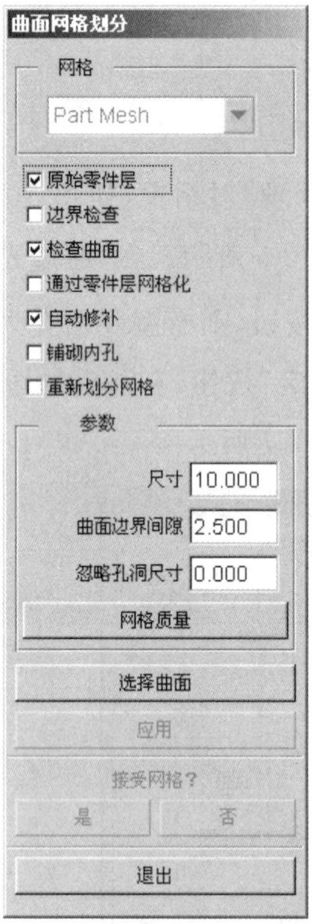

图 3-2-8 “曲面网格划分”对话框

图 3-2-9 “选择曲面”对话框(2)

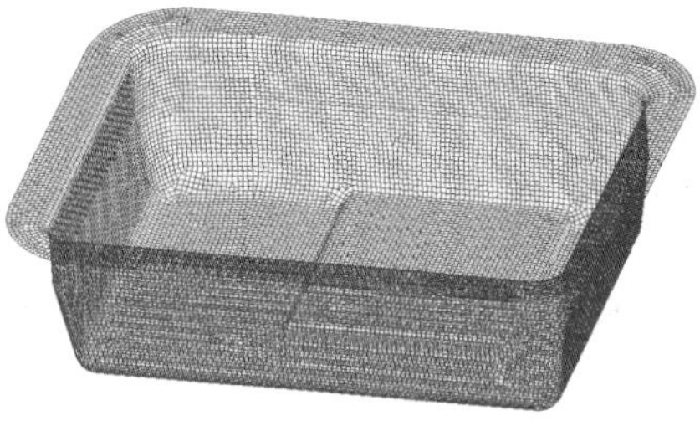

图 3-2-10 柴油机油箱网格

3. 网格检查

关闭显示控制选项中的“线”和“曲面”选项，选中“单元”选项。

在“BSE 预处理”对话框中单击“模型检查/修补”图标按钮，弹出图 3-2-11 所示的“模型检查/修补”对话框，使用“显示边界”、“长宽比”、“内角”命令进行检查。

(1)边界检查

单击“显示边界”图标按钮，则模型的边界以粗白色线显示，如图 3-2-12 所示。如模型有间隙或空洞，则也会以粗白色线显示，表明错误所在，需要加以修补。

(2)长宽比检查

单击“长宽比”图标按钮，弹出图 3-2-13 所示的“Input Ratio”(输入比率)对话框，输入后单击“确定”按钮，如无问题，则返回“模型检查/修补”对话框。

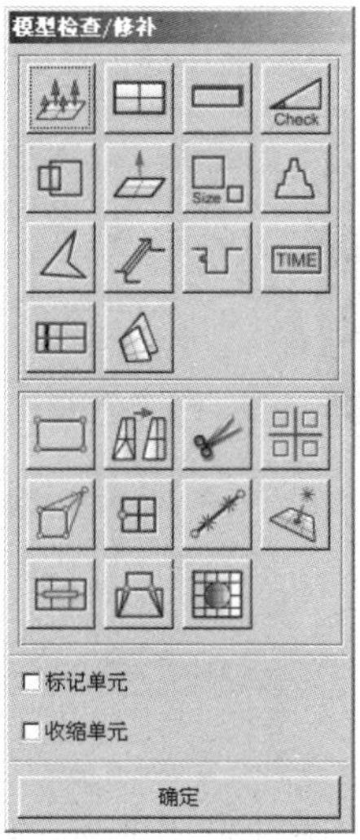

图 3-2-11　“模型检查/修补”对话框

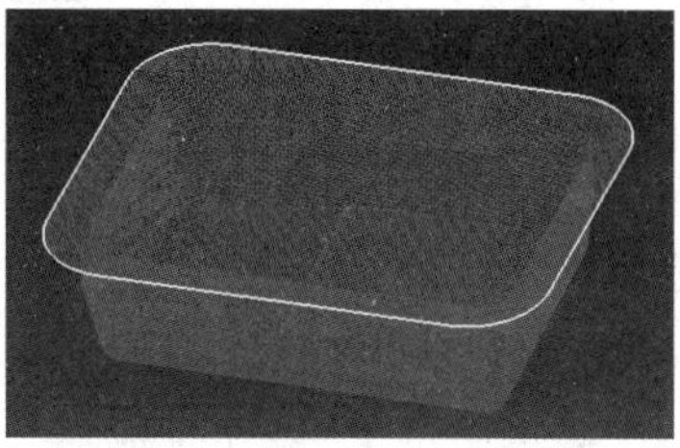

图 3-2-12　模型边界显示

(3)内角检查

单击“内角”图标按钮，弹出图 3-2-14 所示的“Input Angle”(输入角度)对话框，修改角度为 10°，单击“确定”按钮，如无问题，则返回“模型检查/修补”对话框。

图 3-2-13　“Input Ratio”(输入比率)对话框

图 3-2-14　“Input Angle”(输入角度)对话框

4. 毛坯尺寸估算

在“BSE 预处理”对话框中单击“毛坯尺寸估算”图标按钮，弹出图 3-2-15 所示的“毛坯尺寸估算”对话框，选择材料为“St14F”，厚度为“0.8”，单击“应用”按钮，程序开始计算，如图 3-2-16 所示。计算完毕后，在模型网格外侧出现毛坯外形轮廓线，如图 3-2-17 所示。

图 3-2-15　“毛坯尺寸估算”对话框

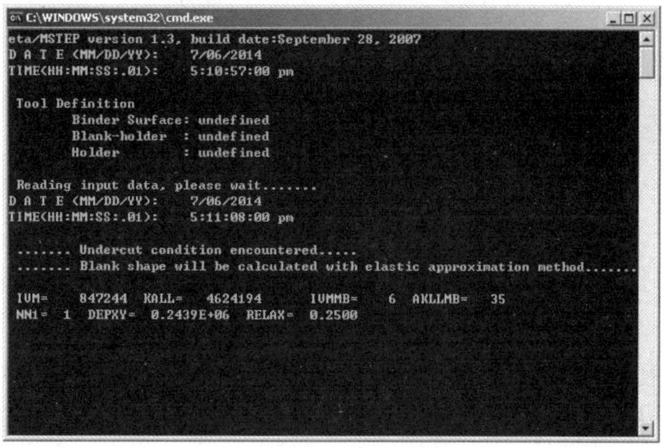

图 3-2-16　计算时的界面

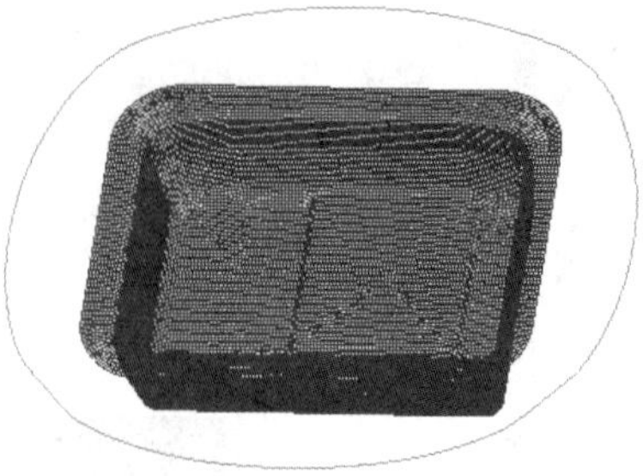

图 3-2-17　毛坯外形轮廓线

5. 毛坯网格化及尺寸测量

(1)毛坯网格化

在“工具”菜单中单击“毛坯生成器”命令，在弹出的图 3-2-18 所示的对话框中单击“边界线”选项，弹出图 3-2-19 所示的“选择线”对话框，直接点击毛坯轮廓线，毛坯轮廓线变成白色，说明它已被选中，这时出现图 3-2-20 所示的“网格大小”对话框，按图示设置参数，然后单击“确定”按钮，在随后出现的对话框中单击“是”按钮，接受网格划分。划分好的毛坯网格如图 3-2-21 所示。

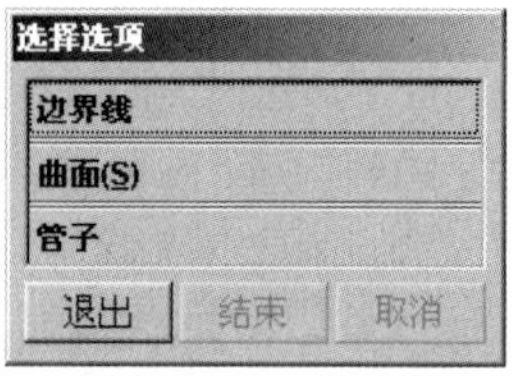

图 3-2-18　“选择选项”对话框(2)

图 3-2-19　“选择线”对话框

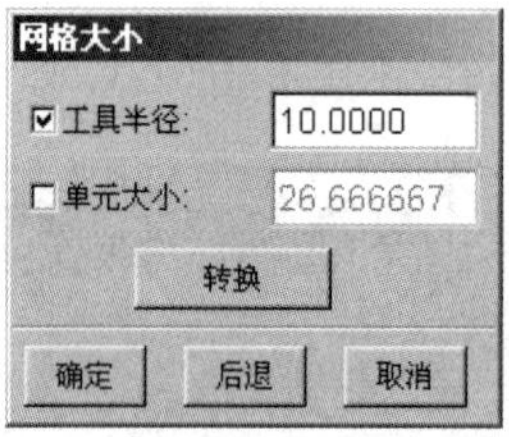

图 3-2-20　“网格大小”对话框

图 3-2-21　划分好的毛坯网格

(2)毛坯尺寸测量

在“辅助工具”菜单中单击“点/节点间距离”命令，在弹出的图 3-2-22 所示的对话框中单击“到点/节点”选项，弹出图 3-2-23 所示的“输入坐标值”对话框，先点击毛坯轮廓宽度上左边的一个节点，然后再点击沿水平方向对面的毛坯轮廓线上的另一个节点，毛坯的宽度尺寸出现，数值为 1581.932，如图 3-2-24 所示。以此类推，可测得其他尺寸的值。

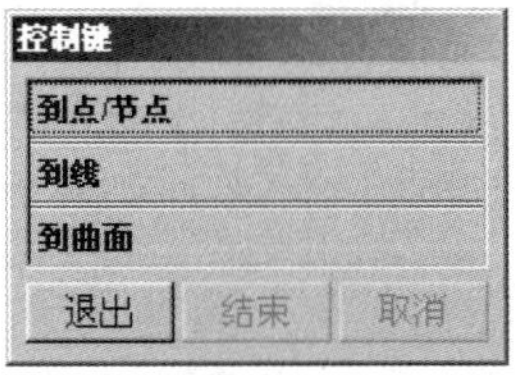

图 3-2-22　“控制键”对话框

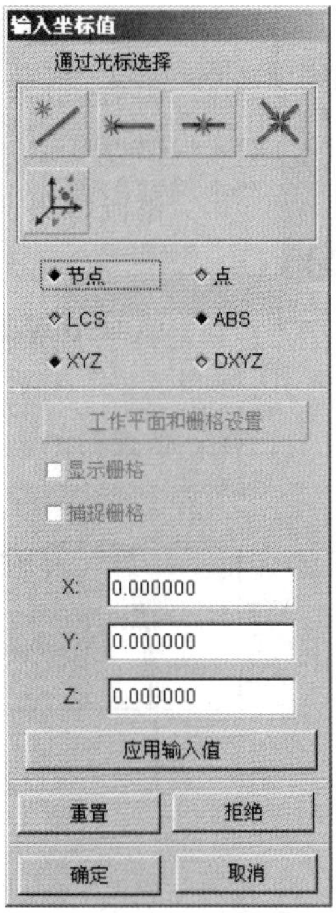

图 3-2-23　“输入坐标值”对话框

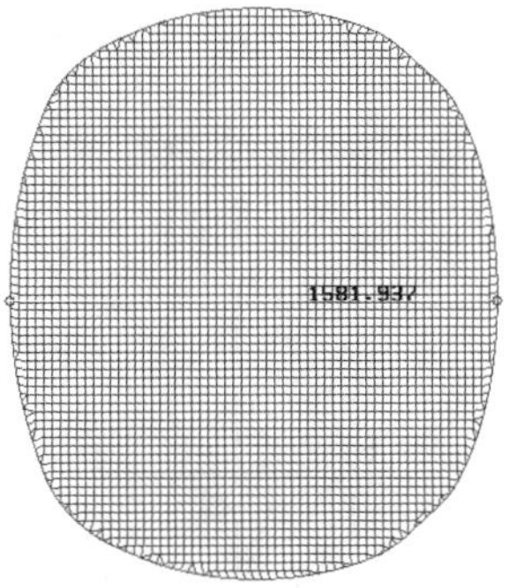

图 3-2-24　毛坯宽度的测量结果

五、分析报告

根据得到的毛坯尺寸的测量结果，写出表 3-2-1 所示的柴油机油箱毛坯尺寸计算报告。

表 3-2-1　**柴油机油箱毛坯尺寸计算报告**

材料：ST14

序号	计算结果	分析、建议	备注
1	柴油机油箱毛坯为近似椭圆形，宽度为 1581.932 mm，长度为 1811.797 mm	为保证拉深成形顺利，建议沿外周进一步修正毛坯，以形成光顺曲线	

【相关理论知识】

详见本项目的任务一。

相关练习

1. 用 DYNAFORM 软件的坯料尺寸计算功能对图 3-2-25 所示端盖冲压件进行坯料尺寸计算。材料:ST14 钢。

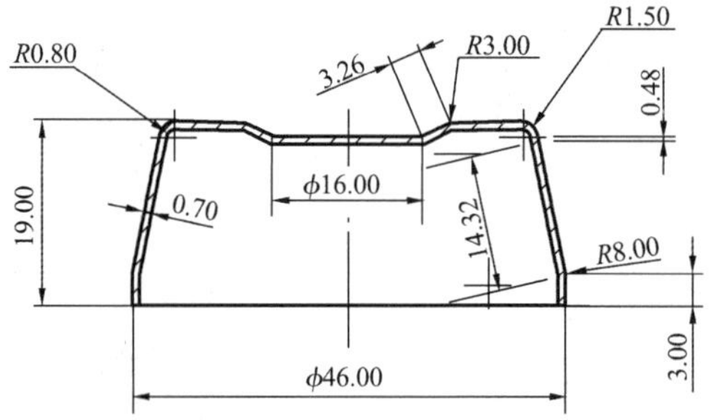

图 3-2-25　端盖零件图

2. 用 DYNAFORM 软件的坯料尺寸计算功能对图 3-2-26 所示冲压件进行坯料尺寸计算。材料:ST12 钢。

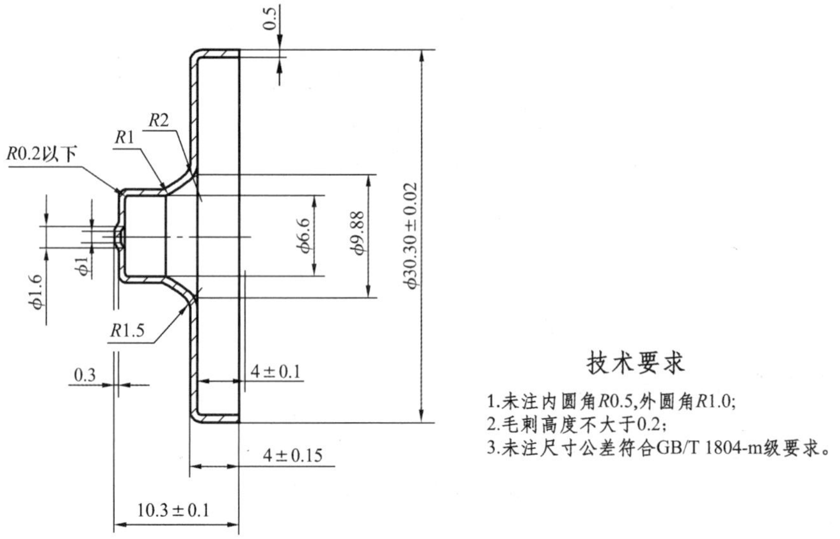

图 3-2-26　冲压件零件图

项目四
复杂成形件成形过程的分析

学习目标

1. 掌握复杂成形件冲压成形过程分析的流程。

2. 能进行复杂成形件成形过程的分析设置，包括采用自动设置法及传统设置法。

3. 了解单动与双动拉延成形分析的区别。

4. 能运用 DYNAFORM 软件进行网格划分与检查以及各种曲线的设定。

5. 能解读复杂成形件冲压成形后处理分析的结果，并写出评价成形工艺设计及模具设计的分析报告。

工作任务

运用 DYNAFORM 软件对给定的拉深件或成形件进行冲压 CAE 分析，得到成形极限图和板料厚度变化图，写出评价成形工艺设计及模具设计的分析报告。

任务一　割草机底盘拉深成形过程的分析(自动设置法)

【学习目标】

(1)掌握复杂形状拉深件成形过程的分析设置(自动设置法)。

(2)能进行复杂拉深件拉深成形工艺分析。

(3)能解读后处理分析的结果，并根据结果对成形工艺进行优化，进而指导模具设计。

【工作任务】

运用 DYNAFORM 软件的自动设置法对图 4-1-1 所示割草机底盘进行拉深成形分析，得到成形模拟结果，并根据结果对成形工艺进行优化。材料为深冲冷轧钢板，板料厚度为 1.5 mm(具体尺寸详见光盘)。

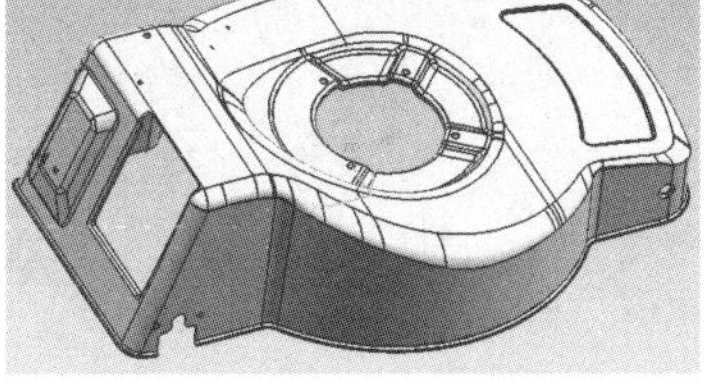

图 4-1-1　割草机底盘模型

【相关实践知识】

一、底盘成形工艺性分析

1. 材料分析

深冲压冷轧薄钢板多为铝脱氧的镇静钢，它属于优质碳素结构钢。由于它的塑性非常好，具有优良的深拉延特性，所以被广泛用于结构比较复杂的深拉延的制品上。

2. 结构分析

割草机底盘是一种曲面非轴对称的高拉延件，属于复杂件深拉延成形，毛坯周边的变形分布极不均匀，材料的流动特点与直壁盒形件存在很大差别。其主要特点是规格尺寸较大，拉深最大深度达到 250 mm，拉深难度很大。

3. 精度分析

该零件的尺寸精度较低，采用正常拉深工艺即可满足要求。

二、建立三维模型

采用 UG 三维造型软件对割草机底盘进行三维实体造型，然后从实体上抽取面来获得曲面模型，如图 4-1-1 所示。工艺补充面和压料面可以依照要求在三维造型软件中建立，通过 UG 建立割草机底盘模型的工艺补充面（图 4-1-2）和压料面，作为凹模，如图 4-1-3 所示。将图 4-1-3 中的模型保存为 igs 格式的文件，导入到 Hypermesh 软件中，利用其强大的有限元网格划分前处理功能进行网格划分，然后导出 nas 文件为 die. nas。网格划分过程这里不再赘述（由于凹模模型曲面较复杂，故为了保证网格划分质量，可利用 Hypermesh 软件进行网格划分）。网格划分结果如图 4-1-4 所示。

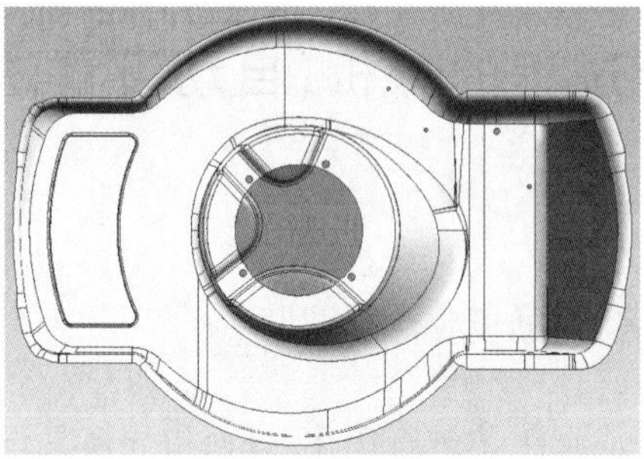

图 4-1-2　割草机底盘模型的工艺补充面

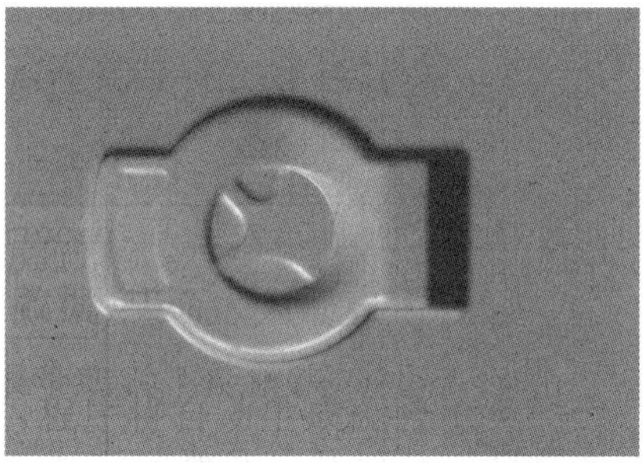

图 4-1-3　带压料面的凹模

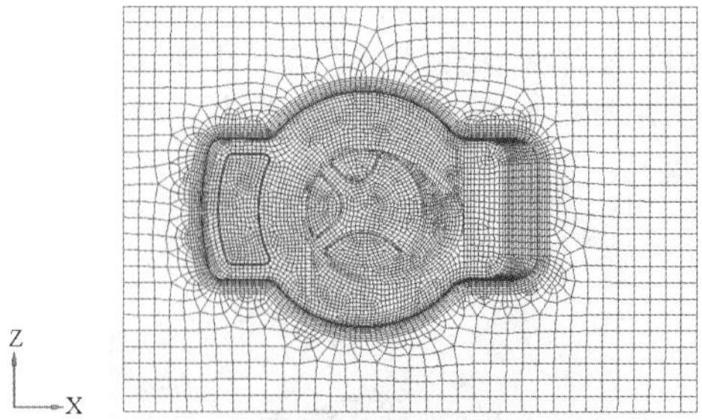

图 4-1-4　网格划分结果

三、导入工具模型

1. 创建文件(数据库)

打开 DYNAFORM 软件,程序自动创建缺省的空数据库文件 Untitled. df。单击“文件”菜单中的“另存为”命令,修改文件名,将所建立的数据库文件保存在自己设定的目录下。

2. 导入模型

在“文件”菜单中单击“导入”命令,将文件类型设为“NASTRAN(*. dat; *. nas)”,找到已经划分好网格的凹模模型文件 die. nas 并将其导入。

3. 修改零件名称

在“零件层”菜单中单击“编辑”命令,弹出“编辑零件层”对话框,如图 4-1-5 所示,在“名称”文本框中输入“DIE”,然后单击“修改”按钮,再单击“确定”按钮,则把刚导入的零件名称改为“DIE”。

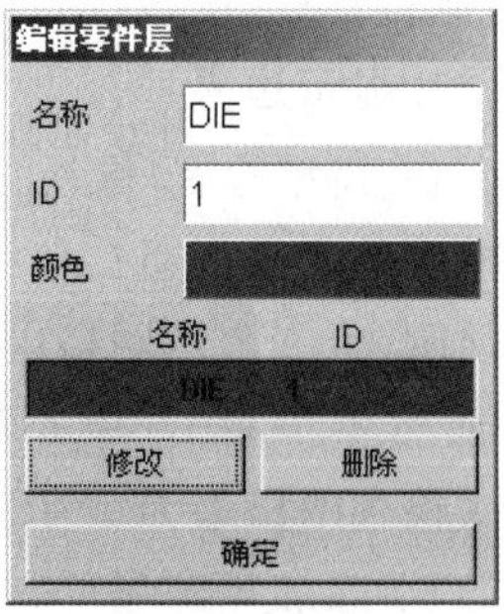

图 4-1-5 “编辑零件层”对话框

4. 修改零件

在“前处理”菜单中单击“单元”命令,弹出“单元”对话框,如图 4-1-6 所示,单击“删除”图标按钮,弹出“选择单元”对话框,单击“拖曳窗口”图标按钮,用鼠标左键在凹模零件上拖出图 4-1-7 所示的方框,方框内表示要删除的单元。单击“选择单元”对话框中的“确定”按钮,方框内的单元被删除。单击工具栏中的图标按钮,无用节点被删除。最后单击“单元”对话框中的“确定”按钮完成操作。

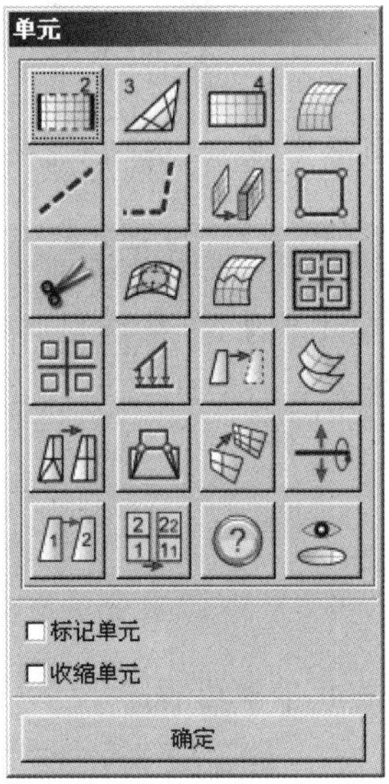

图 4-1-6 “单元”对话框

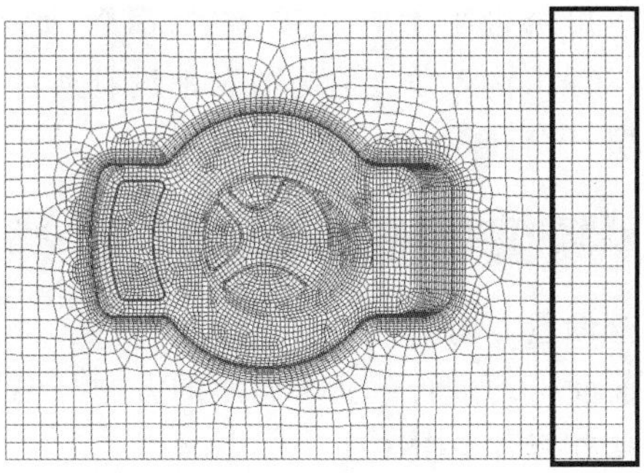

图 4-1-7 删除单元

四、检查网格

1. 打开模型检查对话框

首先打开网格零件 DIE,在“前处理”菜单中单击“模型检查/修补”命令,弹出图 4-1-8

所示的“模型检查/修补”对话框，使用“自动翻转单元法向”、“显示边界”命令进行检查。

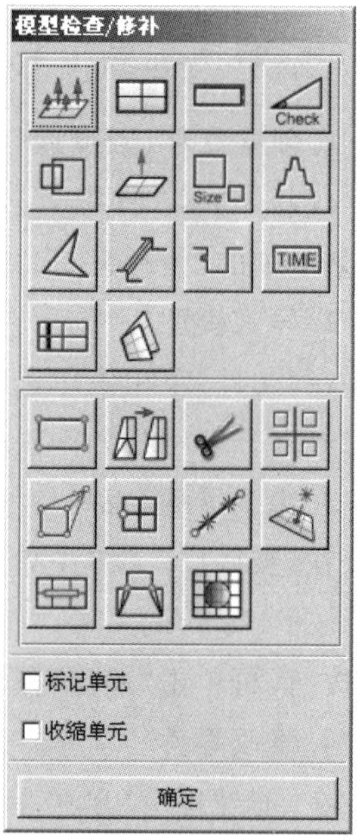

图 4-1-8 “模型检查/修补”对话框

2. 自动翻转单元法向

单击“自动翻转单元法向”图标按钮，弹出“控制键”对话框，单击“鼠标选择零件”选项，直接在凹模模型的凸缘上点击，出现一个带有箭头的白色单元，同时弹出“Dynaform 问题”对话框，设置法线方向总是指向工具与坯料的接触面方向。如箭头方向一致，则单击“是”按钮；如箭头方向不一致，则单击“否”按钮。完成自动翻转单元法向后，单击“退出”按钮退出“控制键”对话框，返回“模型检查/修补”对话框。

3. 显示边界

在“模型检查/修补”对话框中单击“显示边界”图标按钮，则模型的边界以粗白色线显示。检查网格内部，确保没有白色线显示，否则表示网格内部有破裂。如存在破裂，则必须从“前处理”菜单中单击“单元”和“节点”命令来修复。修复完后，应再次检查网格边界。在每次检查完边界后，用户可以用工具栏上的“清除加亮图形”图标按钮来清除边界线。

4. 检查重叠单元

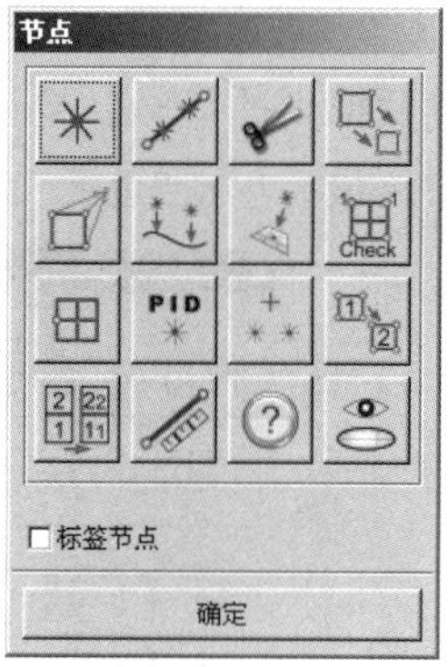

图 4-1-9 “节点”对话框

在“模型检查/修补”对话框中单击“重叠单元”图标按钮，确保在网格模型中不存在复制或重叠的单元。如果检查到重叠单元，软件将会提示移动重叠单元到一个新的零件层，可以通过删除这个新的零件层来删除这些单元。若删除单元后节点仍然存在，则可单击“前处理”菜单中的“节点”命令，在弹出的图 4-1-9 所示的对话框中单击“删除无用节点”图标按钮，把残留节点删掉。

5. 内角检查

检查内角是否小于 1°。在“模型检查/修补”对话框中单击“内角”图标按钮，输入角度值为“1”，把没有通过检查的单元放入一个新的零件层，然后删除这个零件。

五、偏置凹模网格创建压边圈和凸模

1. 检查偏置方向

由于前面自动翻转单元法向后的方向与偏置方向一致，故此步骤可省略。

2. 创建新零件 PUNCH

(1)在“零件层”菜单中单击“创建”命令，弹出“创建零件层”对话框，如图 4-1-10 所示，在“名称”文本框中输入“PUNCH”，然后单击“确定”按钮，则创建了名称为“PUNCH”的零件层。此时当前零件层的名称也改为“PUNCH”。

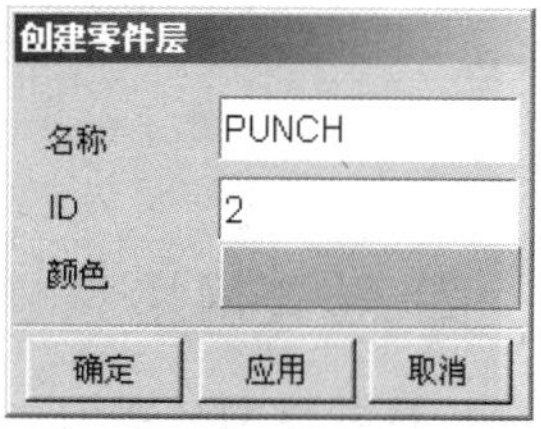

图 4-1-10 “创建零件层”对话框

(2)在“前处理”菜单中单击“单元”命令，弹出“单元”对话框，单击“偏置”图标按钮，弹出“偏置单元”对话框，如图4-1-11所示，将厚度改为“1.65”(坯料厚度的1.1倍)。单击“选择单元”按钮，弹出“选择单元”对话框，单击“所有显示的单元”按钮，把零件DIE中的所有单元都选中。单击“确定”按钮，返回“偏置单元”对话框，单击“应用”按钮，在PUNCH零件层中创建了新的零件。最后单击“退出”按钮，再单击“确定”按钮完成。

(3)检查新创建的网格。

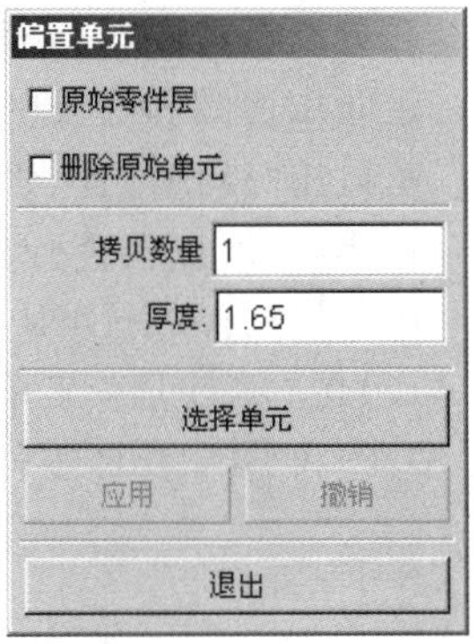

图4-1-11　“偏置单元”对话框

六、创建压边圈并分离压边圈和凸模

1. 创建压边圈零件层

创建一个新的零件层，名称为BINDER，当前零件层自动设为BINDER。

2. 创建压边圈

除了PUNCH零件层外，将其他零件层全部关闭。在“零件层”菜单中单击“添加...到零件层”命令，弹出“添加...到零件层”对话框，如图4-1-12所示。单击“单元”按钮，在弹出的“选择单元”对话框中单击“伸展”图标按钮，用鼠标左键拖放“角度”滚动条到1°，如图4-1-13所示。用鼠标左键选择零件压料面部分的任意一个单元，单击“确定”按钮，则整个压料面部分被选中作为压边圈。返回到“添加...到零件层”对话框，单击“应用”按钮，所选择的单元从原有的零件层添加到BINDER零件层中。最后单击“关闭”按钮退出。

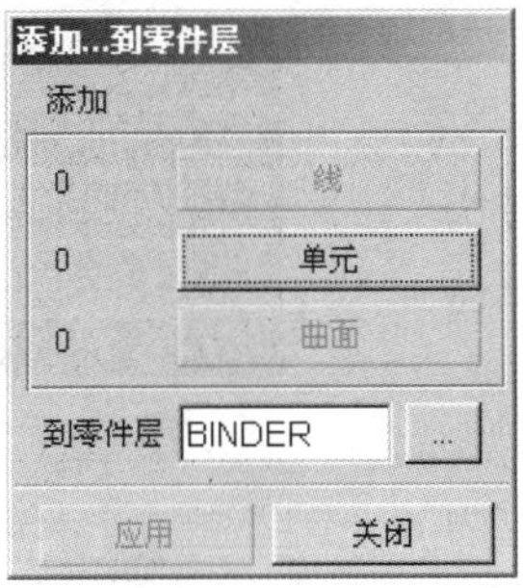

图4-1-12　“添加...到零件层”对话框

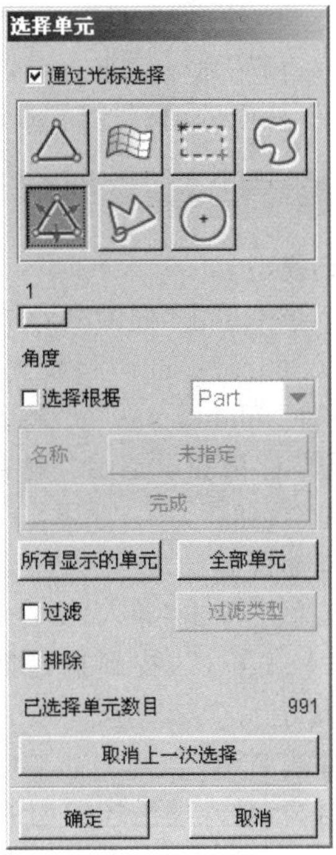

图4-1-13　“选择单元”对话框

3. 分离压边圈和凸模

这时压边圈和凸模网格仍然连在一起，它们仍然共享边界节点，所以它们不能单独移动。可以用“模型检查/修补”对话框中的“显示边界”命令来查看，会发现两个零件只有一个边界线，所以在进行自动设置之前必须进行分离操作。

（1）只打开 BINDER 和 PUNCH 零件层。

（2）在“零件层”菜单中单击“分离零件层”命令，弹出“选择零件层”对话框，选择 PUNCH 和 BINDER 零件层，如图 4-1-14 所示，单击“确定”按钮，两个零件就被分开了。

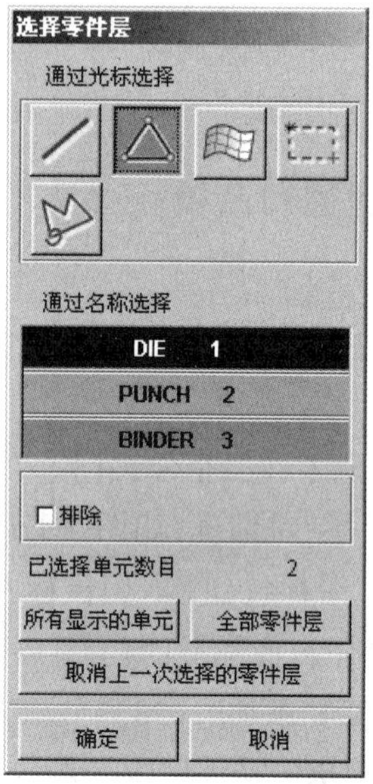

图 4-1-14 选择零件层

（3）用“显示边界”命令来查看，会发现两个零件的分割线。

（4）单击工具栏中的图标按钮，清除边界线。

七、导入毛坯和拉延筋模型

1. 导入毛坯模型

在“文件”菜单中单击“导入”命令，将文件类型设为“NASTRAN(*. dat; *. nas)”，找到已经划分好网格的毛坯模型文件“blank. nas”并将其导入。如出现“Dynaform 问题”对话框，提示“偏置节点和单元编号?”，则单击“是”按钮。

2. 导入拉延筋模型

在“文件”菜单中单击“导入”命令，将文件类型设为“IGES(*. igs; *. iges)”，找到拉延筋模型文件“draw bead. igs”并将其导入。

3. 修改零件层名称

编辑零件层，将导入的毛坯模型的零件层名称改为“BLANK”，如图 4-1-15 所示，以方便后续操作时选用。

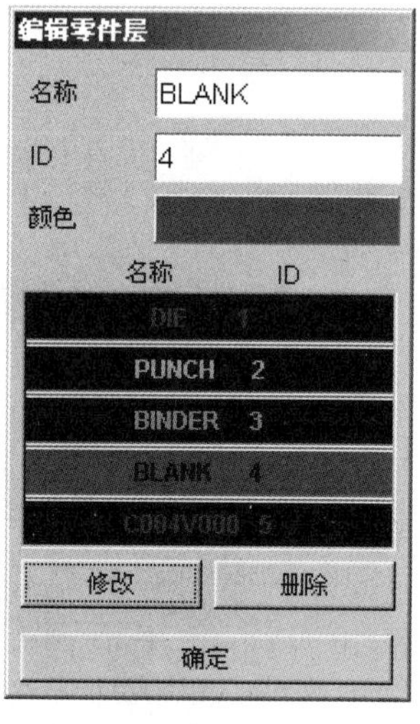

图 4-1-15 修改零件层名称

八、自动设置

1. 新建一个自动设置

在“设置”菜单中单击“自动设置”命令，弹出图 4-1-16 所示的对话框。修改默认板料厚度为“1.5”，工艺类型选择“Double action”，工具参考面选择“凹模/凸模”，单击“确定”按钮，弹出“Sheet forming”对话框，进入自动设置模块。

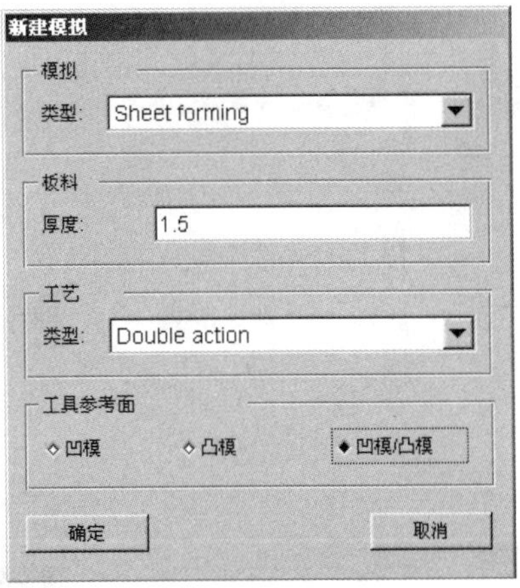

图 4-1-16　新建一个自动设置

2. 基本参数设置

打开“一般”选项卡，将标题改为“Forming”，如图 4-1-17 所示。

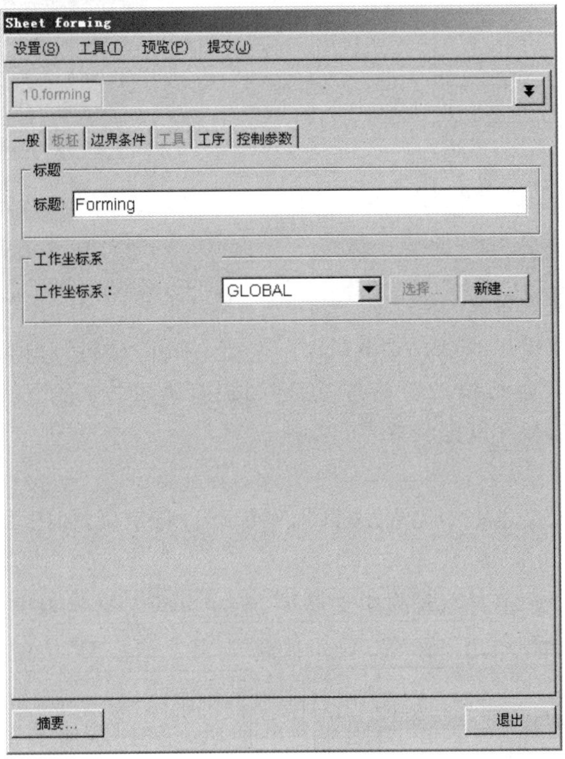

图 4-1-17　基本参数设置

3. 板坯定义

将选项卡切换到"板坯"，单击"几何体"选项组中的"定义几何模型"按钮(图 4-1-18)，弹出"定义几何体"对话框，如图 4-1-19 所示。单击"添加零件层"按钮，在弹出的对话框中选择 BLANK 零件层，如图 4-1-20 所示。单击"确定"按钮退出零件层的选取。返回"定义几何体"对话框，BLANK 零件层已经被添加在板坯的零件层列表中。单击"退出"按钮退出"定义几何体"对话框，返回"板坯"选项卡。由于板坯的基本参数已经定义好，故板坯选项卡的标签由红色变成黑色。

图 4-1-18　定义板坯(1)

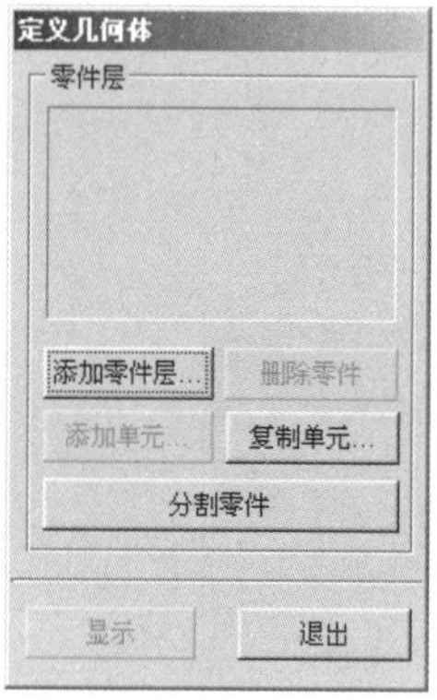

图 4-1-19　定义板坯(2)

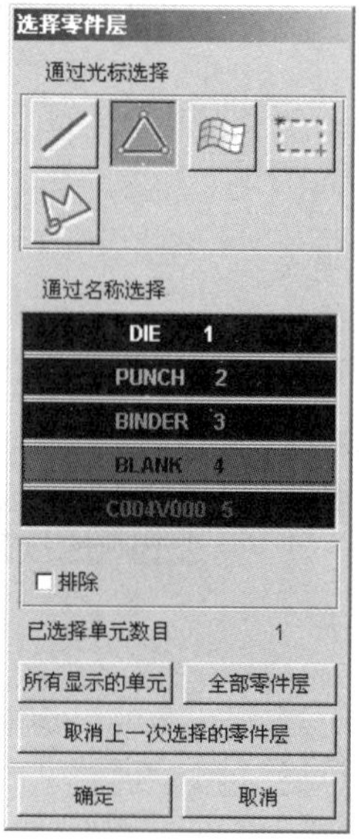

图 4-1-20　选择 BLANK 零件层

4. 板坯材料及其属性定义

单击"几何体"选项组中的"BLANKMAT"按钮，弹出"材料"对话框，单击"编辑"按钮，将材料参数按图 4-1-21 进行修改。单击"确定"按钮，返回"材料"对话框。单击"确定"按钮，返回"板坯"选项卡，板坯就定义好了。

5. 板坯定位

在定位位置中间的文本框中输入"－10"，对板坯进行定位，如图 4-1-22 所示。

6. 工具定义

(1)将选项卡切换到"工具"，首先定义凸模，在左边的工具列表中选择"punch"，将当前工具切换为凸模，然后单击"几何体"选项组中的"定义几何模型"按钮，如图 4-1-23 所示，对工具 punch 进行定义。

(2)弹出"定义几何体"对话框，如图 4-1-24 所示，单击"添加零件层"按钮。在弹出的"选择零件层"对话框中选择 PUNCH 零件层，如图 4-1-25 所示。单击"确定"按钮，回到"定义几何体"对话框，单击"退出"按钮返回"工具"选项卡。

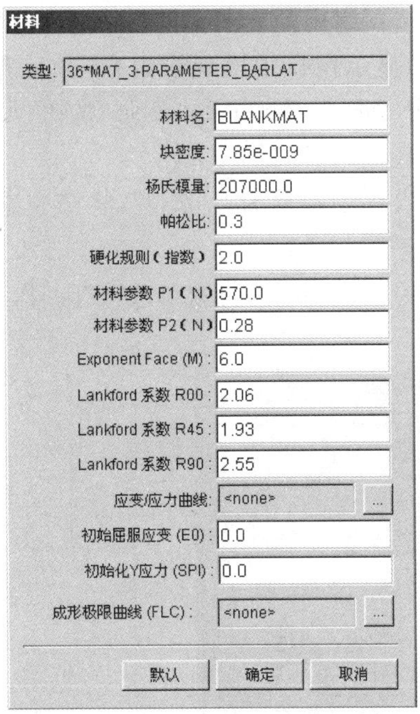

图 4-1-21　输入与零件匹配的材料参数

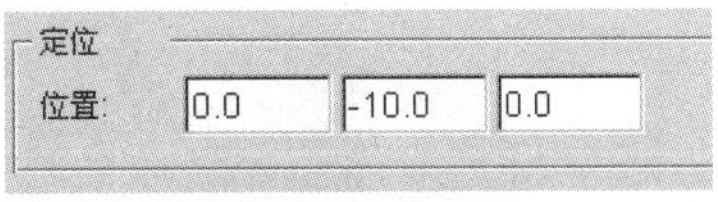

图 4-1-22　板坯定位

图 4-1-23　定义 punch 工具

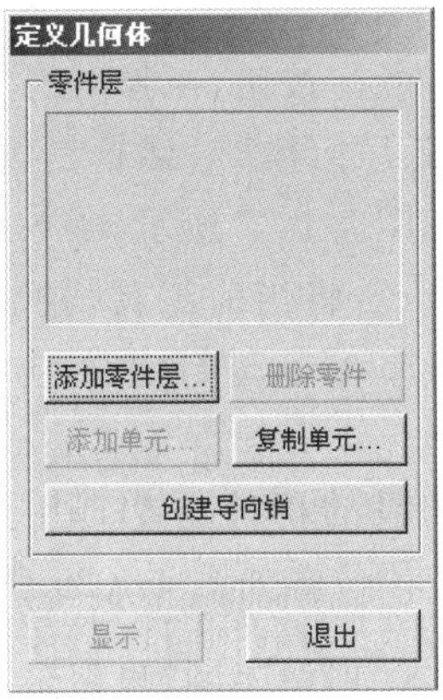

图 4-1-24　定义几何体(工具)

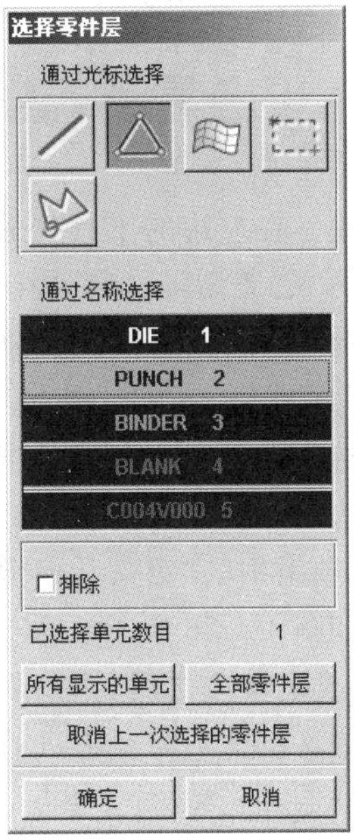

图 4-1-25　选择 PUNCH 零件层

(3)在界面上修改工作方向。单击“工作方向”选项组中的方向调整按钮，弹出“方向”对话框，单击“方向”选项组中的图标按钮，在图形显示窗口中出现箭头方向，看箭头方向是否与凸模冲压运动方向一致，如果不一致，则单击方向选项组中的“反向”按钮；如果方向正确，则单击“确定”按钮。

(4)PUNCH 定位。在“工作方向”选项组中输入移动距离为“－250”，将凸模定位到工作位置。

(5)在“接触”选项组中修改摩擦系数类型为“User defined”，将数值改成“0.1”。所有参数修改结果如图 4-1-26 所示。

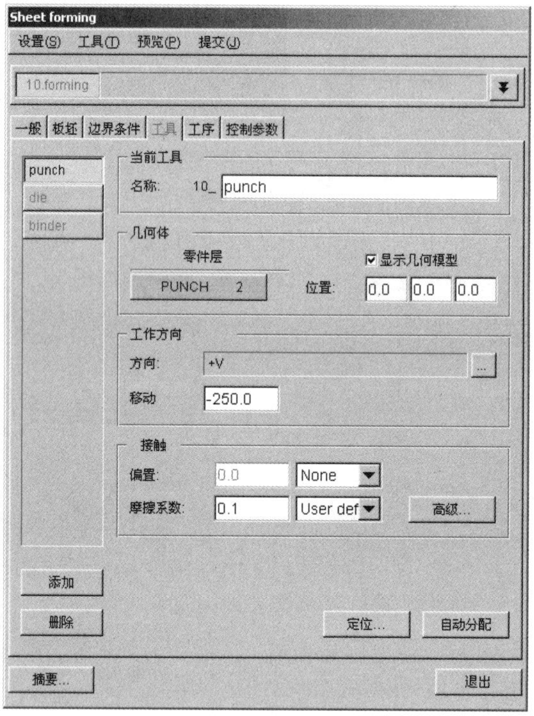

图 4-1-26 定义凸模参数

(6)定义凹模。在左边的工具列表中选择“die”，将当前工具切换为凹模，然后单击“几何体”选项组中的“定义几何模型”按钮，对工具 die 进行定义。

(7)在弹出的“定义几何体”对话框中单击“添加零件层”按钮，在弹出的“选择零件层”对话框中选择 DIE 零件层。单击“确定”按钮，返回“定义几何体”对话框。再单击“退出”按钮，返回“工具”选项卡，在界面上修改其他参数，结果如图 4-1-27 所示。

(8)定义压边圈。在左边的工具列表中选择“binder”，将当前工具切换为压边圈，然后单击“几何体”选项组中的“定义几何模型”按钮，对工具 binder 进行定义，方法同定义凸模、凹模相同，结果如图 4-1-28 所示。

在所有的工具定义完之后，用户需要定位好各个工具的相对位置。由于工具方向已经在前面调整过，故这里就不需要再进行调整了。具体定位位置如图 4-1-29 所示。

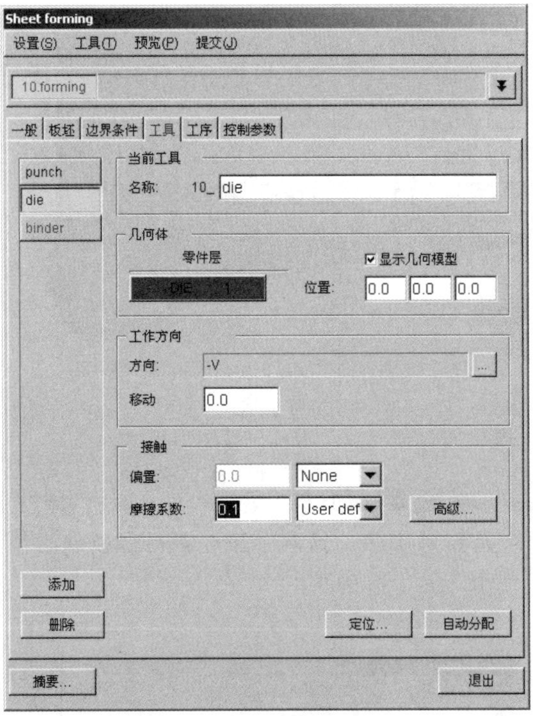

图 4-1-27　定义凹模参数

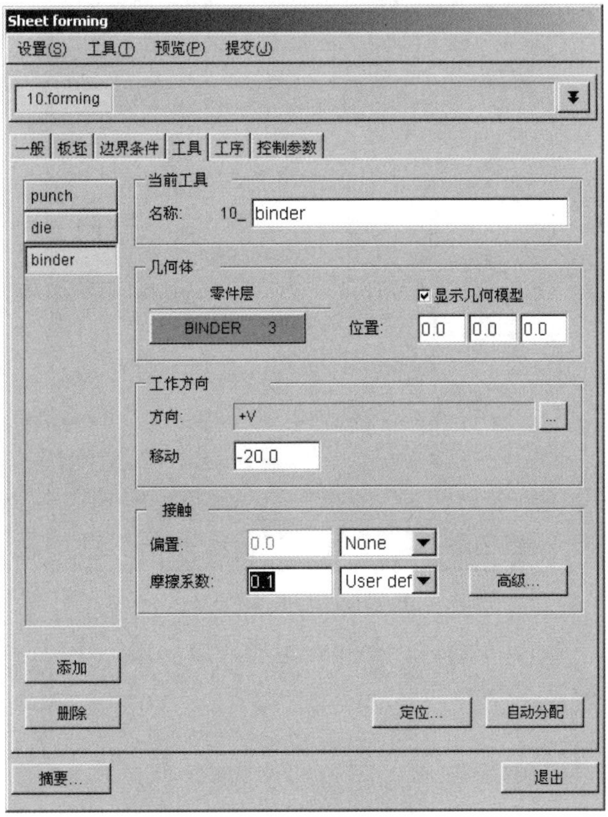

图 4-1-28　定义压边圈参数

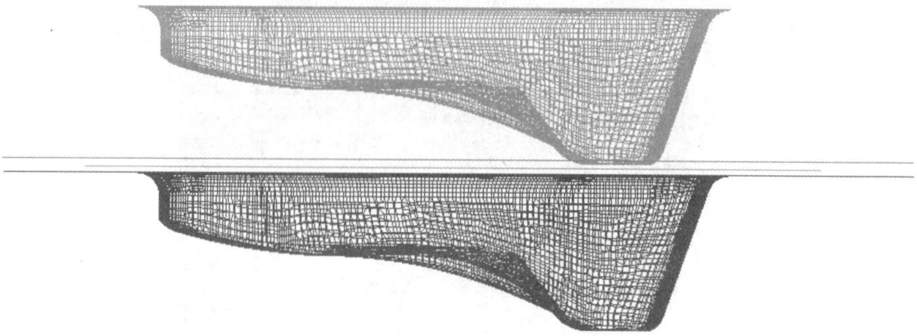

图 4-1-29　工具定位后的相对位置

7. 工序定义

由于我们在前面选择的模板是双动(Double action)成形，因此成形默认产生了两个工序，一个是压边工序，一个是拉延工序。这两个工序都已经以缺省值定义好。

(1)打开“工序”选项卡，在左边的工序列表中选择“closing”工序作为当前工序，对 closing 工序进行图 4-1-30 所示的设置。

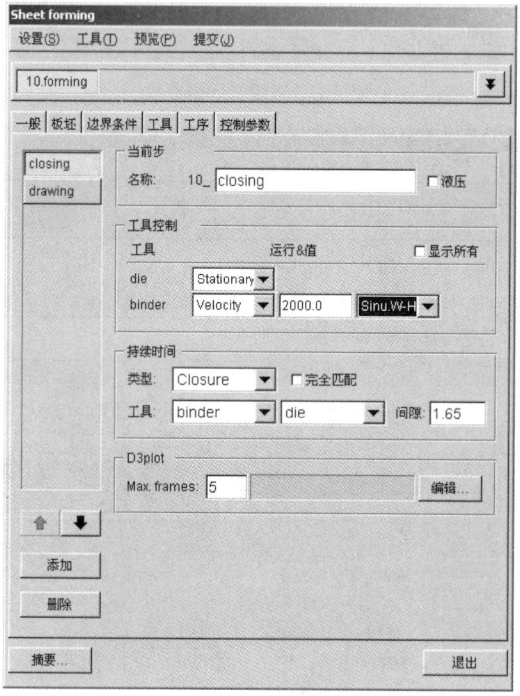

图 4-1-30　合模工序定义

(2)在左边的工序列表中选择“drawing”工序作为当前工序，对 drawing 工序进行图 4-1-31 所示的设置。

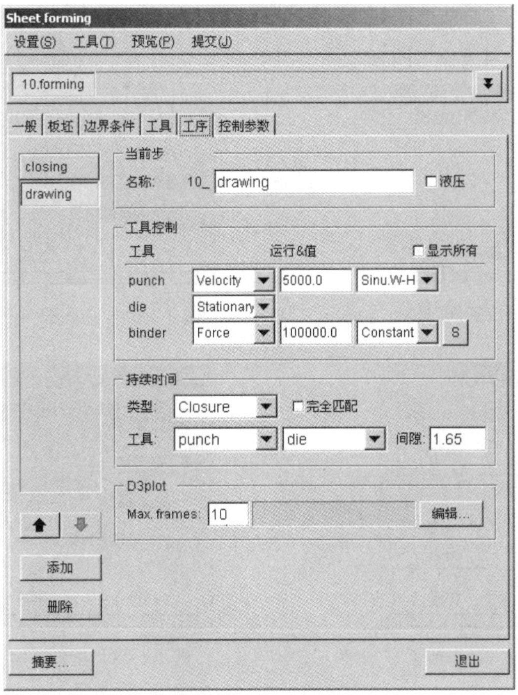

图 4-1-31　拉延工序定义

注意：由于我们在前面选择的型面参考为凸/凹模面，工具不是通过直接复制得到的，因此当工具运动的时间控制类型为"Closure"时，后面的选项"完全匹配"不能勾选上，否则计算得到的时间有可能不准确。压边圈闭合时，压边圈与凹模之间必须有间隙，默认值为 1.1t（t 为板料厚度）。

8. 定义拉延筋

在定义拉延筋之前，为了便于识别和选取，先将除了导入的 DRAW BEAD 零件层和 PUNCH 零件层之外的其他零件层都关闭。

（1）单击"工具"菜单中的"拉延筋定义"命令（图 4-1-32），弹出"拉延筋"对话框。

（2）定义拉延筋参数。在创建拉延筋前，先定义拉延筋参数。在"拉延筋参数"选项组中单击"新建"按钮（图 4-1-33），弹出"DRAW BEAD PROPERTIES"对话框，修改"DRAW BEAD DEPTH"为"3"，其他参数不变，单击"OK"按钮，返回"拉延筋"对话框。这时"属性"列表中出现了定义好的拉延筋属性，如图 4-1-34 所示。

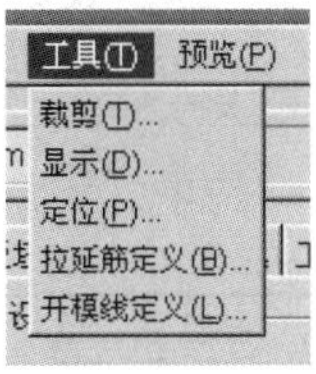

图 4-1-32　"拉延筋定义"命令

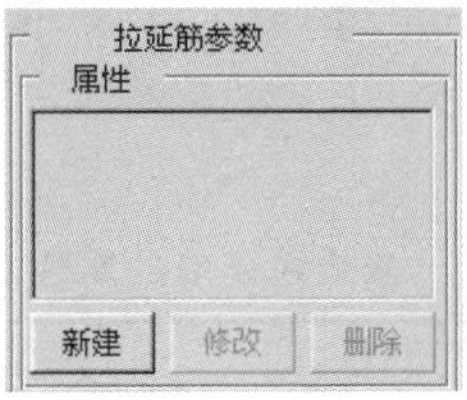

图 4-1-33　"拉延筋参数"选项

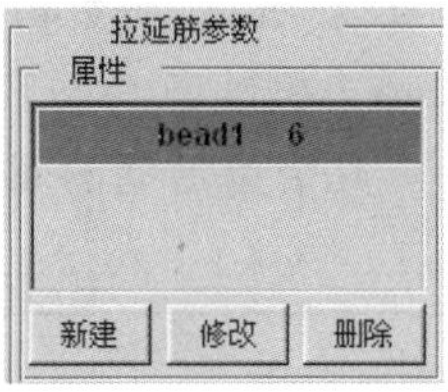

图 4-1-34　新建的拉延筋属性

（3）按照步骤（2）再新建一个"DRAW BEAD DEPTH"为 2 的拉延筋属性。

（4）定义拉延筋。在"拉延筋"选项组中单击"新建"按钮（图 4-1-35），弹出"插入拉延筋"对话框（图 4-1-36），默认选中"选择拉延筋线"选项，单击"应用"按钮，弹出"选择线"对话框，采用默认选项，如图 4-1-37 所示。然后用鼠标左键点击图形显示窗口中靠零件浅拉深区域的曲线，单击“确定”按钮，弹出“拉延筋输入”对话框，如图 4-1-38 所示。单击“确定”按钮，生成第一条拉延筋，如图 4-1-39 所示。

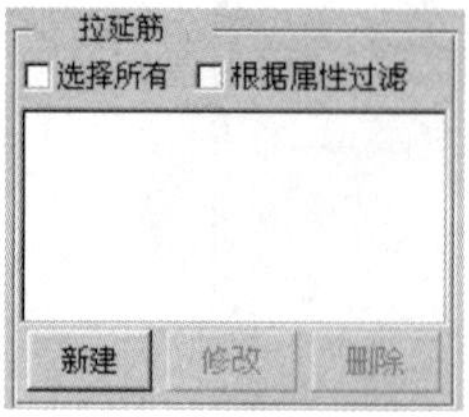

图 4-1-35 “拉延筋”选项

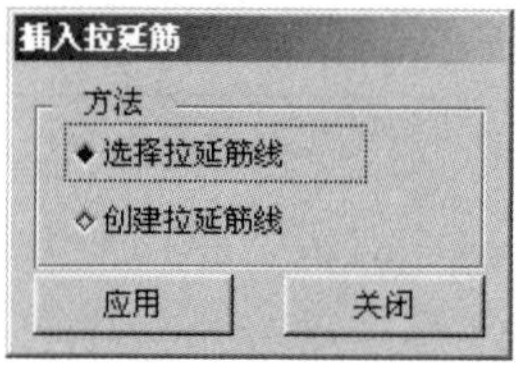

图 4-1-36 插入拉延筋

图 4-1-37 选择线

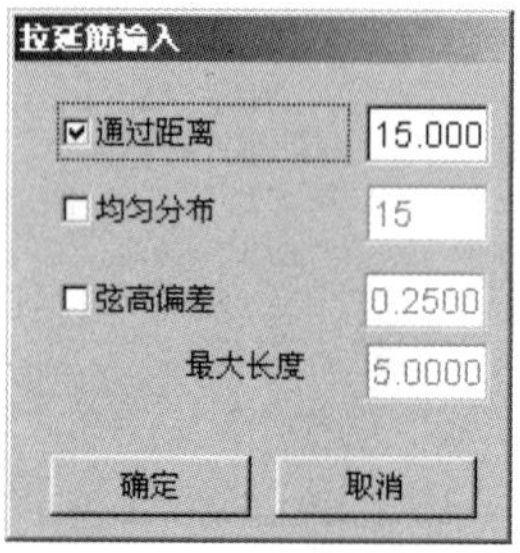

图 4-1-38 拉延筋输入

(5)按照步骤(4)的操作再创建 6 条拉延筋，最终结果如图 4-1-40 所示。

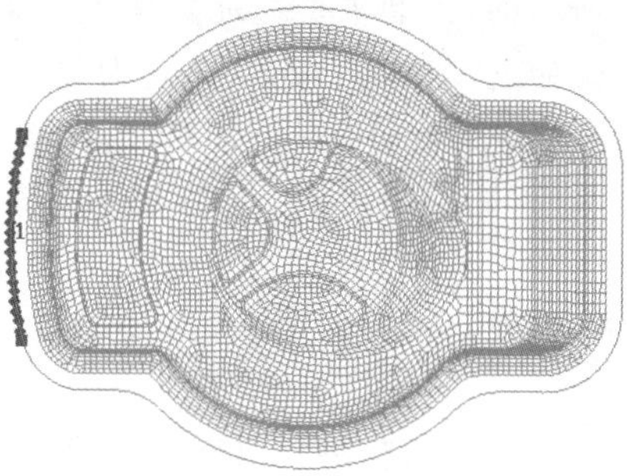

图 4-1-39 生成第一条拉延筋

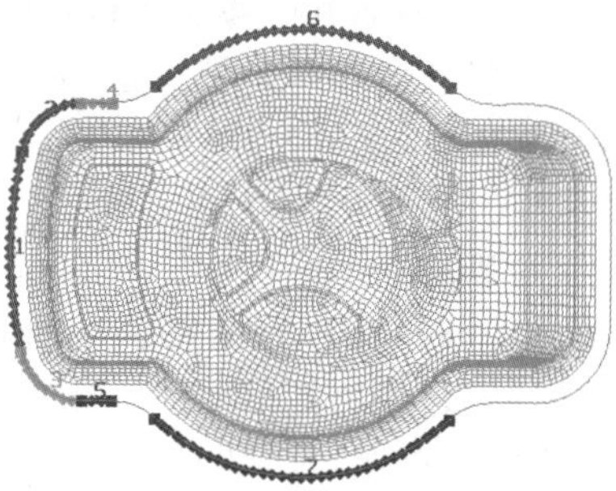

图 4-1-40 生成全部拉延筋

(6)对各拉延筋赋予相应的属性。在“拉延筋”选项组的列表中选择“DrawBead 1”，在“拉延筋参数”选项组的列表中选择“bead1”属性，在“锁死%”文本框中输入“36”，勾选“拉延筋方框”选项，将数值改成“20”，然后单击“指定参数”按钮，将选定的拉延筋参数赋予 DrawBead 1 拉延筋。

其余拉延筋的属性见表 4-1-1。

表 4-1-1 其余拉延筋的属性

拉延筋	拉延筋属性	锁死%	拉延筋方框
DrawBead 2	bead1	35	20
DrawBead 3	bead1	35	20
DrawBead 4	bead1	35	20
DrawBead 5	bead1	35	20
DrawBead 6	bead2	35	20
DrawBead 7	bead2	35	20

(7)将拉延筋锁定到压边圈上。勾选“拉延筋”选项组中的“选择所有”选项,然后单击“锁定到”后面的按钮,弹出“选择零件层”对话框,选择“BINDER”零件层,弹出“Dynaform 问题”对话框,提示“点击‘是’将拉延筋投影到指定刚体部件”,单击“是”按钮,结果如图 4-1-41 所示。

(8)单击“拉延筋”对话框中的“确定”按钮,完成拉延筋的定义。

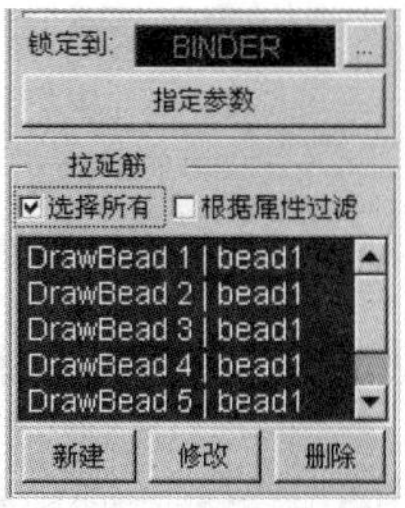

图 4-1-41　锁定全部拉延筋到压边圈上

(9)单击“设置”菜单中的“保存”命令,将所有自动设置都保存。

9. 动画显示

所有设置完成后,应该检查一下工具的运动,确保工具移动的方向和距离正确无误。

(1)在“预览”菜单中单击“动画显示”命令,弹出“动画”对话框,单击“演示”按钮,这时工具将以动画的形式显示其运动状态。

(2)这时也可以选中“单帧”,然后单击中的按钮来显示一步一步的状态。

10. 提交工作到求解器进行计算

(1)在“提交”菜单中单击“写 LS-Dyna 文件”命令,如图 4-1-42 所示,弹出“另存为”对话框,修改文件名为“drawing”,单击“保存”按钮。弹出“Confirmation”对话框,单击“确定”按钮。

(2)在“提交”菜单中单击“任务提交管理器”命令,弹出“提交任务”对话框,将“选项”中的“指定内存”修改为“512”,单击“提交”按钮。

图 4-1-42　“提交”菜单

注意:“DYNA 输入文件”中的“文件名”应与步骤(1)中的“drawing”一致,否则可单击按钮进行选择。

九、后处理

1. 打开后处理文件

单击“后处理”菜单,弹出“Dynaform 问题”对话框,单击“是”按钮,进入后处理界面,单击“File”菜单中的“Open”命令,在弹出的“Select File”对话框中找到后处理文件“drawing. d3plot”并将其打开。

2. 后处理操作

(1)模具工作过程的动画演示

单击按钮,程序自动演示模具工作过程,如图 4-1-43 所示。

(2)制作成形极限图

单击图标按钮,可显示成形极限图,如图 4-1-44 所示。在“Frames”(帧)下拉列表中选择“All Frames”(所有帧),可看到连续变形动画;选择“Single Frame”(单帧),则得到各个变形阶段的单帧成形极限图。成形极限图中冲压件上不同颜色的分布表示各个部位所处的状态,如红色代表破裂区,黄色代表破裂危险区,绿色代表安全区,蓝色代表起皱危险区,灰色代表未有效变形区等。

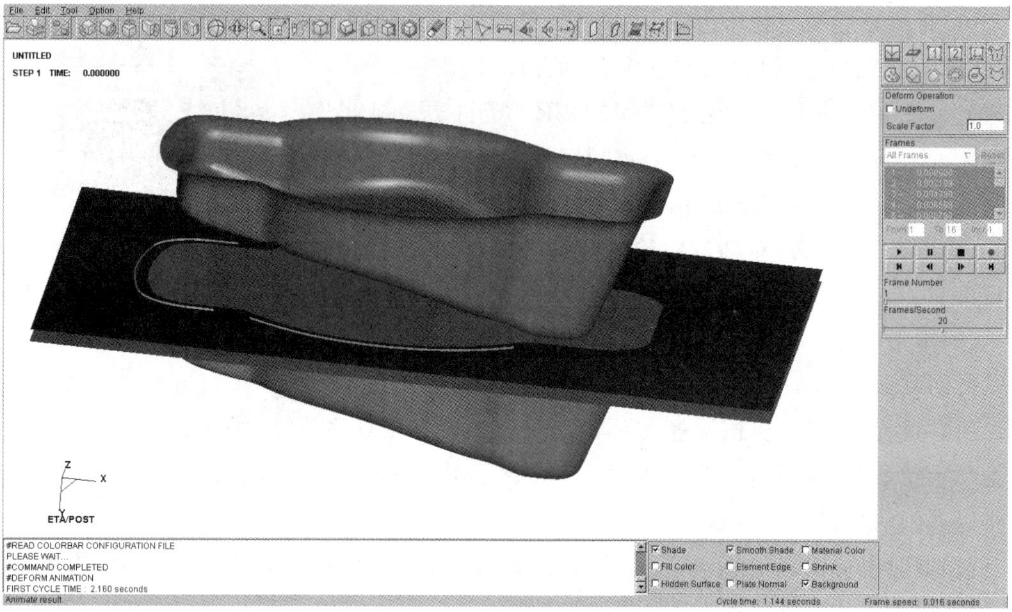

图 4-1-43　模具工作过程演示

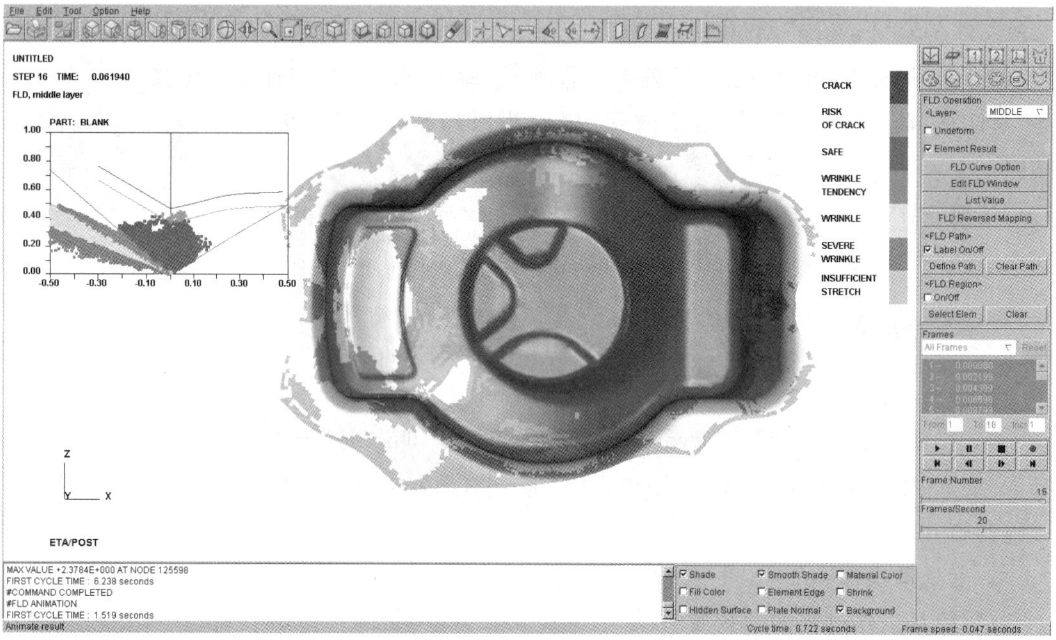

图 4-1-44　成形极限图

(3)制作厚度变化图

单击图标按钮，可显示厚度变化图，如图 4-1-45 所示。在“Frames”(帧)下拉列表中选择“All Frames”(所有帧)，可看到厚度连续变化动画；选择“Single Frame”(单帧)，则得到各个变形阶段的单帧厚度变化图。厚度变化图中冲压件上不同颜色的分布，定量表示各个部位变厚或变薄的情况。

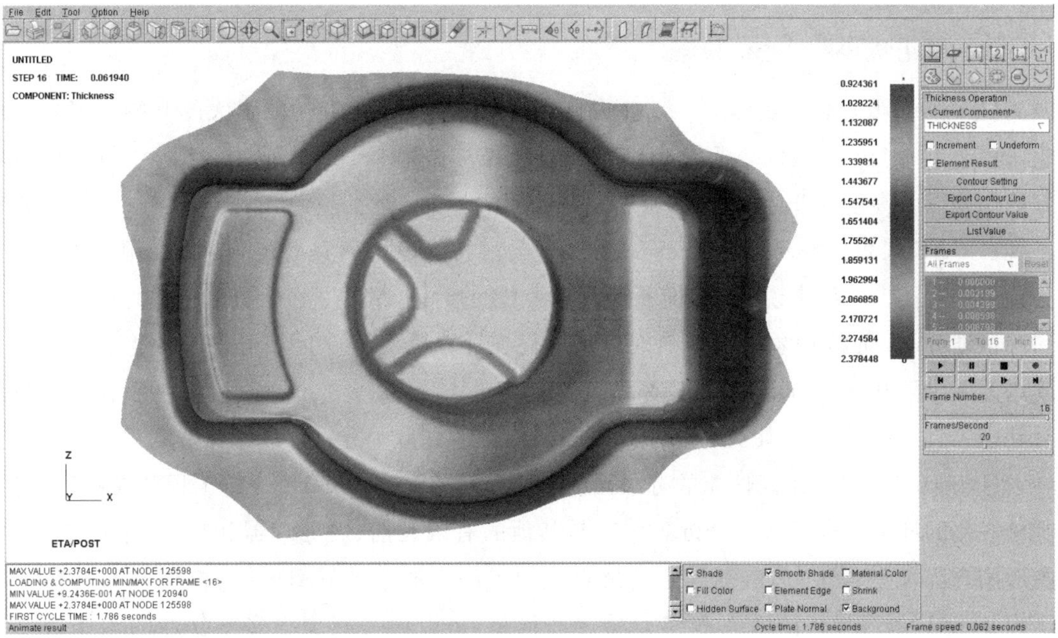

图 4-1-45 厚度变化图

十、分析报告

根据得到的割草机底盘拉深件的成形极限图和厚度变化图，写出表 4-1-2 所示的割草机底盘拉深件成形有限元分析报告。

表 4-1-2 割草机底盘拉深件成形有限元分析报告

材料：某特殊牌号的深冲压冷轧薄钢板

序号	缺陷描述	缺陷分析、建议	备注
1	拉深件深拉深区域的凸模圆角部分及中间反向拉深的圆角区域有破裂的危险	适当调整凸模圆角尺寸	
2	拉深件深拉深区域的直壁部分起皱较为明显，材料增厚严重	建议增设拉延筋	

【相关理论知识】

一、拉延筋

拉延筋的具体参数设置可参照 DYNAFORM 软件自带的帮助文件或“DF5.6_User_Manual_CH”，这里不再赘述。

二、Hypermesh 介绍

Hypermesh 软件是美国 Altair 公司的产品，是世界领先的、功能强大的 CAE 应用软件包，也是一个创新、开放的企业级 CAE 平台，它集成了设计与分析所需的各种工具，具有很好的性能以及高度的开放性、灵活性和友好的用户界面。

在 CAE 工程技术领域，Hypermesh 最著名的特点是它所具有的强大的有限元网格划分前处理功能。一般来说，CAE 分析工程师 80％的时间都花在了有限元模型的建立、修改和网格划分上，而真正的分析、求解时间则消耗在计算机工组站上，所以采用一个功能强大、使用方便灵活并能够与众多 CAD 系统和有限元求解器进行方便的数据交换的有限元前、后处理工具，对于提高有限元分析工作的质量和效率具有十分重要的意义。

Hypermesh 是一个高性能的有限元前、后处理器，它能让 CAE 分析工程师在高度交互及可视化的环境下进行仿真分析工作。与其他的有限元前、后处理器相比，Hypermesh 的图形用户界面易于学习，特别是它支持直接输入已有的三维 CAD 几何模型（UG、Pro/E、CATIA 等），并且导入的效率和模型质量都很高，可以大大减少很多重复性的工作，使得 CAE 分析工程师能够投入更多的精力和时间到分析计算工作上去。同样，Hypermesh 也具有先进的后处理功能，能够使用户方便精确地理解和分析复杂的模拟结果，还提供了一套可视化工具，采用等势面、变形结果、等高线、瞬时结果、向量绘制以及切割面轮廓线等方式对结果进行显示。Hypermesh 还能将变形通过线性和模态方式动态显示，通过这些功能及友好的用户界面，可以使用户迅速找出问题区域，缩短结果评估所花费的时间。

在处理几何模型和有限元网格的效率和质量方面，Hypermesh 具有很好的速度、适应性和可定制性，并且模型规模没有软件限制。其他很多有限元前处理软件对于一些复杂的、大规模的模型在读取数据时需要很长时间，而且在很多情况下不能成功导入模型，这样后续的 CAE 分析工作就无法进行。而如果采用 Hypermesh，其强大的几何处理功能使之可以很快地读取那些结构非常复杂、规模非常大的模型数据，从而大大提高了 CAE 分析工程师的工作效率，也使得很多应用其他前、后处理软件很难或者不能解决的问题变得迎刃而解。

相关练习

对图 4-1-46 所示盒形冲压件进行 CAE 分析。材料为 ST14F，厚度为 1 mm。

图 4-1-46　盒形冲压件

任务二　汽车某横梁零件拉深成形过程的分析(传统设置法)

【学习目标】

(1)掌握运用 DYNAFORM 软件进行网格划分与检查的方法。
(2)能进行普通形状拉深件成形过程的传统设置分析。
(3)能解读后处理分析的结果,并提出改进成形工艺设计及模具设计的方法和措施。

【工作任务】

运用 DYNAFORM 软件的传统设置法对汽车某横梁零件进行成形分析,得到成形极限图和板料厚度变化图,提出改进成形工艺设计及模具设计的方法和措施。

该零件的模型如图 4-2-1 所示。

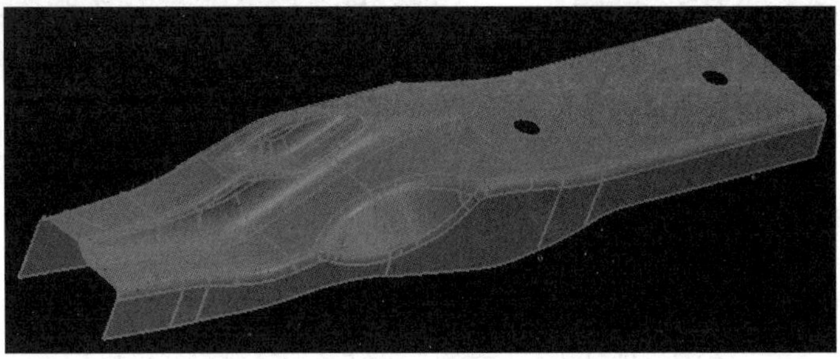

图 4-2-1　汽车某横梁零件的模型

【相关实践知识】

一、覆盖件成形工艺性分析

1. 材料分析

材料牌号为 JSC270F,料厚为 1.6 mm。

特性及适用范围:JSC270F 是冷轧板中的一种材质,其表面质量较好,具有良好的冲压性能,常用作汽车等行业中车身和镀层板的原料。

2. 结构分析

该零件形状不规则,并且边缘处不平整,极易发生拉裂。

3. 精度分析

该零件是某轿车的主要零部件,需大量生产,要求有较高的尺寸精度,因此用模具冲压成形既能保证精度,又可批量生产而降低成本。

二、建立三维模型

根据产品零件模型,综合分析拉深、修边、翻边等冲压工艺,做工艺补充面,凸模模型如图 4-2-2 所示。根据坯料展开的方法模拟分析,得到坯料展开轮廓线,如图 4-2-3 所示。根据零件的大小及形状，初定拉延分析坯料线，如图 4-2-4 所示。将得到的三维模型转换为 iges 格式(part. igs、blank. igs、punch. igs)。

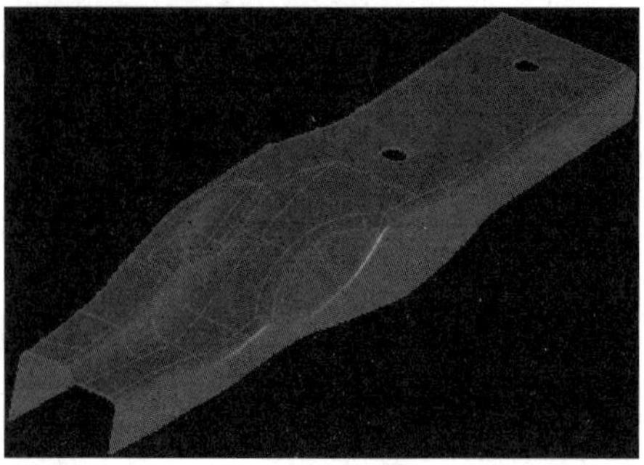

图 4-2-2　凸模模型

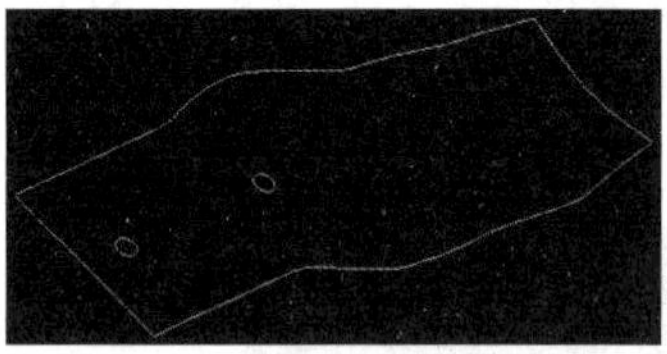

图 4-2-3　坯料展开轮廓线

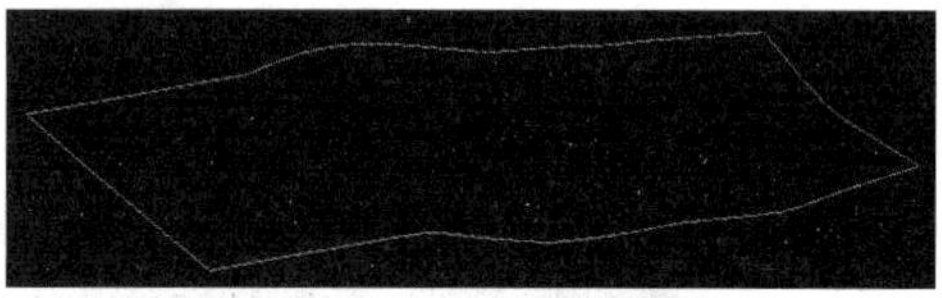

图 4-2-4　拉延分析坯料线

三、数据库操作

1. 创建文件(数据库)

打开 DYNAFORM 软件，程序自动创建缺省的空数据库文件 Untitled. df。单击“文件”菜单中的“另存为”命令，修改文件名，将所建立的数据库文件保存在自己设定的目录下。

2. 导入模型

在“文件”菜单中单击“导入”命令，在弹出的图 4-2-5 所示的对话框中将文件类型设为“IGES(* . igs; * . iges)”，找到前面建立的模型文件“blank. igs”和“punch. igs”并将其导入。

图 4-2-5　导入文件

3. 编辑零件层

单击“零件层”菜单中的“编辑”命令，修改各零件层的名称与所在零件的名称一致，以方便后续操作时选用，如图 4-2-6 所示。

4. 分析设置

在“工具”菜单中单击“分析设置”命令，弹出图 4-2-7 所示的“分析设置”对话框。确定单位系统是 MM(毫米)、TON(吨)、SEC(秒)、N(牛顿)，拉延类型是“Single action”(单动)，坯料和所有工具的接触界面为“From One Way S. to S.”(单面接触)，冲压方向为 *Z* 向，接触间隙默认为 1.00 mm。

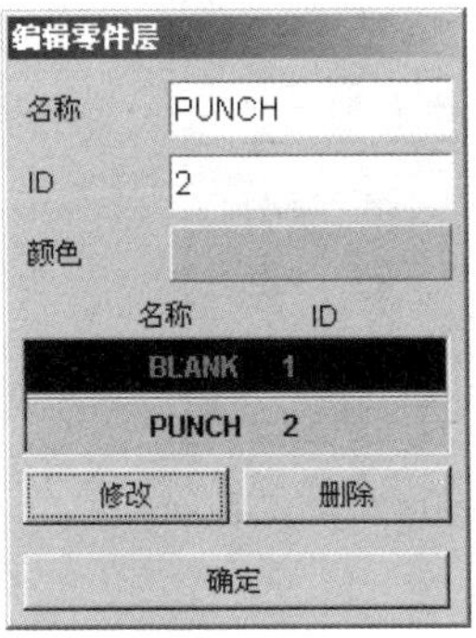

图 4-2-6　“编辑零件层”对话框

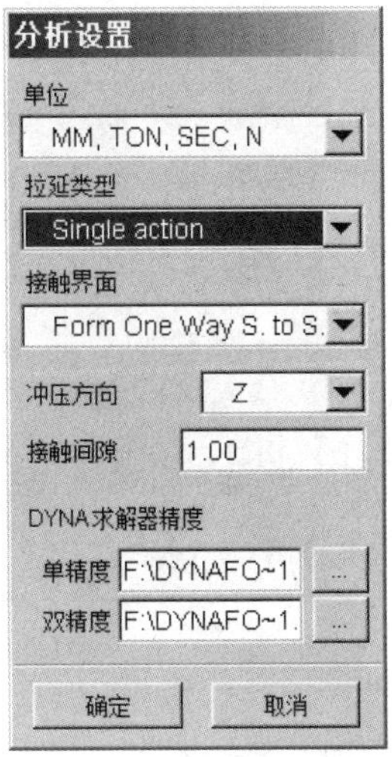

图 4-2-7　“分析设置”对话框

四、网格生成与检查

1. 凸模网格划分

(1)在“零件层”菜单中单击“显示/隐藏零件层”命令，关掉其他零件层，只打开 PUNCH 零件层，并把它设为当前零件层。

(2)在“前处理”菜单中单击“单元”命令，在弹出的图 4-2-8 所示的对话框中单击“曲面网格划分”图标按钮，弹出图 4-2-9 所示的“曲面网格划分”对话框，将最大尺寸改为“10”，其他参数保持不变。单击“选择曲面”按钮，弹出图 4-2-10 所示的“选择曲面”对话框，单击“显示曲面”按钮，凸模模型变成白色，说明它已被选中。单击“确定”按钮，在重新出现的“曲面网格划分”对话框中单击“应用”按钮，再单击提示“接受网格?”下面的“是”按钮，最后单击“退出”按钮退出“曲面网格划分”对话框，完成凸模模型曲面的网格划分，如图 4-2-11 所示。

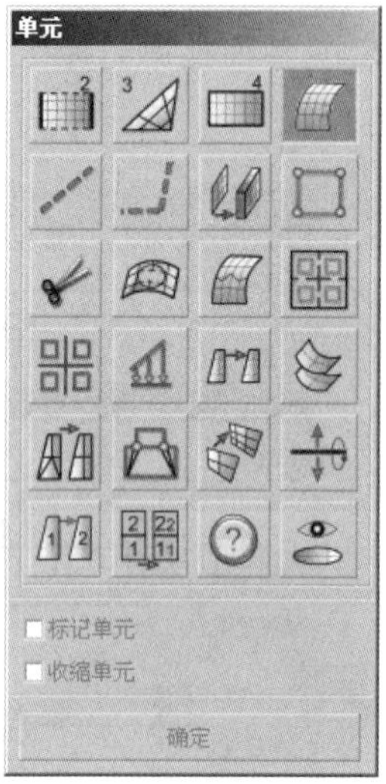

图 4-2-8 “单元”对话框(1)

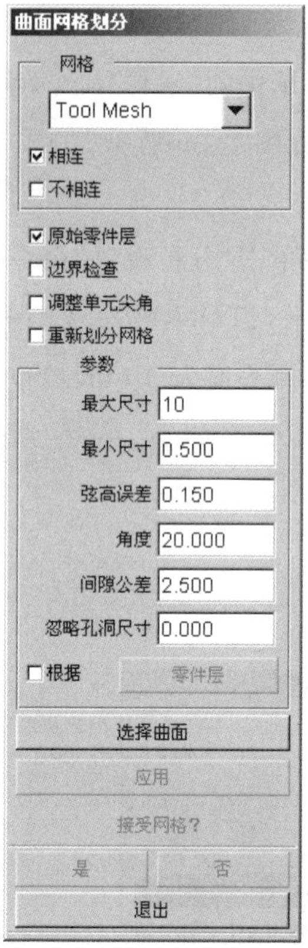

图 4-2-9 “曲面网格划分”对话框

图 4-2-10 “选择曲面”对话框

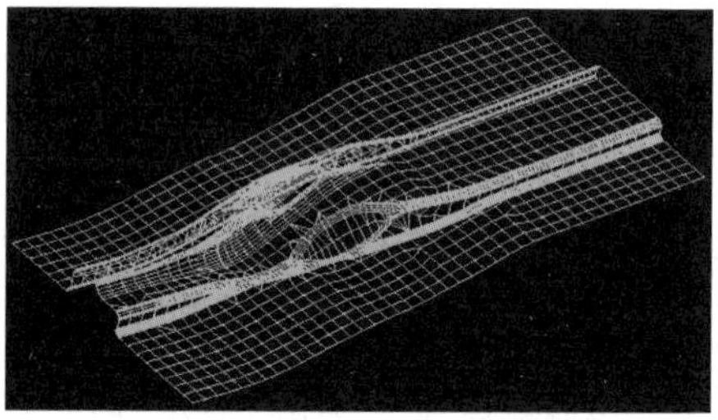

图 4-2-11 凸模模型曲面网格划分完成

2. 凸模网格检查

(1)关闭显示控制选项中的“线”和“曲面”选项，选中“单元”选项。

(2)在“前处理”菜单中单击“模型检查/修补”命令，弹出图 4-2-12 所示的“模型检查/修补”对话框，使用“自动翻转单元法向”、“显示边界”、“重叠单元”和“平面法线”等命令进行检查。

(3)单击“自动翻转单元法向”图标按钮，弹出图 4-2-13 所示的“控制键”对话框，单击“鼠标选择零件”选项，选择 PUNCH 模型，弹出图 4-2-14 所示的法线方向。如箭头朝上，则

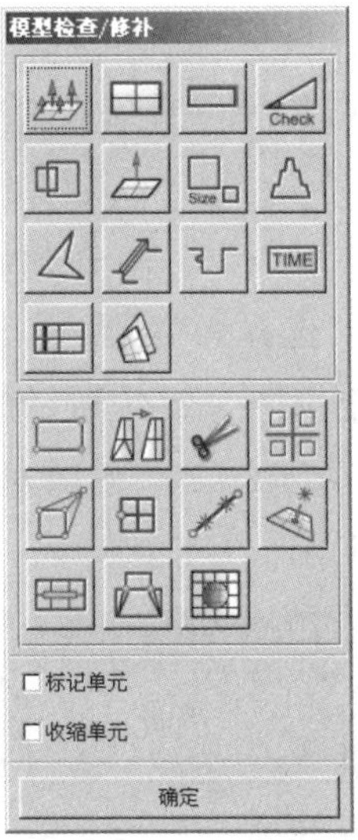

图 4-2-12　“模型检查/修补”对话框

单击“是”按钮；如箭头朝下，则单击“否”按钮，确定法线的方向。

图 4-2-13　“控制键”对话框

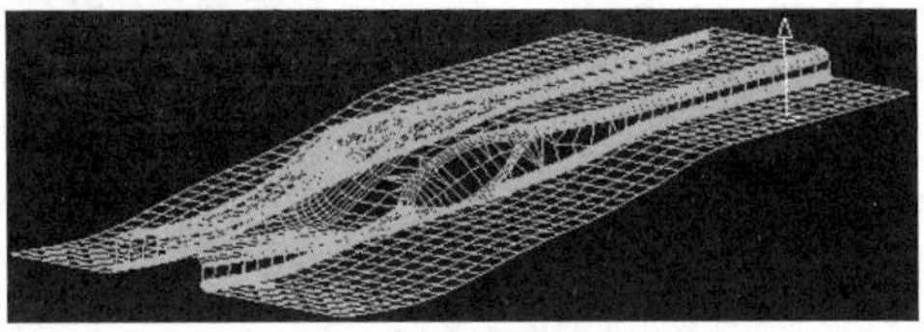

图 4-2-14　凸模网格法线方向

(4)单击“显示边界”图标按钮，零件边界高亮显示，如图 4-2-15 所示。在观察边界显示结果时，为更好地观察结果中可能存在的缺陷，可将曲线、曲面、单元和节点都不显示，所得结果如图 4-2-16 所示。如模型有间隙或空洞，则也会以粗白色线显示，表明错误所在，需要加以修补。

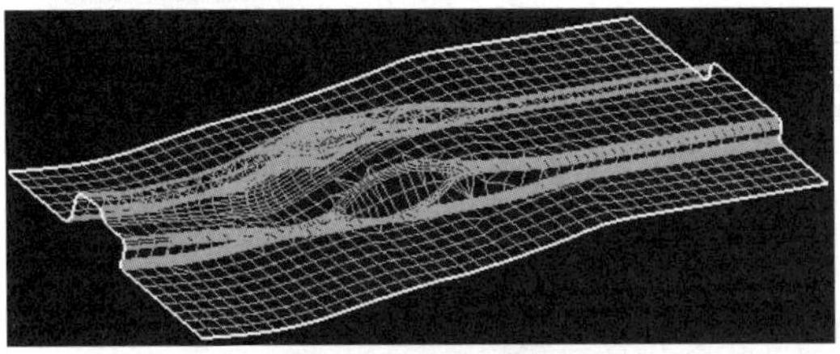

图 4-2-15　凸模网格边界显示

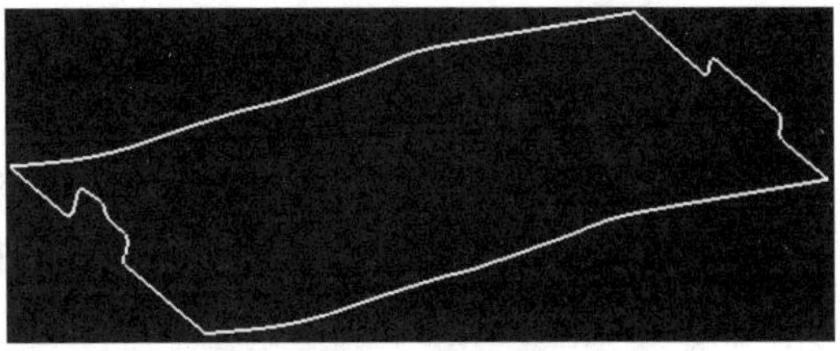

图 4-2-16　凸模网格边界

(5)单击“重叠单元”图标按钮，在主界面的消息提示区中显示图 4-2-17 所示的提示，如果有重叠单元，则需要删除多余单元，然后再次进行网格检查/修补。

(6)单击“平面法线”图标按钮，在主界面的消息提示区中显示图 4-2-18 所示的提示，结果显示一致为佳。

图 4-2-17　重叠单元检查

图 4-2-18　法线一致性检查

3. 毛坯网格划分

(1)在“零件层”菜单中单击“显示/隐藏零件层”命令，关掉其他零件层，只打开 BLANK 零件层，并把它设为当前零件层。

(2)在“工具”菜单中单击“毛坯生成器”命令，在弹出的图 4-2-19 所示的对话框中单击“边界线”选项，弹出图 4-2-20 所示的“选择线”对话框，直接点击毛坯模型曲面，毛坯模型曲面变成白色，说明它已被选中，这时出现图 4-2-21 所示的“网格大小”对话框，按图示设置参数，单击“确定”按钮，在随后出现的图 4-2-22 所示的对话框中单击“是”按钮，接受网格划分。划分好的毛坯网格如图 4-2-23 所示。

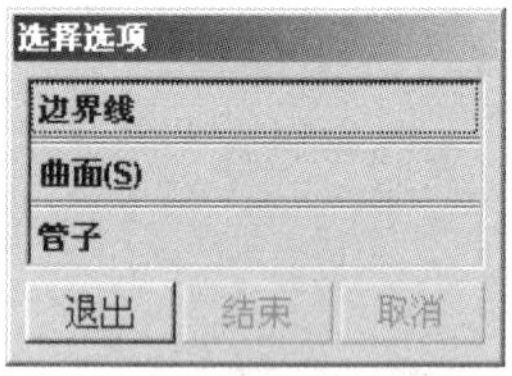

图 4-2-19 “选择选项”对话框

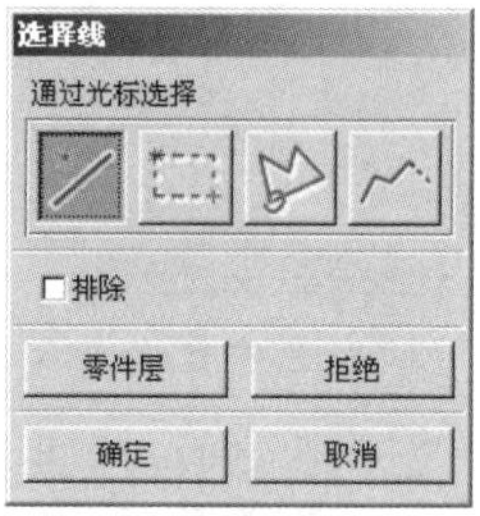

图 4-2-20 “选择线”对话框

图 4-2-21 “网格大小”对话框

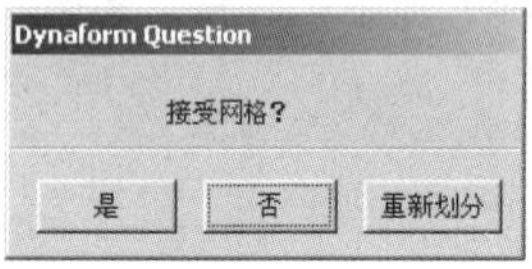

图 4-2-22 “Dynaform Question”对话框

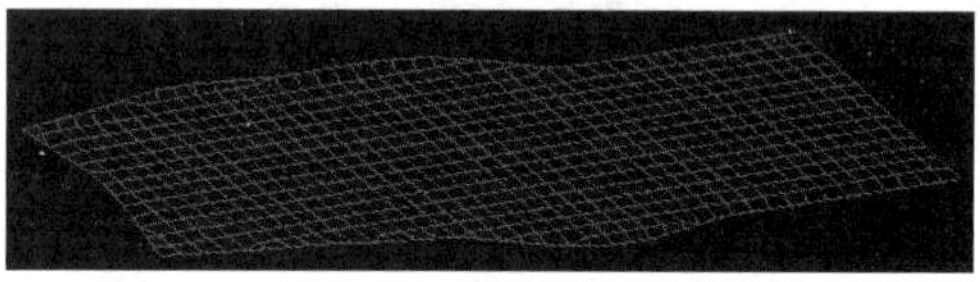

图 4-2-23 划分好的毛坯网格

4. 凹模网格生成

(1)单击“零件层”菜单中的“创建”命令，创建一个零件层，取新的零件层名称为“DIE”，如图 4-2-24 所示，并将其自动设置为当前零件层。

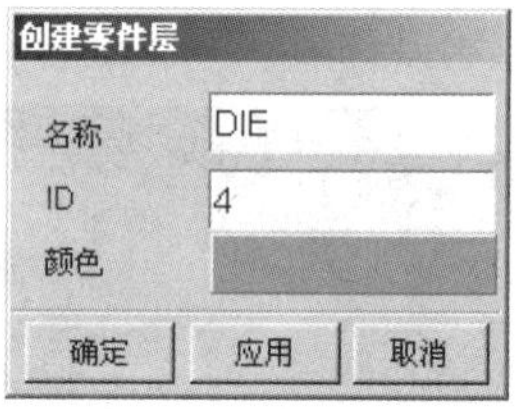

图 4-2-24 创建 DIE 零件层

(2)单击工具栏上的“关闭零件层”图标按钮关闭 BLANK 零件层，显示 DIE 和 PUNCH 零件层。在“前处理”菜单中单击“单元”命令，弹出图 4-2-25 所示的对话框。单击“偏置”图标按钮，弹出图 4-2-26 所示的“偏置单元”对话框，修改其厚度为 1.1t(t 为坯料厚度)，即 1.76 mm，其他参数不变。单击“选择单元”按钮，弹出图 4-2-27 所示的“选择单元”对话框。单击“所有显示的单元”按钮，所有显示在屏幕上的网格都被选中，单击“确定”按钮接受选择的单元，回到“偏置单元”对话框。单击“应用”按钮，所有等距生成的单元被放置在 DIE 零件层中，单击“退出”按钮完成凹模网格的偏置，关闭 PUNCH 零件层，偏置出来的凹模网格如图 4-2-28 所示。

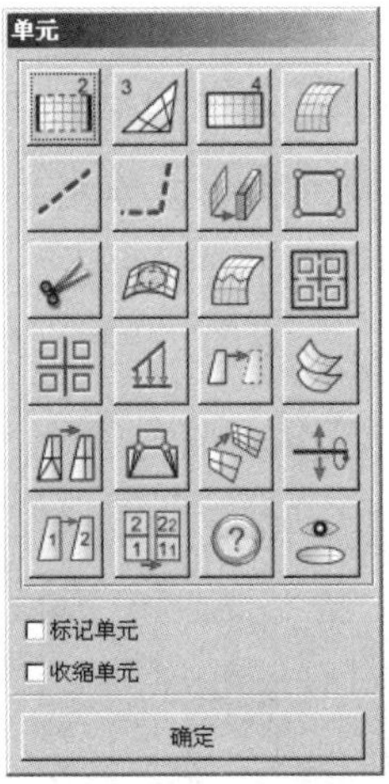

图 4-2-25 “单元”对话框(2)

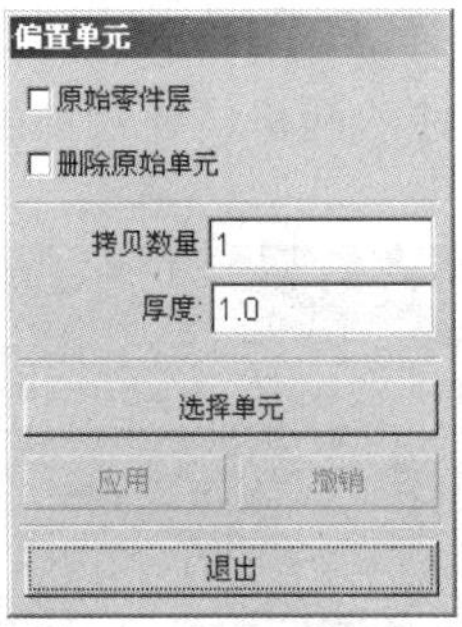

图 4-2-26 “偏置单元”对话框

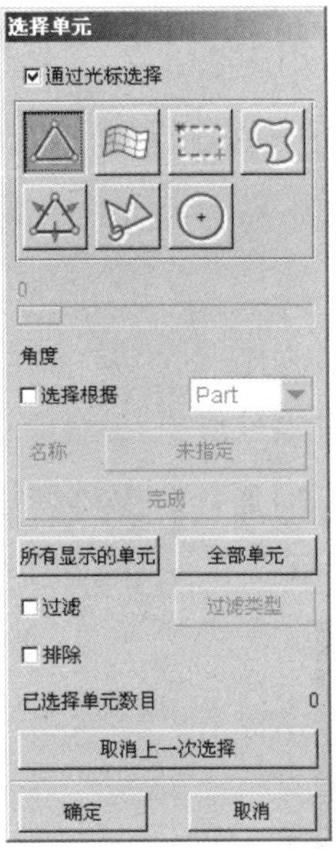

图 4-2-27 “选择单元”对话框

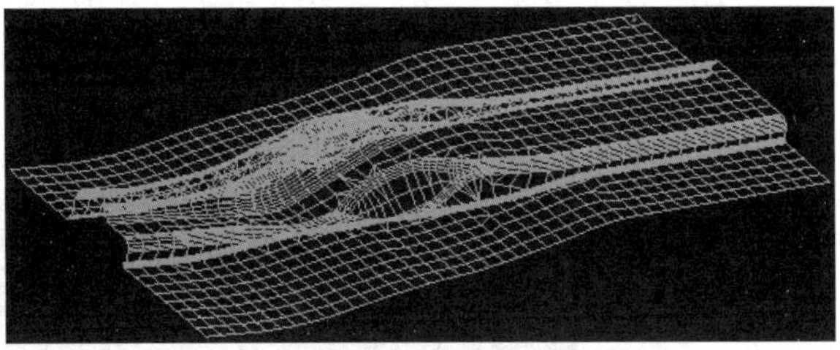

图 4-2-28 凹模网格

5. 凹模网格的检查/修补

(1)关闭显示控制选项中的“线”和“曲面”选项,选中“单元”选项。

(2)重复凸模模型检查/修补的过程,使用“自动翻转单元法向”、“显示边界”、“重叠单元”和“平面法线”等命令对凹模网格进行检查。

(3)单击“自动翻转单元法向”图标按钮,根据前面讲过的方法确定法线的方向,如箭头朝上,则单击“否”按钮;如箭头朝下,则单击“是”按钮。

(4)单击“显示边界”图标按钮,零件边界高亮显示。在观察边界显示结果时,为更好地观察结果中可能存在的缺陷,将曲线、曲面、单元和节点都不显示,所得结果如图 4-2-29

所示。从该图可知，网格中间部分有问题，需要对该网格进行修补。选中显示控制选项中的“单元”和“光照”选项，把缺陷部分放大，分析缺陷产生的原因。由图 4-2-30 可知，凹模中间缺少部分网格，可通过“创建壳单元”命令进行创建网格单元操作。创建完成后重新检查网格边界，单击“显示边界”图标按钮，看是否仍然有网格缺陷，有则继续修补。DYNAFORM 软件的网格修补功能很多，后面会有详细介绍。

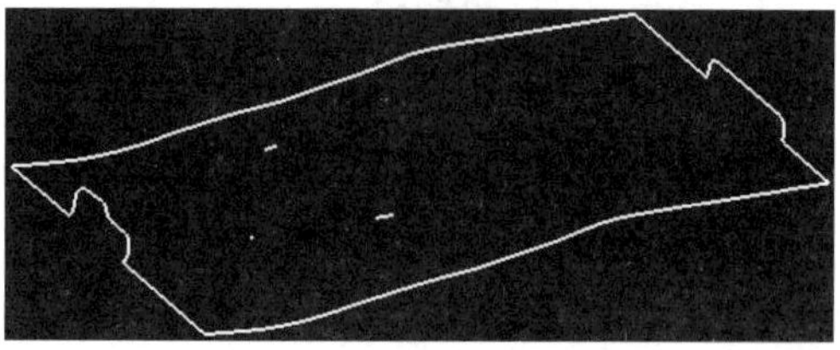

图 4-2-29 凹模网格边界

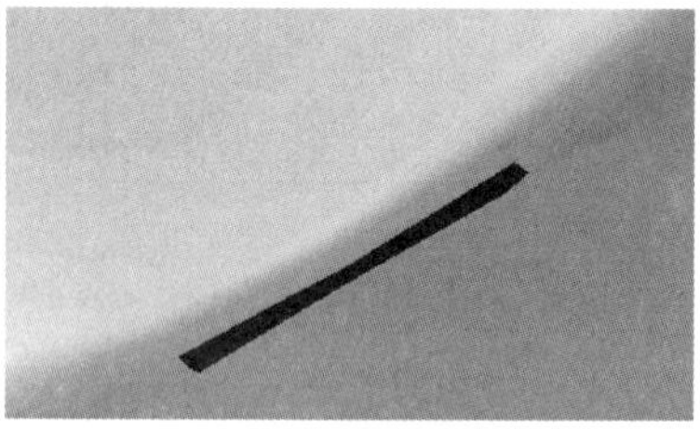

图 4-2-30 网格缺陷

（5）单击“重叠单元”图标按钮，检查网格是否有重叠单元，若有则删除。

（6）单击“平面法线”图标按钮，检查网格的法线是否一致，若不一致，则重新执行“自动翻转单元法向”命令，然后再次检查。

6. 创建压边圈并分离压边圈和凸模

（1）创建压边圈零件层。单击“关闭零件层”图标按钮，关闭 DIE 零件层，只打开 PUNCH 零件层。在“零件层”菜单中单击“创建”命令，创建 BINDER 零件层。

（2）创建压边圈。在“零件层”菜单中单击“添加...到零件层”命令，选择凸模模型的凸缘，完成压边圈的创建。关闭 PUNCH 零件层，压边圈如图 4-2-31 所示。

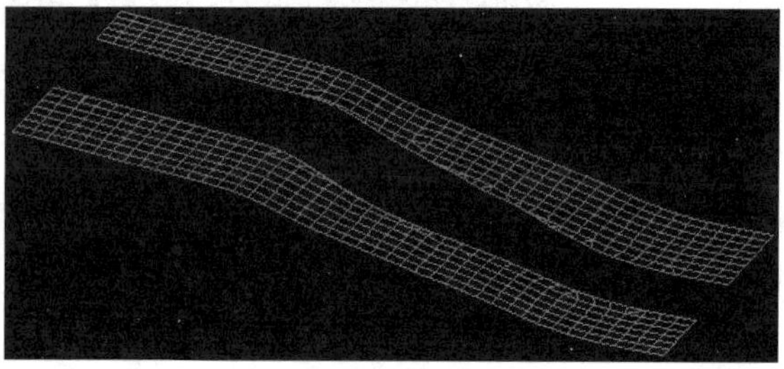

图 4-2-31 压边圈

（3）分离压边圈和凸模。打开 PUNCH 零件层，单击“前处理”菜单中的“模型检查/修补”命令，检查网格边界，如图 4-2-32 所示，凸模和压边圈之间并没有边界显示，在传统设置中，其边界必须分离。单击“零件层”菜单中的“分离零件层”命令，在弹出的图 4-2-33 所示的对话框中选中“BINDER”和“PUNCH”零件层，单击“确定”按钮，完成压边圈和凸模的分离。分离后凸模和压边圈的边界如图 4-2-34 所示。

图 4-2-32　压边圈和凸模边界的检查

图 4-2-33　选择零件层

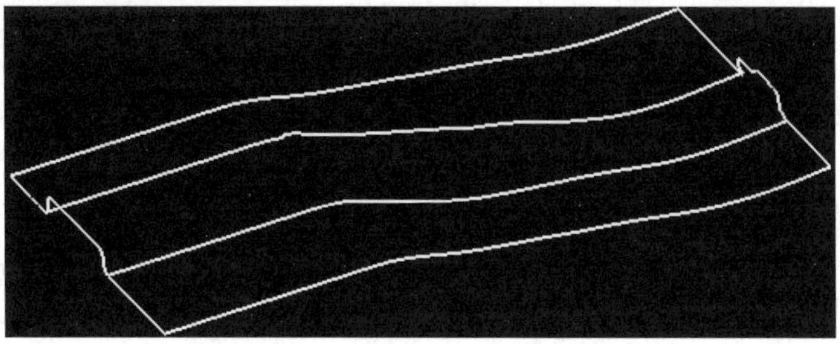

图 4-2-34　分离后凸模和压边圈的边界

五、传统设置

1. 定义工具

通过定义工具操作，完成 DIE、PUNCH、BINDER、BLANK 等工具的定义。

(1)打开 DIE、PUNCH、BINDER、BLANK 等零件层。

(2)单击“工具”菜单中的“定义工具”命令，弹出图 4-2-35 所示的“定义工具”对话框。从“工具名称”下拉列表中选择“Die”。单击“添加”按钮，弹出图 4-2-36 所示的“选择零件层”对话框，从“通过名称选择”列表中选择“DIE”，然后单击“确定”按钮。重复以上操作来定义 Punch 和 Binder 工具。在完成所有工具的定义后，单击“定义工具”对话框中的“确定”按钮完成操作。

2. 定义毛坯

通过定义毛坯操作，完成材料的添加、材料及属性等的确定。

(1)单击“工具”菜单中的“定义毛坯”命令，弹出图 4-2-37 所示的“定义毛坯”对话框，单击“添加”按钮，添加 BLANK 零件层。

图 4-2-35 “定义工具”对话框

图 4-2-36 “选择零件层”对话框

(2)单击“材料”右边的“None”按钮，弹出“材料库”对话框，在“标准”下拉列表中选择材料牌号所属的国家，然后选择要使用的材料“JSC270F(36)”，如图 4-2-38 所示，单击“确定”按钮，显示图 4-2-39 所示的“材料”对话框，单击“确定”按钮完成材料的选择。

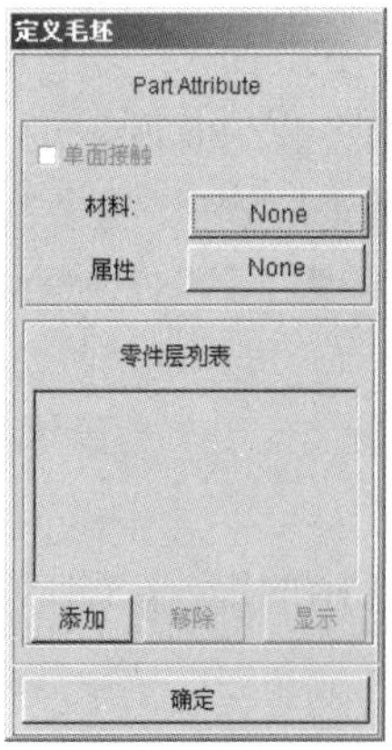

图 4-2-37 “定义毛坯”对话框

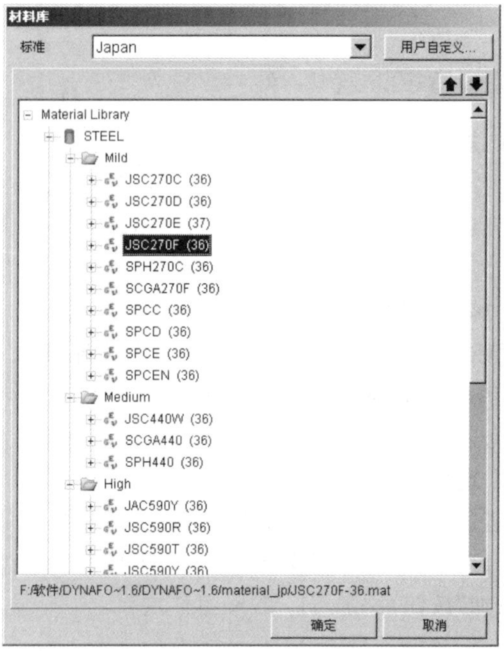

图 4-2-38 “材料库”对话框

（3）在“定义毛坯”对话框中单击“属性”右边的“None”按钮，弹出图 4-2-40 所示的“Property”（属性）对话框，默认属性为“BELYTSCHKO-TSAY”，单击“新建”按钮，弹出图 4-2-41 所示的对话框，在“UNIFORM THICKNESS”文本框中填写材料的厚度“1.6”，其他参数选默认值，然后单击“OK”按钮完成设置，返回“Property”对话框。单击“确定”按钮，返回“定义毛坯”对话框，单击“确定”按钮完成坯料的定义。

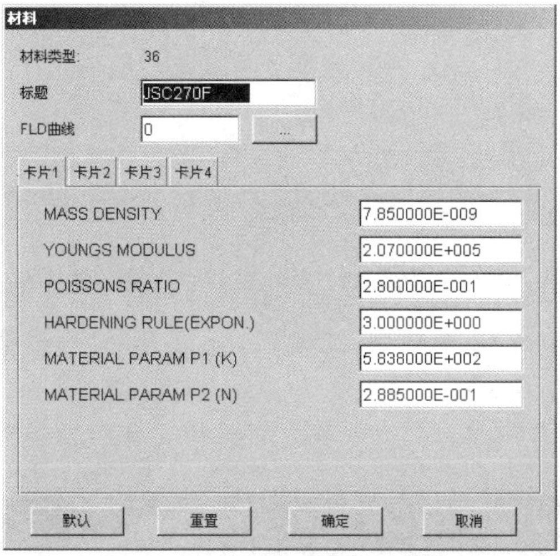

图 4-2-39　“材料”对话框

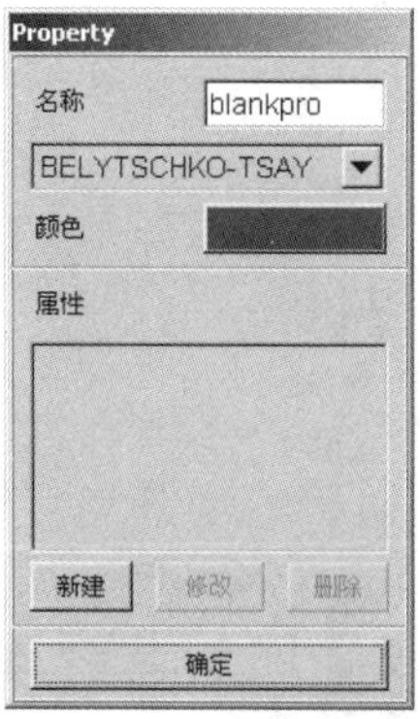

图 4-2-40　“Property”（属性）对话框

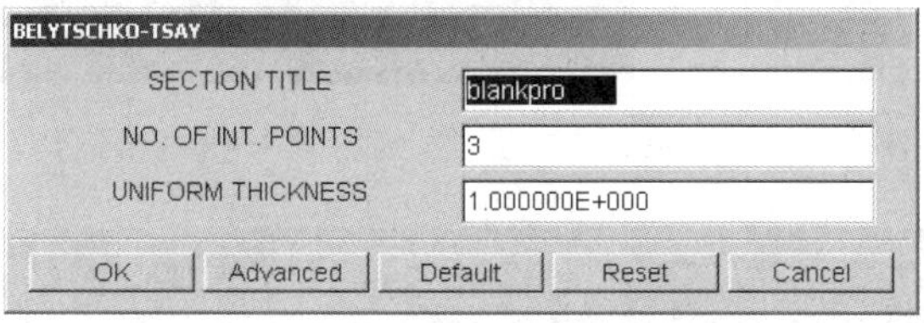

图 4-2-41　“BELYTSCHKO-TSAY”对话框

3. 定位工具

通过定位工具操作，将定义好的工具放置在相应位置上。

（1）单击“工具”菜单中“定位工具”命令中的“自动定位”子命令，弹出图 4-2-42 所示的“自动定位工具”对话框。

（2）“主工具（固定）”列表中列出的是在自动定位时固定不动的工具，一般选择坯料（BLANK）为主工具。然后在“从工具”列表中选择剩下的工具，在“接触间隙”文本框中输入“0.88”（一般接触间隙为 1.1 倍坯料厚度的二分之一），其他参数不变，单击“应用”按钮进行工具的自动定位。如图 4-2-43 所示为自动定位的结果，该结果图应该符合前面分析设置中的设置，是单动倒装模具结构。

（3）为了让模拟过程更接近实际生产，可把 DIE 零件层往上移一定距离，在“主工具（固定）”列表中依然选择“BLANK”零件层，在“从工具”列表中选择“DIE”零件层，在“接触间隙”文本框中输入“10”，单击“应用”按钮，其结果如图 4-2-44 所示。最后单击“关闭”按钮退出自动定位。

图 4-2-42 “自动定位工具”对话框

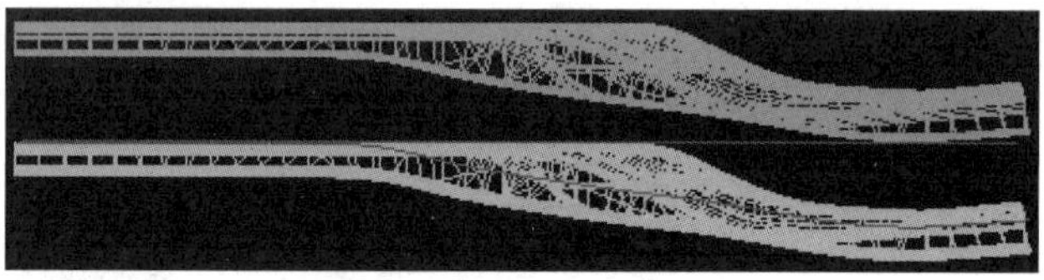

图 4-2-43 自动定位的结果

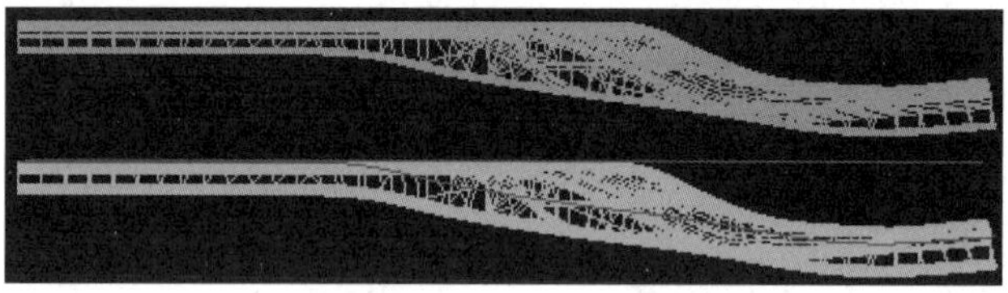

图 4-2-44 调整凹模后自动定位的结果

4. 运动行程的测量

为了定义工具运动的行程，首先要对运动行程进行测量。

(1)单击“零件层”菜单中的“显示/隐藏零件层”命令，只显示“DIE”和“BINDER”零件层。单击“辅助工具”菜单中的“点/节点间距离”命令，弹出图 4-2-45 所示的对话框，单击“到点/节点”选项，弹出图 4-2-46 所示的“输入坐标值”对话框，在凹模和压边圈零件网格的对应位置上各选一点，测量凹模和压边圈之间的距离，如图 4-2-47 所示，Z 方向的距离是 42.864。

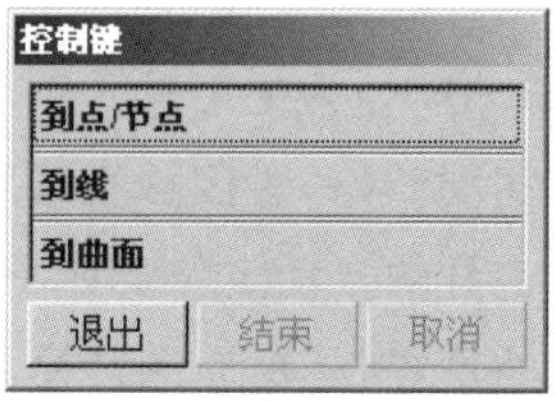

图 4-2-45 “控制键”对话框

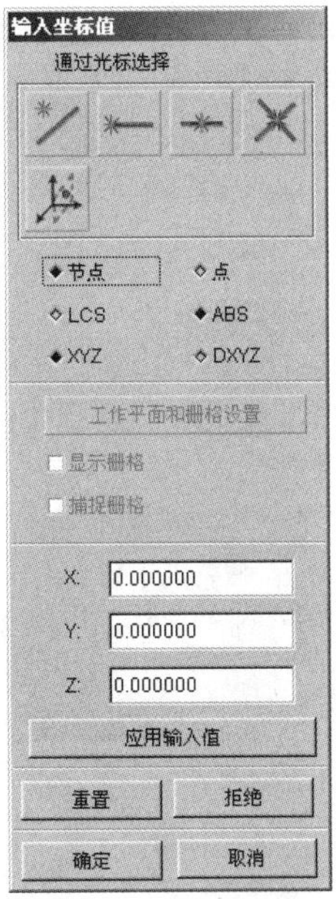

图 4-2-46　“输入坐标值”对话框

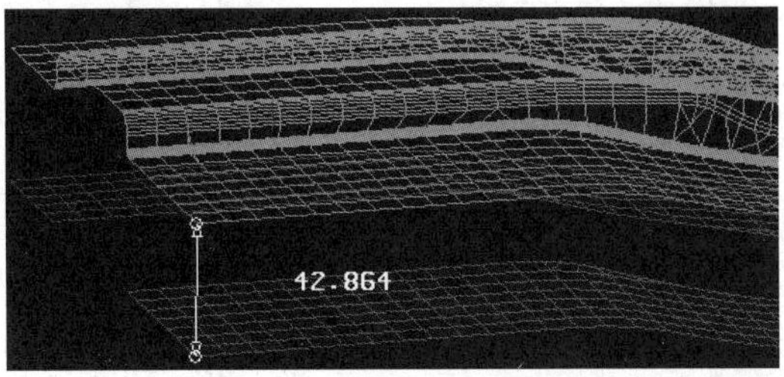

图 4-2-47　凹模和压边圈之间的距离

(2)单击“零件层”菜单中的“显示/隐藏零件层”命令，只显示“BINDER”和“PUNCH”零件层，重复上述操作，测量出压边圈和凸模之间 Z 方向的距离是 12.977，如图 4-2-48 所示。

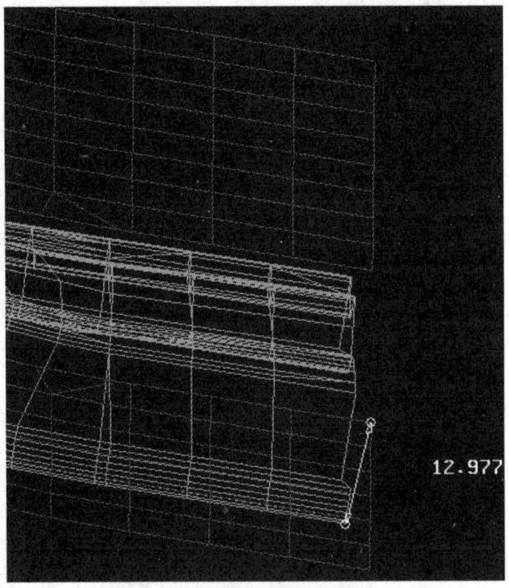

图 4-2-48　压边圈和凸模之间的距离

5. 定义工具运动曲线

若想定义工具的运动，则必须要知道模具的运动过程。对该零件而言，需对单动倒装模具进行分析，其工作过程是：凹模下行，与压边圈一起把板料压紧，然后凹模和压边圈一起向下运动，完成整个冲压过程。

(1)定义凹模运动曲线

单击“工具”菜单中的“定义工具”命令，弹出“定义工具”对话框。从“工具名称”下拉列表中选择“Die”，然后单击“定义加载曲线”按钮，弹出图 4-2-49 所示的“工具加载曲线”对话框，参数选择默认值。

单击“自动”按钮，弹出图 4-2-50 所示的“运动曲线”对话框，在“曲线形状”下拉列表中选择“Trapezoidal”(梯形)[曲线形状列出了三种，梯形(Trapezoidal)用于简化的离散加载曲线，正弦曲线(Sinusoidal)用于光滑的离散加载曲线，受限正弦曲线(Sin with Hold)用于具有最大速度常数的光滑离散加载曲线]。在“速度”文本框中输入“5000”，在“冲压距离”文本框中输入凹模和压边圈之间 Z 方向的距离再减去凸、凹模之间的间隙(42.864－1.76＝41.104)，在“是否结束定义？”的下方单击“否”按钮，弹出图 4-2-51 所示的对话框，复制“开始时间”文本框中的时间(即压边圈运动的开始时间)，在“速度”文本框中输入“3000”，在“冲压距离”文本框中输入压边圈和凸模之间 Z 方向的距离 12.977，在“是否结束定义?”的下方单击“是”按钮，生成图 4-2-52 所示的凹模运动曲线。

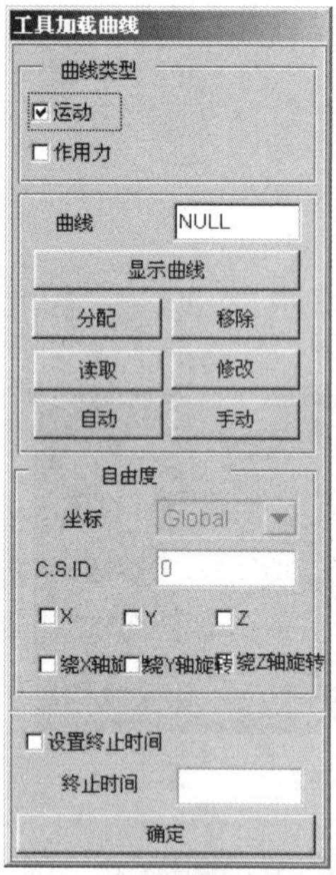

图 4-2-49 “工具加载曲线”对话框(1)

图 4-2-50 “运动曲线”对话框(1)

图 4-2-51 “运动曲线”对话框(2)

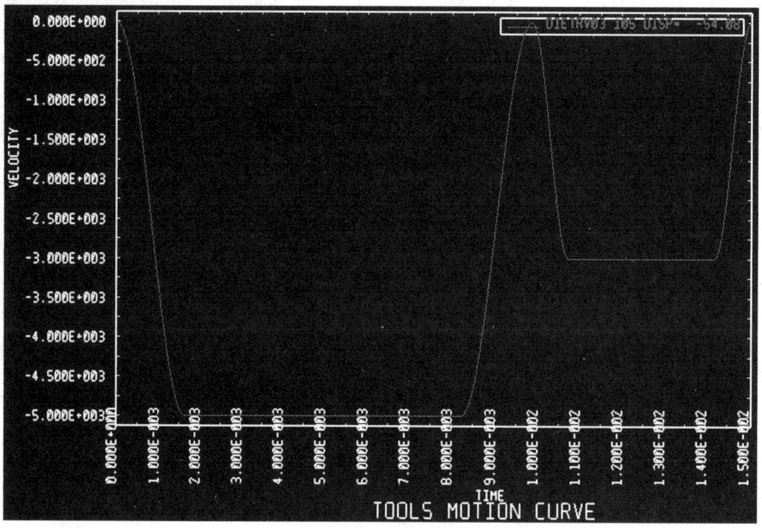

图 4-2-52 凹模运动曲线

单击“确定”按钮，回到“工具加载曲线”对话框，勾选“设置终止时间”，如图 4-2-53 所示，单击“确定”按钮，完成凹模运动曲线的定义。最后返回“定义工具”对话框。

(2)定义压边圈运动曲线

从“定义工具”对话框中的“工具名称”下拉列表中选择“Binder”，然后单击“定义加载曲线”按钮，在弹出的“工具加载曲线”对话框中选择曲线类型为“作用力”，勾选“Z”，将 Z 方向作为冲压方向。

单击“自动”按钮，弹出“作用力/时间曲线”对话框，在“开始时间”处按 Ctrl+V 键，粘贴

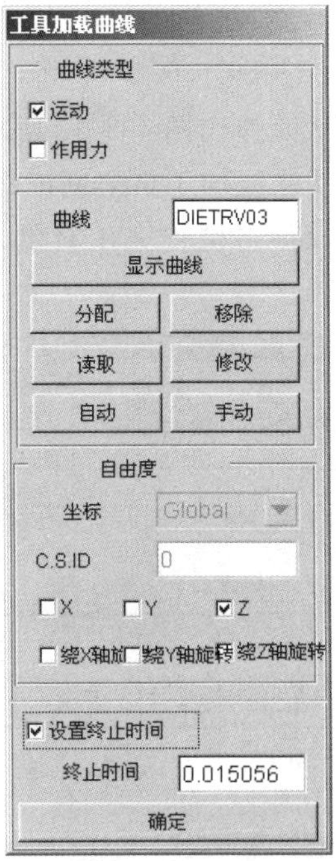

图 4-2-53　“工具加载曲线”对话框(2)

前面设置凹模运动曲线时复制的开始时间;在“作用力”文本框中输入“500000”,单击“确定”按钮退出对话框,生成图 4-2-54 所示的压边圈运动曲线。单击“输入曲线”对话框中的“确定”按钮,返回“工具加载曲线”对话框。再次单击“确定”按钮,返回“定义工具”对话框。在“定义工具”对话框中再次单击“确定”按钮,完成所有工具运动曲线的定义。

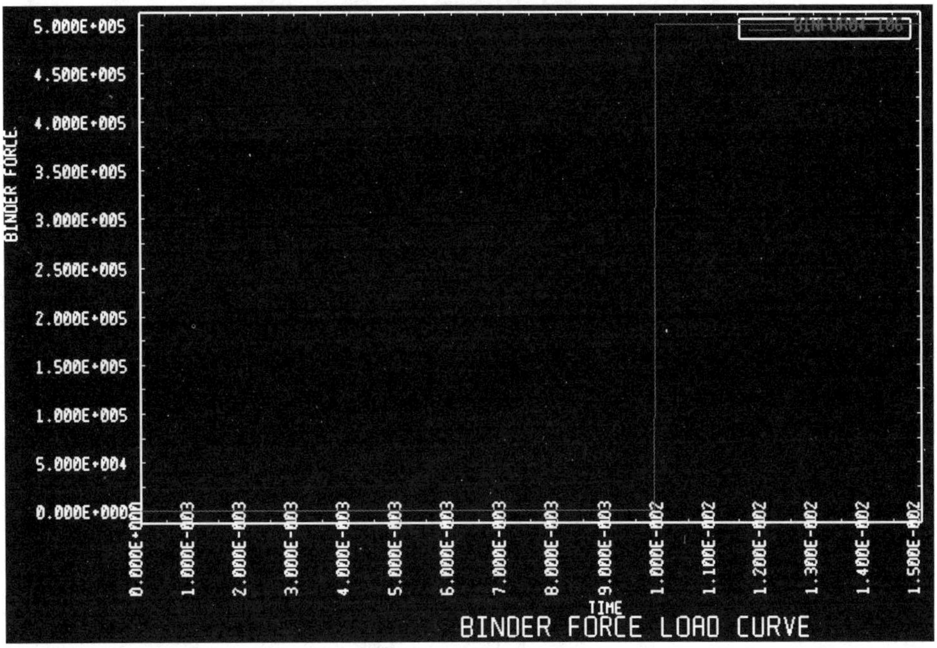

图 4-2-54　压边圈运动曲线

六、动画

单击“工具”菜单中的“动画”命令，弹出图 4-2-55 所示的“动画”对话框。单击“演示”按钮显示工具的运动，检查已定义运动曲线的工具之间的运动关系是否正确(单动倒装模具的凹模沿着 Z 方向运动，其他工具不动)。检查完工具的运动情况后，单击“停止”按钮退出“动画”对话框。

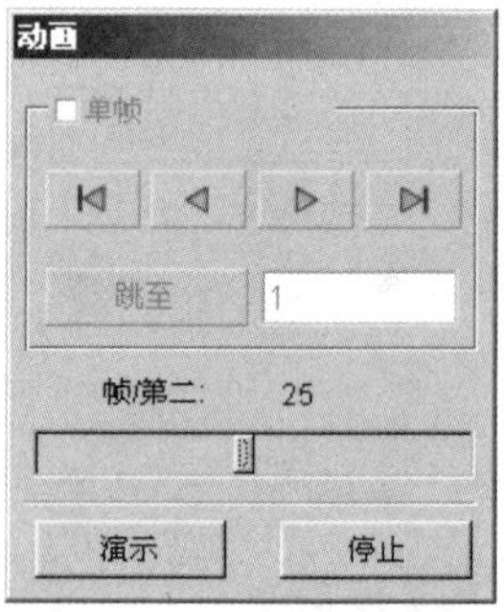

图 4-2-55　“动画”对话框

七、提交分析

单击“分析”菜单中的“LS-DYNA”命令，弹出“分析”对话框，选择分析类型为“Full Run Dyna”，如图 4-2-56 所示。

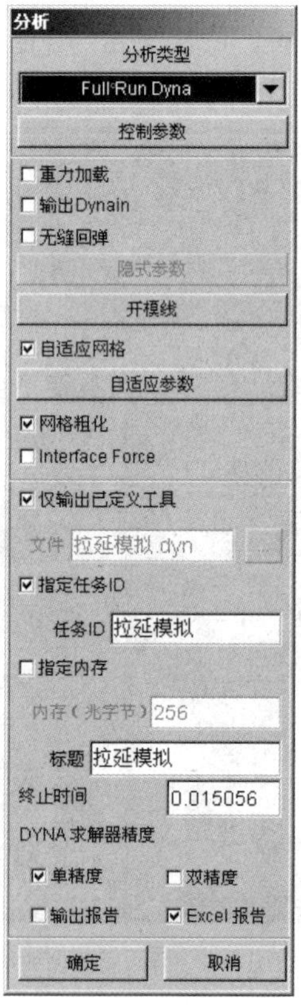

图 4-2-56　“分析”对话框

根据电脑的内存大小指定一个合理的内存,其他参数初学者接受默认设置即可,然后单击"确定"按钮启动求解器。

八、后处理(模拟结果分析)

eta/Post-Processor 为使用者提供了丰富的后处理显示功能,帮助使用者快速、方便地从计算结果中分析出问题所在。

1. 导入后处理文件 d3plot 到 eta/Post-Processor

打开 eta/Post-Processor 文件,单击"File"菜单中的"Open"命令,选择成形结果文件 d3plot,单击"Open"按钮读入该文件并进行计算结果的后处理操作。

2. 显示单帧成形结果

单击"Part on/off"(显示/关闭零件层)图标按钮,显示 BLANK 零件层,关闭其他零件层。在"Frames"(帧)下拉列表中选择"Single Frame"(单帧),然后在帧列表中查看每帧的零件成形情况,显示最后一帧,零件如图 4-2-57 所示。

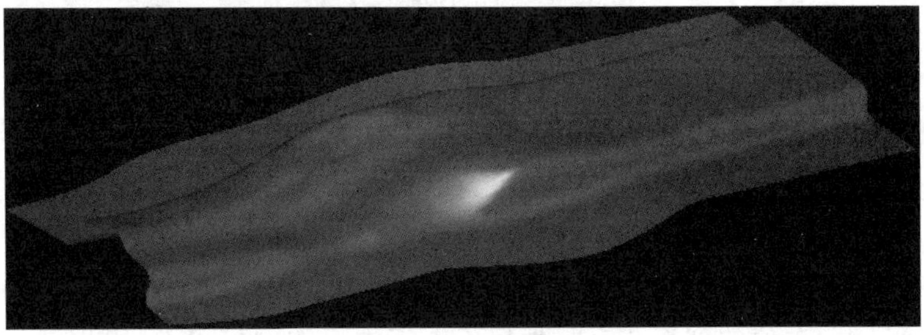

图 4-2-57　坯料成形结果

3. 成形极限图

单击"Forming Limit Diagram"(成形极限图,简称为 FLD)图标按钮,点击最后一个帧,可以查看最后零件成形的结果,如图 4-2-58 所示。

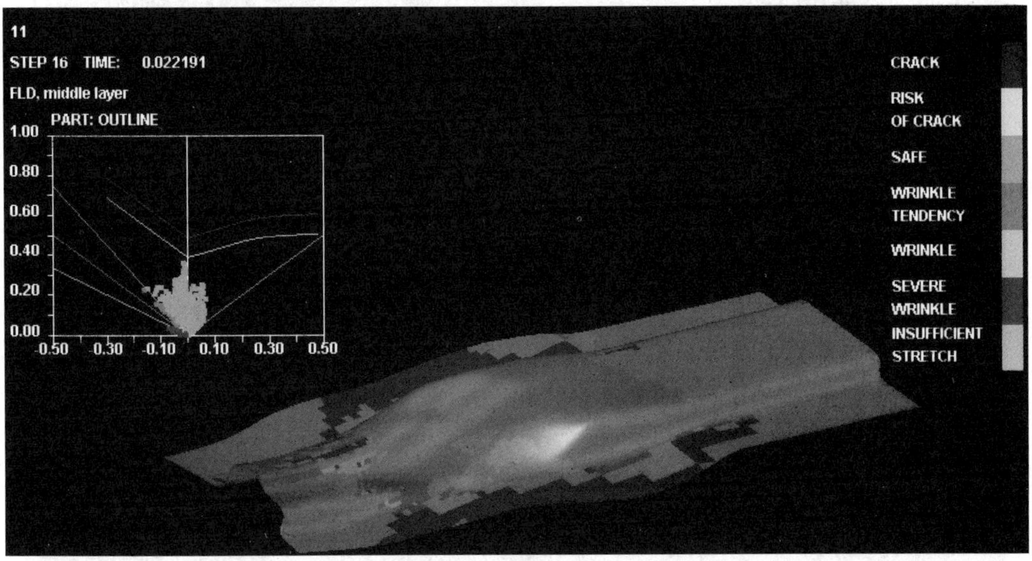

图 4-2-58　零件成形极限图

单击“FLD Curve Option”(FLD 曲线选项)按钮,可以设置 FLD 参数(n、r、t 等),更改各种曲线参数、曲线颜色及显示种类等,如图 4-2-59 所示。单击“OK”按钮返回。

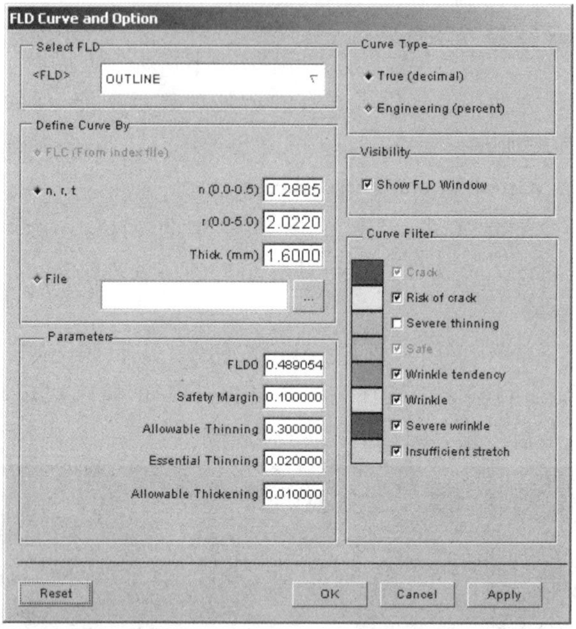

图 4-2-59 “FLD Curve and Option”(FLD 曲线及选项)对话框

单击“Edit FLD Window”(编辑 FLD 窗口)按钮,可以随处放置 FLD 曲线窗口。

单击“List Value”(值的列表)按钮,然后点击零件上的网格单元,可以显示该网格单元的基本参数,如图 4-2-60 所示。

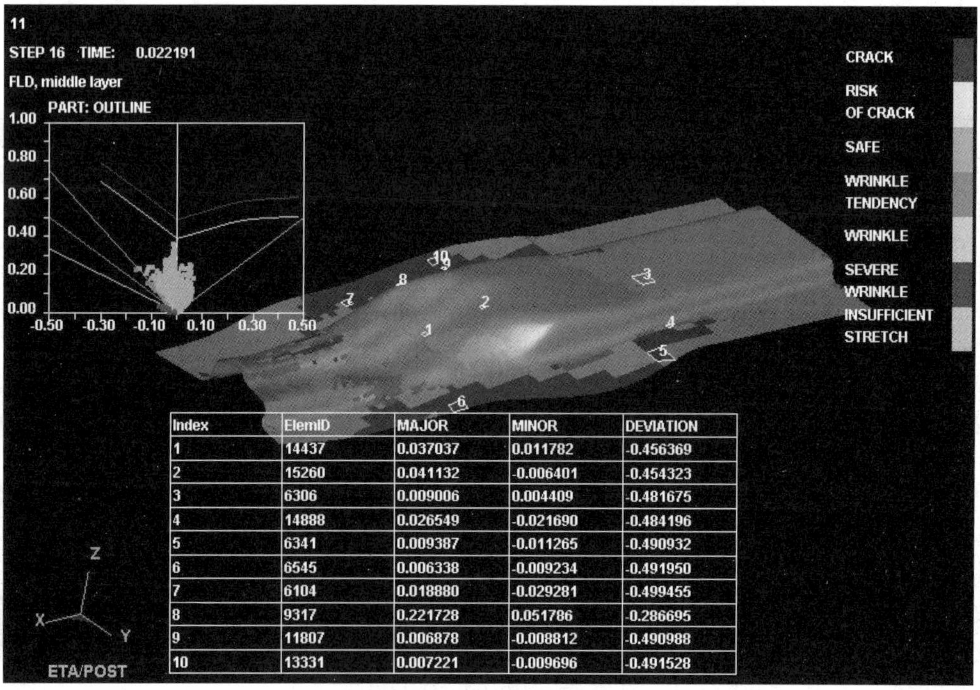

图 4-2-60 网格单元参数

4. 厚度变化图

单击图标按钮，在“Current Component”下拉列表中可选择“THICKNESS”(厚度)、“THINNING”(相对减薄率)或者“THICKNESS STRAIN”(坯料应力)等进行查看。零件厚度如图 4-2-61 所示，零件的相对减薄率如图 4-2-62 所示，零件的坯料应力如图 4-2-63 所示。

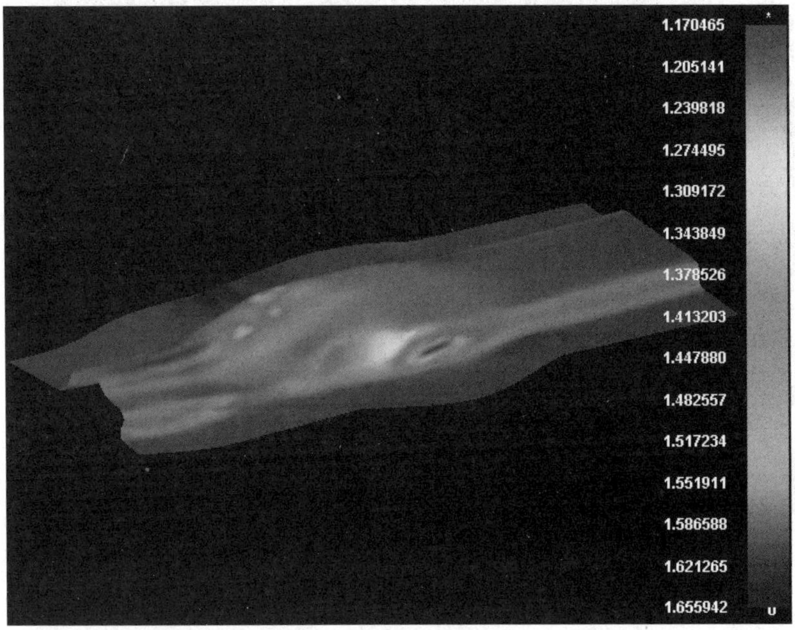

图 4-2-61　零件厚度

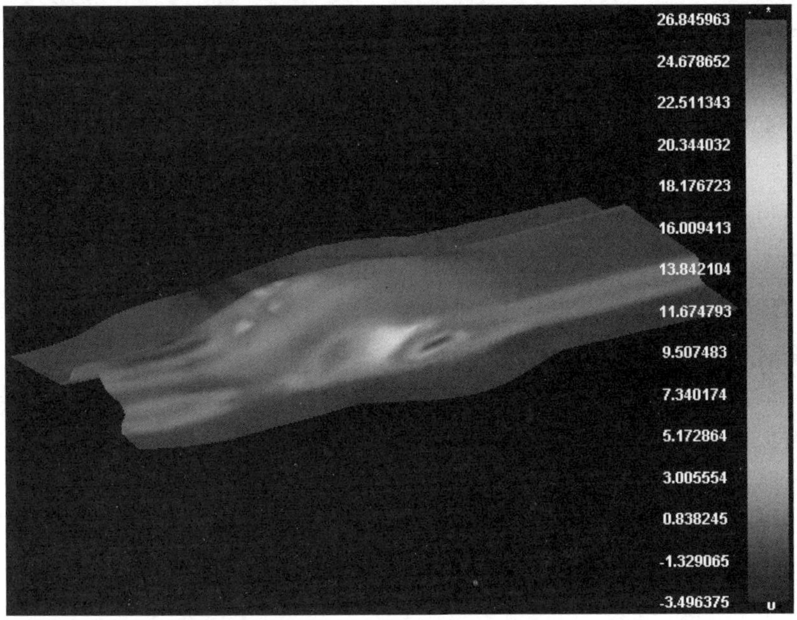

图 4-2-62　零件的相对减薄率

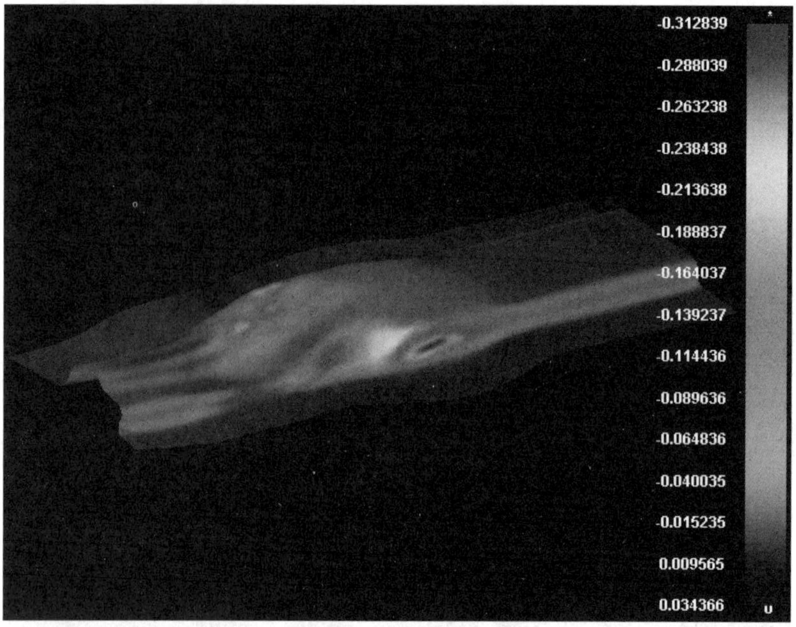

图 4-2-63 零件的坯料应力

九、改进方法和措施

根据得到的汽车某横梁拉深件的成形极限图和厚度变化图，写出表 4-2-1 所示的汽车某横梁零件拉深成形的改进方法和措施。

表 4-2-1 汽车某横梁零件拉深成形的改进方法和措施

材料：JSC270F

序号	缺陷描述	改进方法和措施	备注
1	汽车某横梁顶端（平整的一侧）成形不足	建议增大压边力或增加拉延筋	
2	汽车某横梁顶端（较低的一侧）有起皱现象，两边凸缘部分严重起皱	建议增大压边力	

【相关理论知识】

一、模型检查及修补

如图 4-2-12 所示，“模型检查/修补”对话框中提供了便利的模型检查及修补的方法。

1. 模型检查

此功能按照指定的各项标准来检查 eta/DYNAFORM 模型。

(1)自动翻转单元法向

此功能用来将选定的零件层上所有单元的方向变成指定的方向。有两个选项用来选择单元：“所有打开的零件”和“鼠标选择零件”。在选定单元上显示其法向。

"Dynaform 问题"对话框如图 4-2-64 所示。单击"是"按钮，所有选定单元的法线将调整为与参照的单元法线一致；单击"否"按钮，参照单元的法线反向，所有选定单元的法线与参照方向一致。

图 4-2-64　"Dynaform 问题"对话框(1)

建议在使用此功能时，只选择一个零件层。

(2)显示边界

此功能检验激活的零件层的边界，以检验单元之间连接的正确性。eta/DYNAFORM 沿单一曲面加亮自由边界。例如，如果有三个平面单元共用一个边，那么这条共用边会作为边界被显示出来，边界会被加亮，除非单击"清除加亮图形"图标按钮。

(3)检查长宽比

此功能允许检查所显示的平面单元和实体单元的图形的长宽比。长宽比是单元长边与短边的比。eta/DYNAFORM 默认图形的长宽比为 8.0，使用者可以改变它。未通过检查的单元的数量和最大的单元长宽比会在消息提示区中显示。如果有未通过检查的单元，则会显示图 4-2-65 所示的对话框，单击"是"按钮显示"Part Name"(零件名称)对话框，单击"否"按钮跳到下一功能。

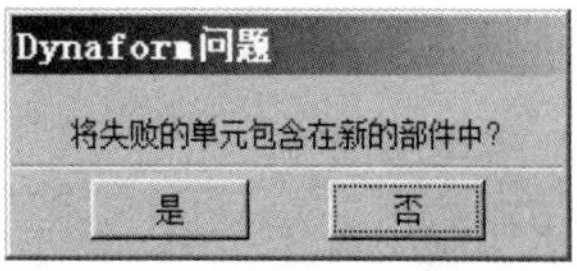

图 4-2-65　"Dynaform 问题"对话框(2)

(4)检查内角

检查壳单元和实体单元的内角的最小值。eta/DYNAFORM 检查并加亮任一小于指定值的单元。

(5)重叠单元

此功能检查共享两三条边的重叠单元。如有重叠单元，就可以创建新零件层来存放这些单元。

(6)法向检查

此功能在法向相反的两个单元间绘制边界。如果没有相互反向的平面单元，则 eta/DYNAFORM 提示"法向检查完成，法线一致"；如果有相反方向的平面单元，则反向的单元边界高亮显示。

(7)单元尺寸

此功能检查平面单元、实体单元或梁单元的最小边，eta/DYNAFORM 会将小于定义长度标准的边的单元加亮。默认值为 0.1，使用者可以改变此值。使用者可以创建一个新的零件层来包括这些不符合标准的单元，还可以选择任何单元，它的单元尺寸会在消息提示区中给出。

(8)检查锥度

此功能用于检查四边形单元的翘曲变形。使用者可以将四边形单元分割成两个三角形单元，未通过检查的单元可以被放到一个新的零件层中。

(9)特征线

此功能用于根据指定的角度标准来对平面单元间的角度进行检查。当两个平面单元法向之间的夹角大于或等于指定的标准时,单元间的边界就形成特征线。在这些地方也可以生成梁单元。

(10)锁模

此功能检查凹模的结构,检查给定点的尺寸是否限制凸模的运动。可以检查所有工具单元的冲压负角,可以将未通过检查的单元放到新零件层中。

(11)时间步长

此功能用于显示 10 个具有最小时间步长的毛坯单元,即 10 个最小的毛坯单元。

(12)截面线

详见项目一任务二的“相关理论知识”部分的讲述。

(13)网格曲面偏差

此功能允许测量曲面和单元之间的偏差。

2. 模型修补

此功能集合了节点、单元中几种常用的方法来高效地进行网格修补。

(1)创建壳单元

此功能通过选定节点/点来创建单元。eta/DYNAFORM 中创建的所有单元类型都和 LS-DYNA 兼容。

(2)修改单元

此功能允许重新创建一个选定的单元。重新创建的单元将和原始单元一样具有同样的单元编号。

(3)删除单元

此功能允许删除模型上的单元。单击“删除单元”图标按钮,显示“选择单元”对话框,单击“确定”按钮后选定的单元被自动删除。

(4)分割单元

此功能可以将壳体或实体分割成多个单元。将单元继续分割之后,系统自动给那些存在边中节点的单元施加自适应约束。此功能对于那些需要局部细化单元的板料来说是非常方便的。

(5)移动节点

此功能可以在显示区中将节点移动到任意位置。

(6)检查重复节点

此功能可检查及合并在数据库中存在的重复节点。重复节点是指其间的距离小于或等于指定公差的节点。

eta/DYNAFORM 将所有在公差范围内的节点合并成其中编号最小的节点,并将其他节点设置为自由节点。在对话框中选择一个选项(所有显示的节点,在数据库中的所有节点或选择节点)；在对话框中输入公差，eta/DYNAFORM 在消息提示区中显示重复节点的编号，并显示“Dynaform 问题”对话框来确认需要合并一致的节点，单击“是”按钮则合并节点。

(7)在两个节点、点之间添加节点

此功能用来在两个已存在的节点、点之间等距离地添加节点，这些节点作为自由节点被显示。通过“输入坐标值”对话框中的选项来选择节点、点，在下一对话框中输入添加节点的数量，自动生成节点。

(8)投影节点

此功能可以将一个节点或一组节点投影到一个平面、曲面或一系列单元上。选项有“在有限元网格上”“在局部坐标系的 UV 平面上”“在曲面上”“在壳体单元(法线)上”。

(9)自动修补

此功能通过合并临近的节点自动修补间隙。请谨慎使用此功能，它可能会改变工具的几何形状。

(10)自动填充

此功能可以自动填充网格单元上的孔、洞等。

二、线/点

“线/点”对话框如图 4-2-66 所示，可以用来构造线。可以将鼠标移到某一图标上查看它的名称。

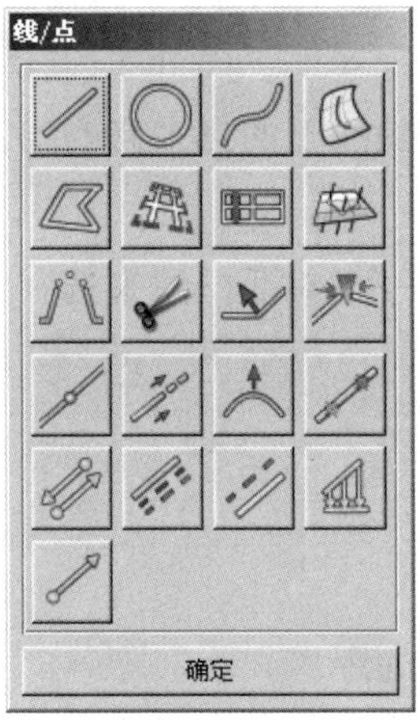

图 4-2-66　“线/点”对话框

(1)创建线

此功能用来创建线。在 eta/DYNAFORM 中，线是由一系列的点构成的，并用一系列相邻点间的线段表示。要创建线需要首先定义点的位置。

(2)创建圆弧

此功能可以通过三种方法来创建圆弧：圆心和半径；相切于两线；通过不共线的三个点。

(3)创建样条曲线

此功能通过许多点、节点或坐标来构造样条曲线，至少需要三点。通过“输入坐标值”对话框，在模型中选择点或节点，单击“确定”按钮后创建样条曲线。

(4)最短曲线

此功能用于计算单元两点间最短的路径以及超过两点的路径总长度。

(5)创建边界线

此功能允许沿有限的单元网格的边界或曲面的边界创建线。

(6)创建截面线

此功能允许在选定的曲面上创建截面线。

(7)截面线操作

此功能允许创建一条或多条截面线、测量截面线的长度和角度以及显示截面线。

(8)通过线与面的截点创建线

通过自定义的平面和一组选定的线的截点来创建线。

(9)桥接线

此功能产生一条桥接线连接着两个所选的线。产生B样条曲线，连接在所选线的终点上，所产生的线被放在当前的零件层中。

(10)删除线

此功能允许删除线。

(11)修改线

此功能允许通过增加、移动、删除线上的点来修改线。

(12)分割线

此功能将一条线分成两条。第一个对话框用来选择一条线，第二个对话框用来指定分割处。

(13)合并线

此功能允许将多条线连接成一条线。

(14)延长线

此功能在线的指定端延长指定的距离。

(15)编辑线

此功能允许对线进行编辑。

(16)重新分布线上的点

此功能对选定线上的点进行重新分布。

(17)颠倒线的方向

每条线的方向都是由起点指向终点，此功能允许改变线的方向。一旦线被选定，其方向自动相反。

(18)变换线

此功能允许对线进行平移、旋转、镜像、缩放和根据坐标变换线等一系列操作。

(19)偏移线

此功能可以通过已有的线来创建线。通常用来偏移平面线，偏移的线都在同一平面内。

(20)投影线

此功能将线或点投影到选定的曲面上。

(21)显示线

此功能可以识别任何已存在的线及其方向。被选择的线会被加亮，它的起点用一个圆来标记。后面的点用箭头表示，选定线上点的数目会在消息提示区中给出。

相关练习

对图 4-2-67 所示的某车型顶盖零件模型进行 CAE 分析。材料为 ST16，料厚为 0.7 mm。

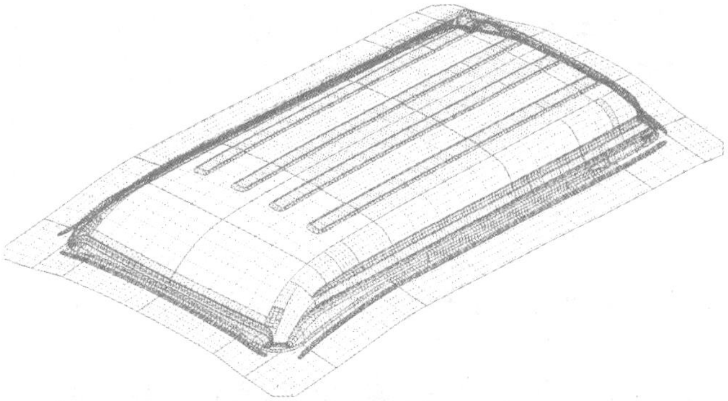

图 4-2-67　某车型顶盖零件模型

项目五

液压成形件成形过程的分析

学习目标

1. 掌握液压成形件成形过程分析的流程。
2. 能进行液压成形件成形过程的分析设置,包括自动设置法及传统设置法。
3. 了解管件的液压胀形与普通板料液压拉深成形分析的区别。
4. 能解读液压成形后处理分析的结果,并写出评价成形工艺设计及模具设计的分析报告。

工作任务

运用 DYNAFORM 软件对给定的拉深件或成形件进行冲压 CAE 分析,得到成形极限图和板料厚度变化图,写出评价成形工艺设计及模具设计的分析报告。

任务一　三通管件液压胀形过程的分析(自动设置法)

【学习目标】

(1)了解管件液压胀形过程分析的流程。
(2)能进行普通形状管件成形过程的分析设置(自动设置法)。
(3)能解读后处理分析的结果,并写出评价成形工艺设计及模具设计的分析报告。

【工作任务】

运用 DYNAFORM 软件的自动设置法对图 5-1-1 所示的三通管件进行成形分析,得到成形极限图和板料厚度变化图,写出评价成形工艺设计及模具设计的分析报告。零件的材料为 HRCQ-36 钢,料厚为 0.8 mm。

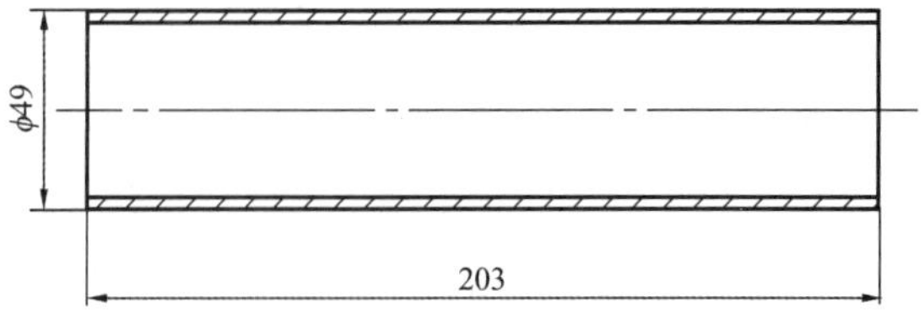

图 5-1-1　三通管件零件图(1)

【相关实践知识】

一、筒形拉深件成形工艺性分析

1. 材料分析

该零件的材料力学性能参数见表 5-1-1 。

表 5-1-1　材料力学性能参数

材料	厚度/mm	屈服强度 σ_s/MPa	抗拉强度 σ_b/MPa	硬化系数 K	硬化指数 n	泊松比 μ	各向异性系数 r
HRCQ-36	0.8	184	271	520.4	0.232	0.28	$r_0=1.73, r_{45}=1.35, r_{90}=2.18$

2. 结构分析

圆管在液压胀形过程中，最为关键的问题是两端推力和充液压力的控制。若两端推力过小，则圆管在胀形过程中由于材料难以沿轴向进给流动而容易造成变薄严重，甚至破裂；若两端推力过大，则圆管容易失稳起皱，难以贴管壁而得到所需要的成形精度。对于充液压力，若其值过小，则圆管难以胀形或胀形后尺寸不能满足要求；若其值过大，则胀形过程中需要更大的锁模力，使得工艺实施的难度增加。因此，对两端的推力和充液压力的控制决定了制件胀形的成功与否。

3. 精度分析

该零件的尺寸精度无公差要求，精度较低，采用液压胀形工艺即可满足要求。

二、建立三维模型

采用 CATIA、UG、Pro/E 等三维造型软件，对液压胀形凹模、凸模、左推头、右推头和管坯进行三维造型，将得到的 5 个三维模型转换为 iges 格式。液压胀形凹模、凸模、左推头、右推头和管坯模型分别如图 5-1-2～图 5-1-6 所示。由于充液成形过程中液体与制件的内表面接触，所以建立的凹模模型的几何尺寸与管坯模型的外表面尺寸一致。

图 5-1-2　凹模模型

图 5-1-3　凸模模型

图 5-1-4　左推头模型

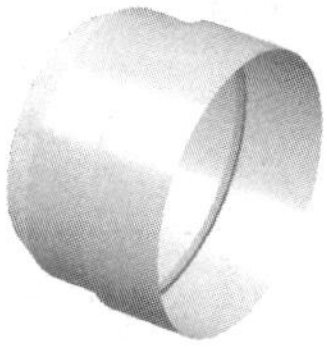

图 5-1-5　右推头模型

图 5-1-6　管坯模型

三、数据库操作

1. 创建文件(数据库)

启动 DYNAFORM 软件,程序自动创建缺省的空数据库文件 Untitled. df。单击"文件"菜单中的"另存为"命令,修改文件名,将所建立的数据库文件保存在自己设定的目录下。

2. 分析设置

在"工具"菜单中单击"分析设置"命令,弹出图 5-1-7 所示的"分析设置"对话框。默认的单位系统是 MM(毫米)、TON(吨)、SEC(秒)、N(牛顿),拉延类型选"Double action"(双动),默认的坯料和所有工具的接触界面为"Form One Way S. to S."(单面接触),默认的冲压方向为 Z 向,默认的接触间隙为 1 mm。保持这些默认值,如图 5-1-7 所示。

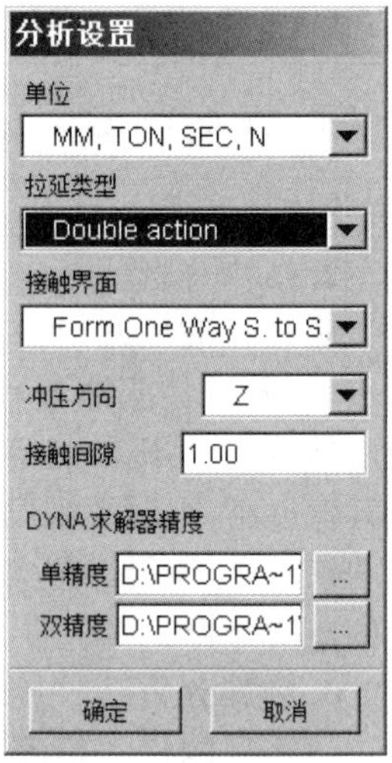

图 5-1-7 分析设置

3. 导入模型

在"文件"菜单中单击"导入"命令,在弹出的图 5-1-8 所示的对话框中将文件类型设为"IGES(* . igs; * . iges)",找到前面建立的模型并将其导入。单击"零件层"菜单中的"编辑"命令,修改各零件层的名称与所在零件的名称一致,以方便后续操作时选用,如图 5-1-9 所示。

图 5-1-8 导入文件

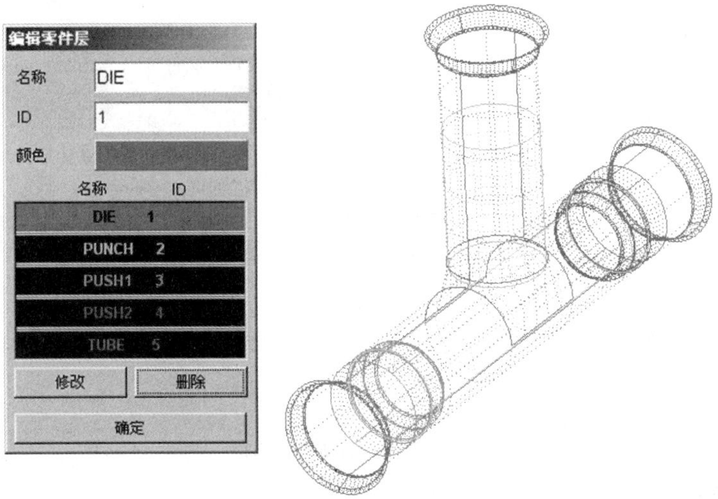

图 5-1-9　修改零件层名称

四、划分网格与检查

1. 管坯网格划分

(1)在“零件层”菜单中单击“显示/隐藏零件层”命令，关掉其他零件层，只打开 TUBE 零件层，并把它设为当前零件层。

(2)在“前处理”菜单中单击“单元”命令，在弹出的图 5-1-10 所示的对话框中单击“曲面网格划分”图标按钮，弹出图 5-1-11 所示的“曲面网格划分”对话框。在“网格”下拉列表中选择“Part Mesh”选项，将尺寸设置为“3”，其他参数保持不变。单击“选择曲面”按钮，弹出图 5-1-12 所示的“选择曲面”对话框，单击“显示曲面”按钮，凹模模型变成白色，说明它已被选中，在重新出现的“曲面网格划分”对话框中单击“应用”按钮，再单击“是”按钮接受网格划分，然后退出，即完成管坯曲面的网格划分。最后得到的网格如图 5-1-13 所示。

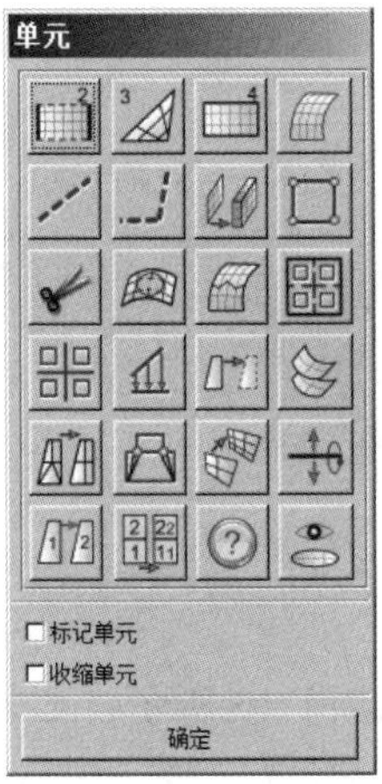

图 5-1-10　“单元”对话框

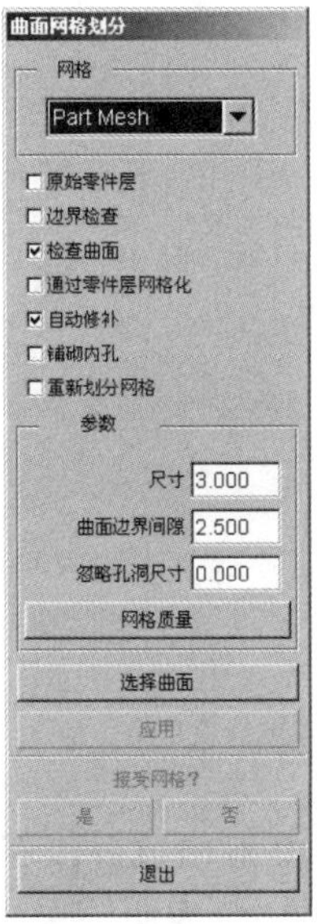

图 5-1-11　“曲面网格划分”对话框(管坯)

图 5-1-12　“选择曲面”对话框

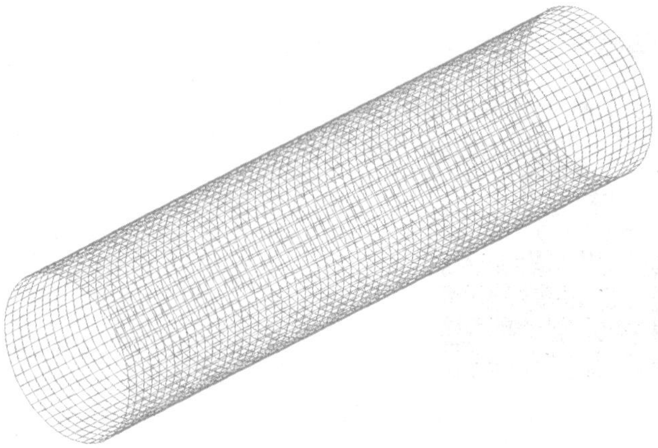

图 5-1-13　管坯划分的网格

2. 网格检查

关闭显示控制选项中的“线”和“曲面”选项，选中“单元”选项。

在“前处理”菜单中单击“模型检查/修补”命令，弹出图 5-1-14 所示的“模型检查/修补”对话框，使用“自动翻转单元法向”、“显示边界”命令进行检查。

(1)自动翻转单元法向

单击“自动翻转单元法向”图标按钮，弹出“控制键”对话框，直接在凹模模型的凸缘上点击，出现一个带有箭头的白色单元，同时弹出图 5-1-15 所示的“Dynaform 问题”对话框。如箭头朝下，则单击“是”按钮；如箭头朝上，则单击“否”按钮。

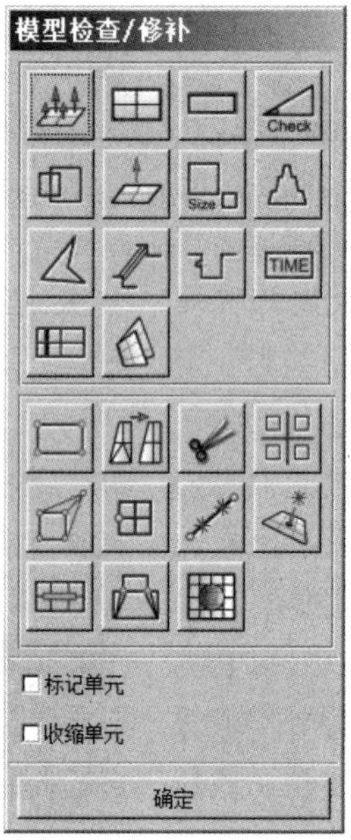

图 5-1-14　“模型检查/修补”对话框

图 5-1-15　“Dynaform 问题”对话框

(2)显示边界

单击“显示边界”图标按钮，则模型的边界以粗白色线显示，如图 5-1-16 所示。如模型有间隙或空洞，则也会以粗白色线显示，表明错误所在，需要加以修补。

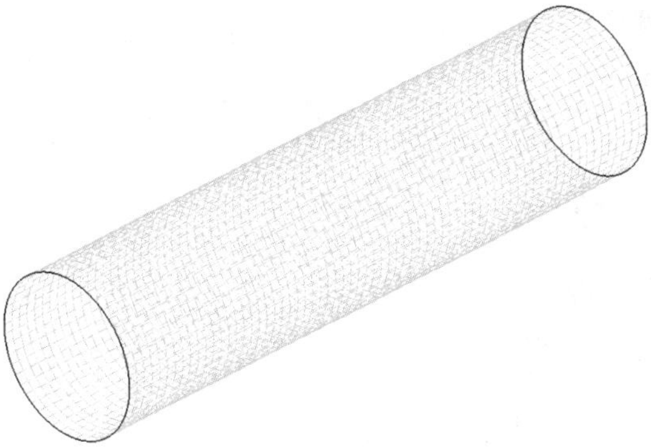

图 5-1-16　管坯边界显示

3. 凹模网格划分

将当前零件层设为 DIE 零件层，关掉其他零件层。在图 5-1-17 所示对话框的“网格”下拉列表中选择“Tool Mesh”选项，将最大尺寸设置为“4”，其他参数保持不变。之后的方法同管坯的网格划分方法，最后得到的网格及边界显示如图 5-1-18 所示。

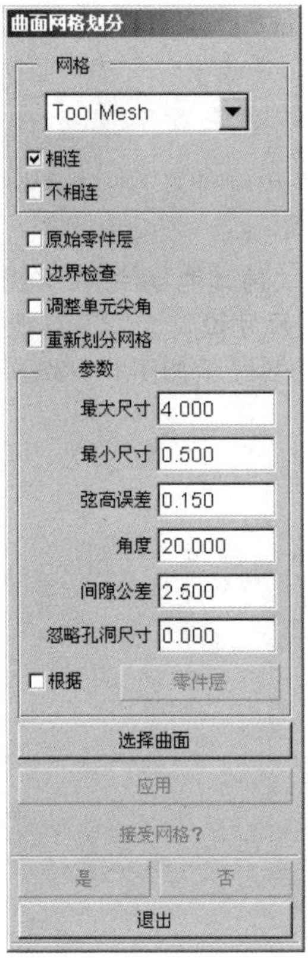

图 5-1-17　“曲面网格划分”对话框(凹模)

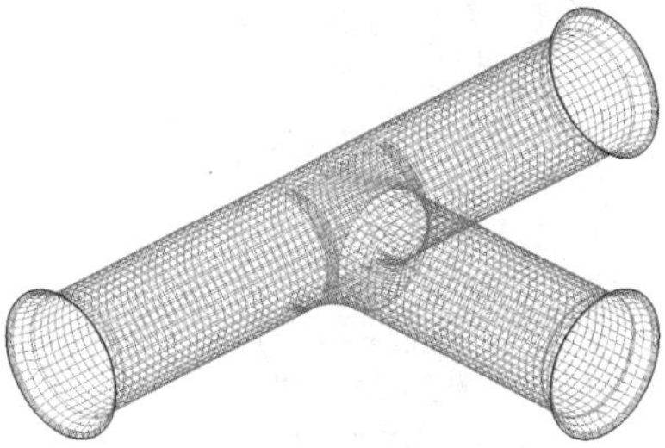

图 5-1-18　凹模划分的网格及边界显示

4. 凸模网格划分

将当前零件层设为 PUNCH 零件层，关掉其他零件层。在图 5-1-19 所示对话框的“网格”下拉列表中选择“Tool Mesh”选项，将最大尺寸设置为“4”，其他参数保持不变。之后的方法同管坯的网格划分方法，最后得到的网格及边界显示如图 5-1-20 所示。

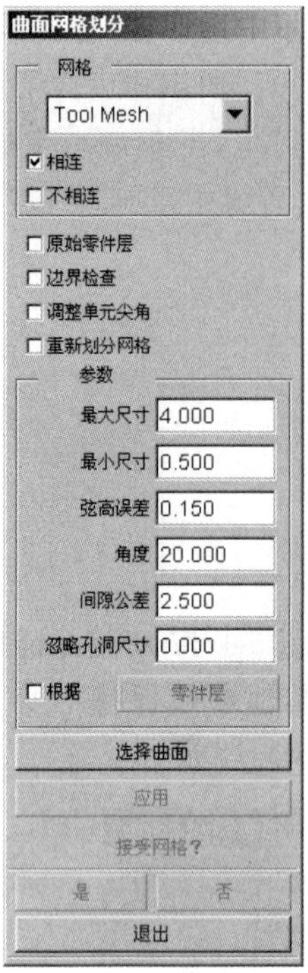

图 5-1-19 “曲面网格划分”对话框（凸模）

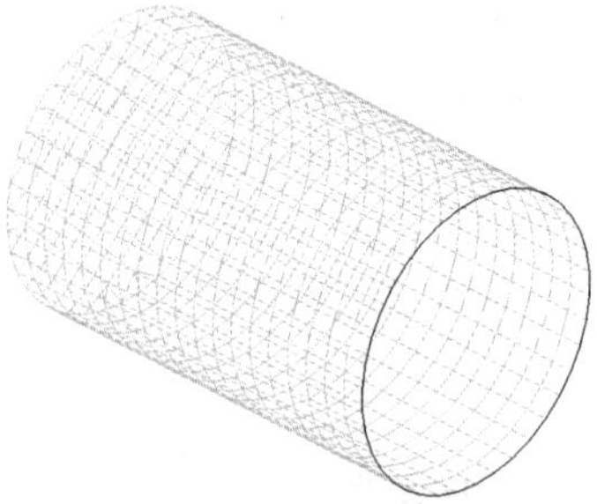

图 5-1-20 凸模划分的网格及边界显示

5. 左推头和右推头网格划分

分别设定当前零件层为 PUSH1 和 PUSH2 零件层，关掉其他零件层。在图 5-1-21 所示对话框的“网格”下拉列表中选择“Tool Mesh”选项，将最大尺寸设置为“3”，其他参数保持不变。之后的方法同管坯的网格划分方法，最后得到的网格及边界显示如图 5-1-22 所示。

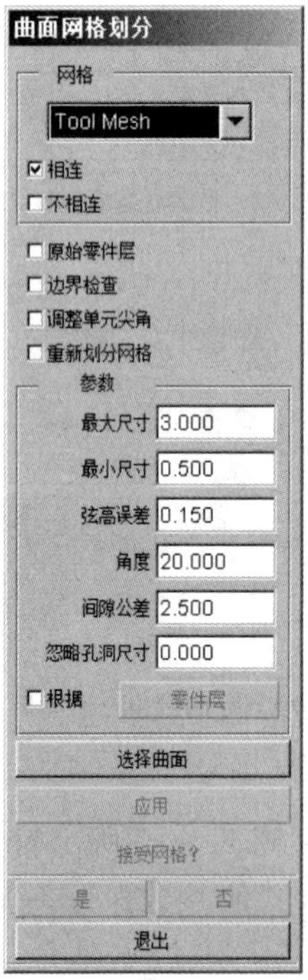

图 5-1-21 “曲面网格划分”对话框（左推头和右推头）

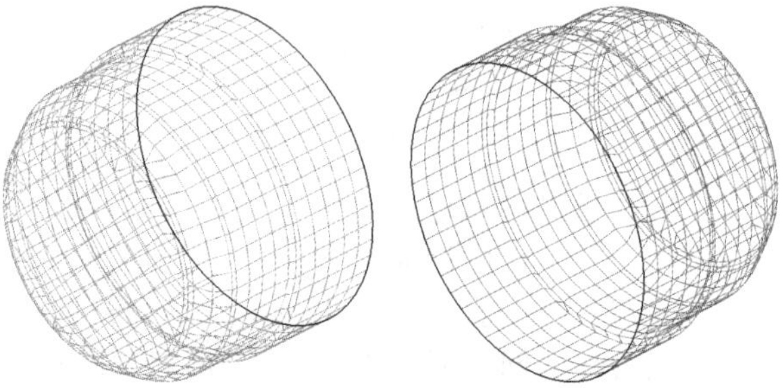

图 5-1-22 左推头和右推头划分的网格及边界显示

6. 模型文件检查

显示所有零件层，得到的模型网格如图 5-1-23 所示。

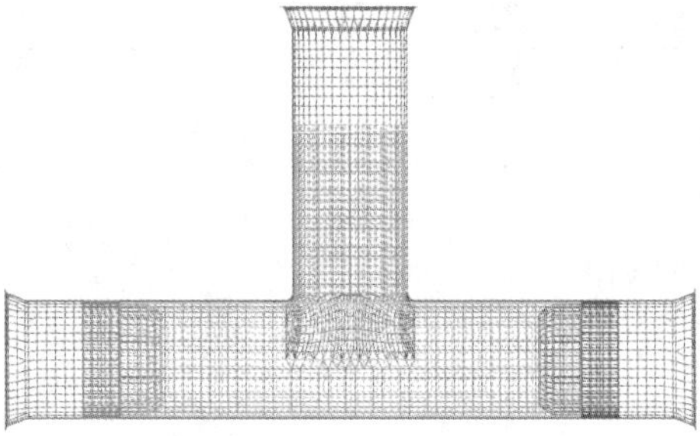

图 5-1-23　模型网格

五、快速设置

单击“设置”菜单中的“自动设置”命令，进入自动设置操作中。

1. 新建一个自动设置

在弹出的“新建模拟”对话框中定义基本的参数。如图 5-1-24 所示，选择模拟类型为“Tube forming”，输入管坯的厚度为“0.8”，单击“确定”按钮进入自动设置的主对话框中。

图 5-1-24　新建一个自动设置

2. 设置基本参数

打开“一般”选项卡，将标题改成“Tube bulging”，工作坐标系选择“GLOBAL”，如图 5-1-25 所示。

3. 定义管坯

(1)添加管坯零件

单击图 5-1-25 所示对话框中的“管坯”标签，系统会进入管坯定义页面，如图 5-1-26 所示。在管坯定义页面中单击“几何体”选项组中的“定义几何模型”按钮，系统弹出“定义几何体”对话框，如图 5-1-27 所示。单击“添加零件层”按钮，在弹出的对话框中选择“TUBE”零件层(图 5-1-28)，然后单击“确定”按钮退出零件层的选取，返回“定义几何体”对话框，这时 TUBE 零件层已经被添加在管坯的零件层列表中，如图 5-1-29 所示。单击“退出”按钮返回管坯定义页面，这时关于管坯的基本参数都已经定义完成，管坯页面的标签由红色变为黑色，如图 5-1-30 所示。

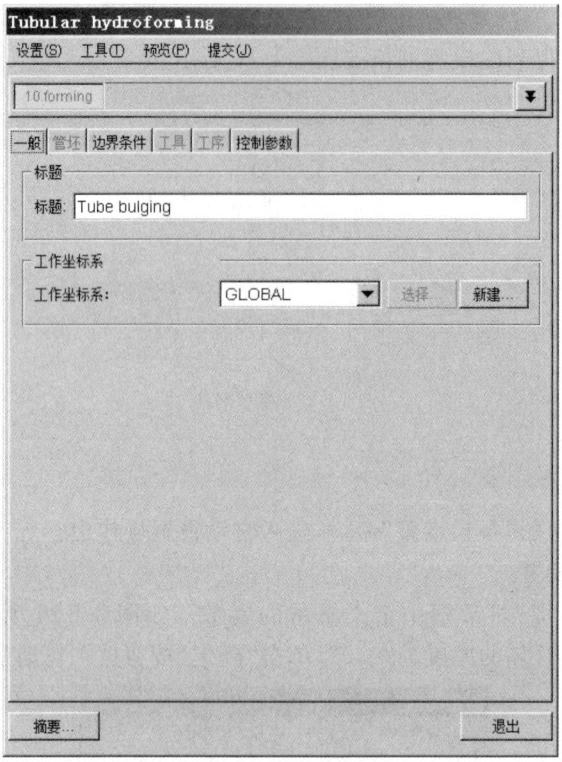

图 5-1-25　设置基本参数

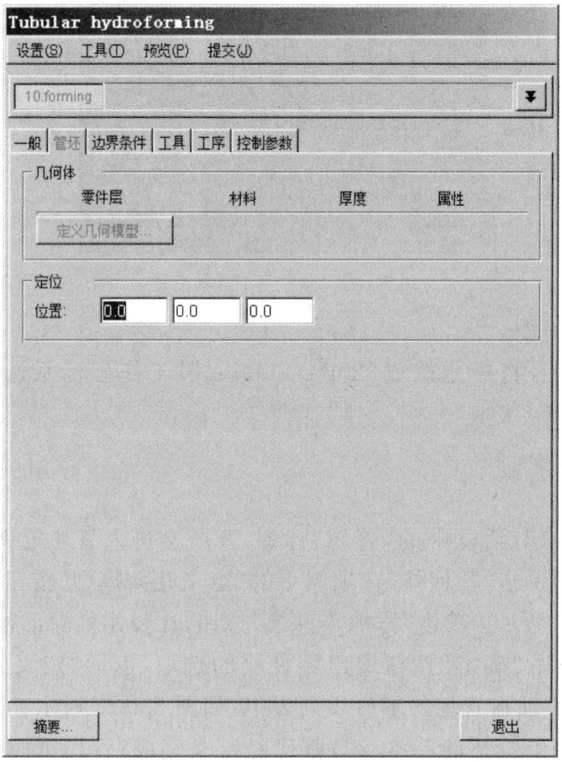

图 5-1-26　管坯定义页面

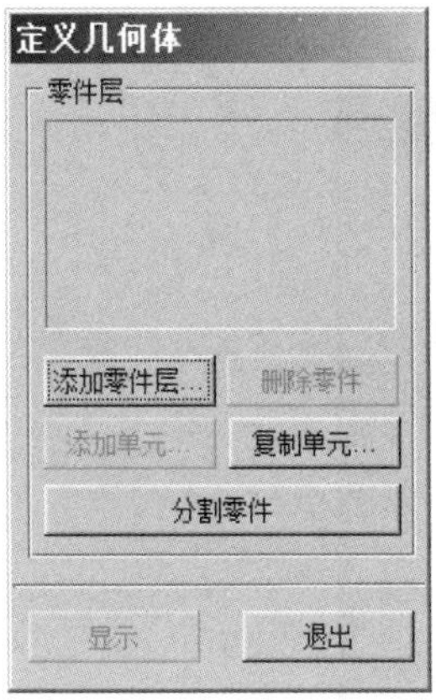

图 5-1-27　定义几何体(管坯)

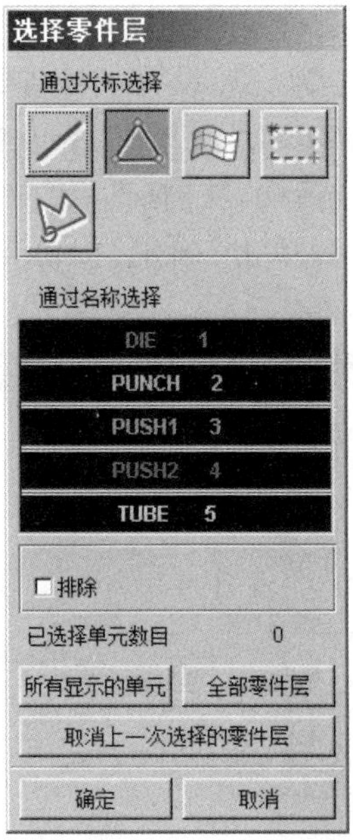

图 5-1-28　选择零件层(管坯)

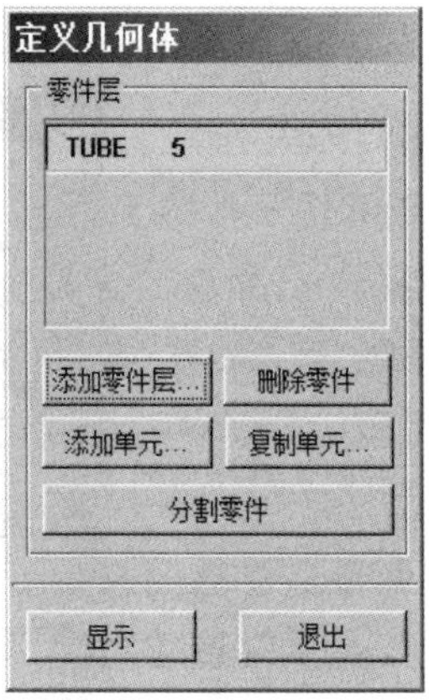

图 5-1-29　添加零件层(管坯)

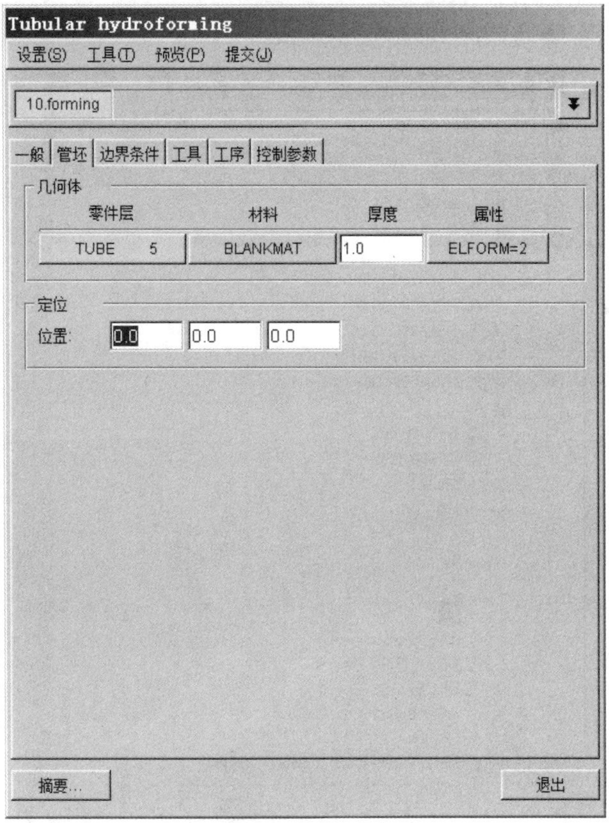

图 5-1-30　管坯定义完成

(2)选择管坯材料

从图 5-1-30 可以看出，系统已经为管坯设置了缺省的材料和相关参数，我们可以从材料库中选择管坯材料。单击“BLANKMAT”按钮，弹出“材料”对话框，如图 5-1-31 所示。单击“材料库”按钮，弹出“材料库”对话框，从“标准”下拉列表中选择“United States”，选择 HRCQ-36 为管坯的材料(图 5-1-32)，单击“确定”按钮，结果如图 5-1-33 所示，再单击“确定”按钮，回到图 5-1-34 所示的对话框。

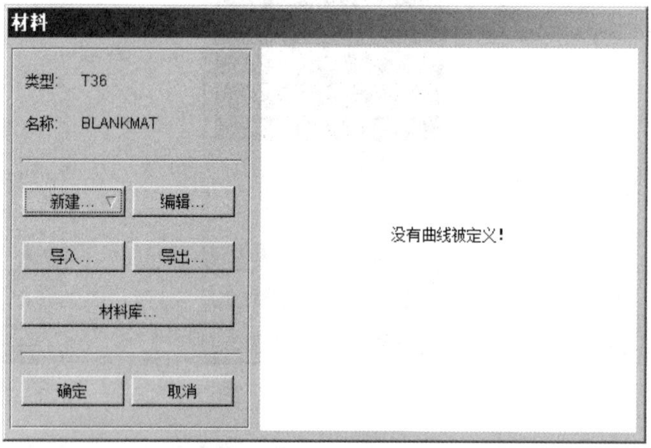

图 5-1-31　选择管坯材料(1)

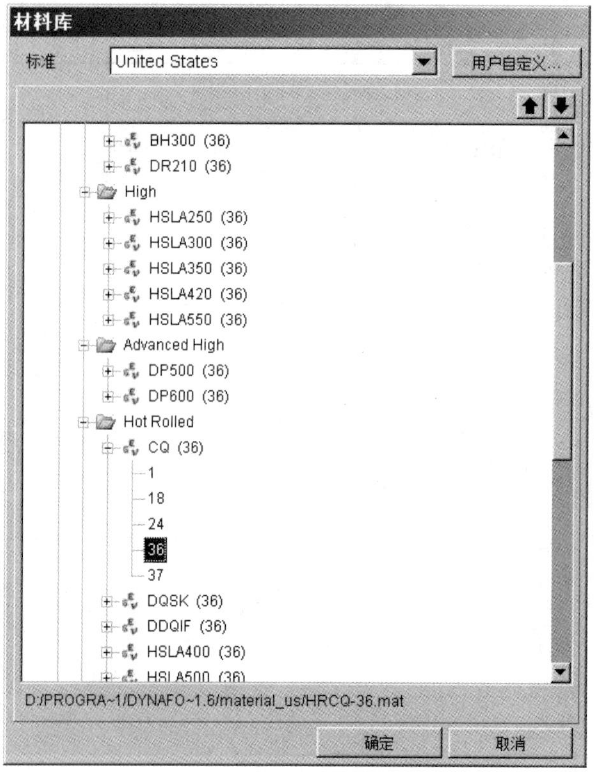

图 5-1-32　选择管坯材料(2)

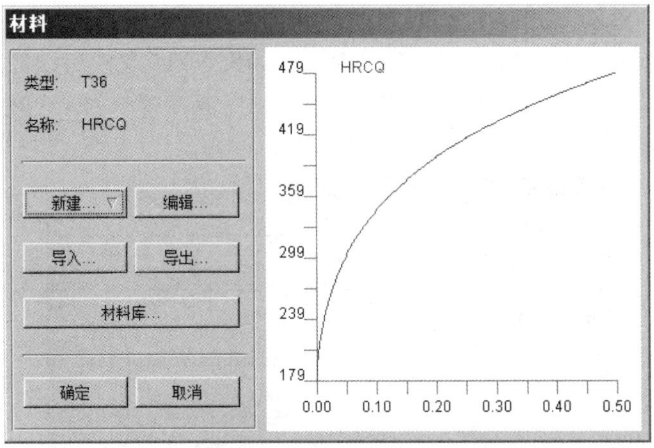

图 5-1-33　选择管坯材料(3)

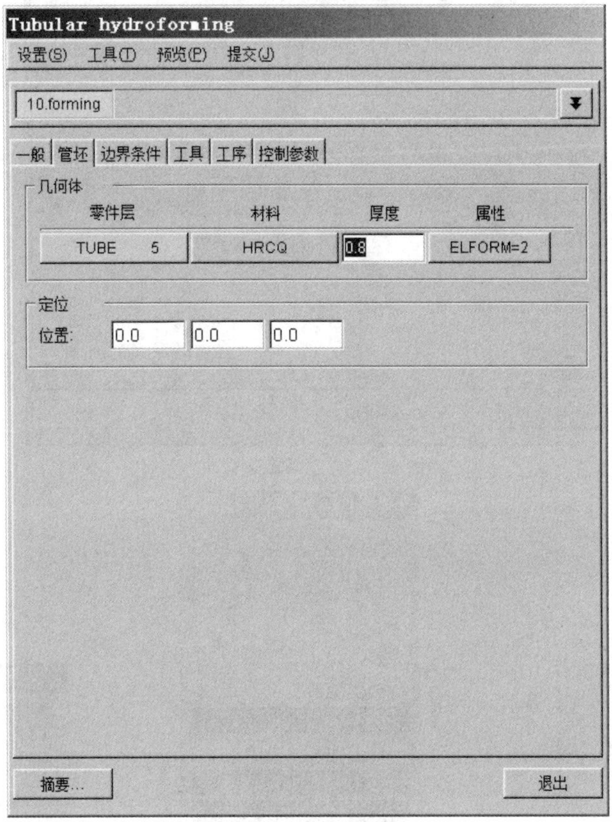

图 5-1-34　管坯材料选择完成

4. 工具定义及定位

(1)工具定义

切换到"工具"选项卡,系统进入到工具定义页面,如图 5-1-35 所示。为了方便工具的选择和定义,我们将 TUBE 零件层关闭。在工具定义页面的左边,系统默认定义了两个工具"up_die"和"lo_die",可以分别为这两个工具定义零件。将当前工具切换到"up_die",然后单击"几何体"选项组中的"定义几何模型"按钮,系统弹出"定义几何体"对话框,如图 5-1-36

所示。单击“添加零件层”按钮，在弹出的“选择零件层”对话框中选择“PUNCH”零件层(图 5-1-37)，单击“确定”按钮返回“定义几何体”对话框，PUNCH 零件层已经加入到 up_die 的几何列表中，如图 5-1-38 所示。单击“退出”按钮返回工具定义页面，这时工具 up_die 已经定义好，up_die 的标签由红色变为黑色，如图 5-1-39 所示。

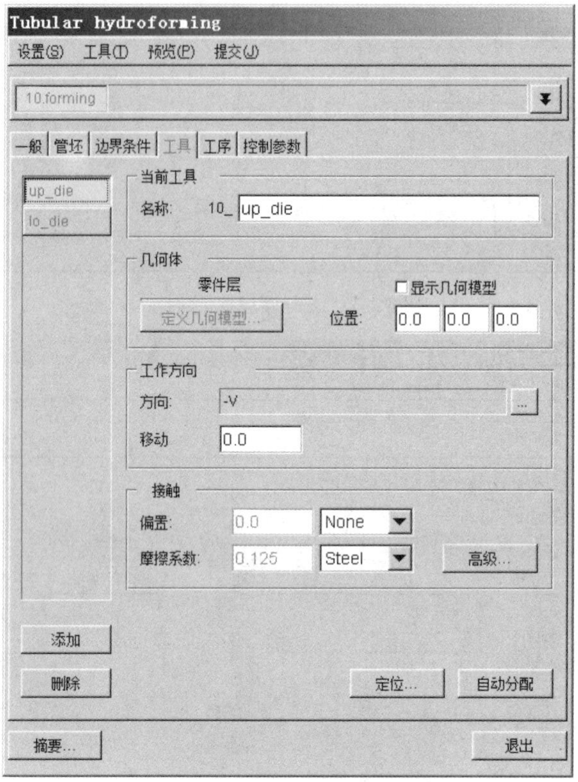

图 5-1-35　工具定义页面

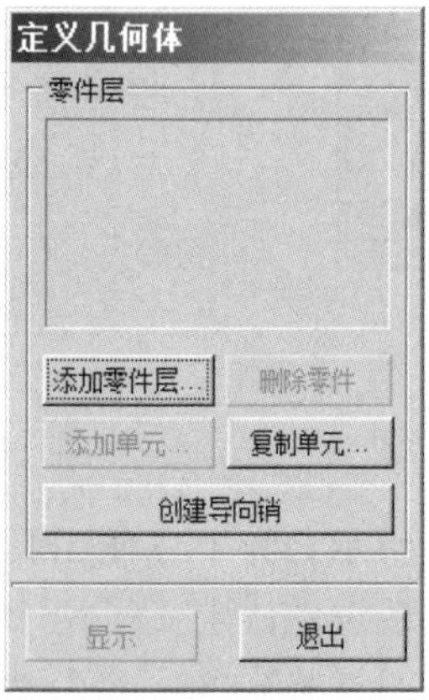

图 5-1-36　定义几何体(up_die)

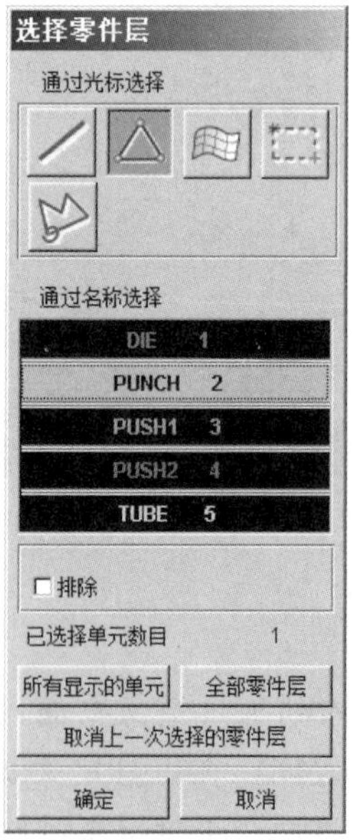

图 5-1-37　选择零件层(up_die)

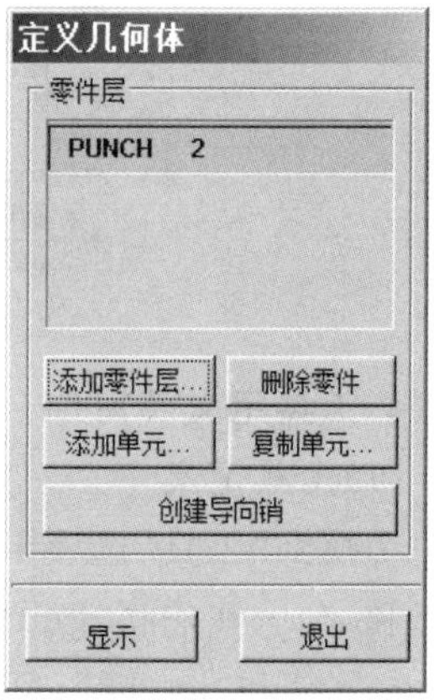

图 5-1-38　添加零件层(up_die)

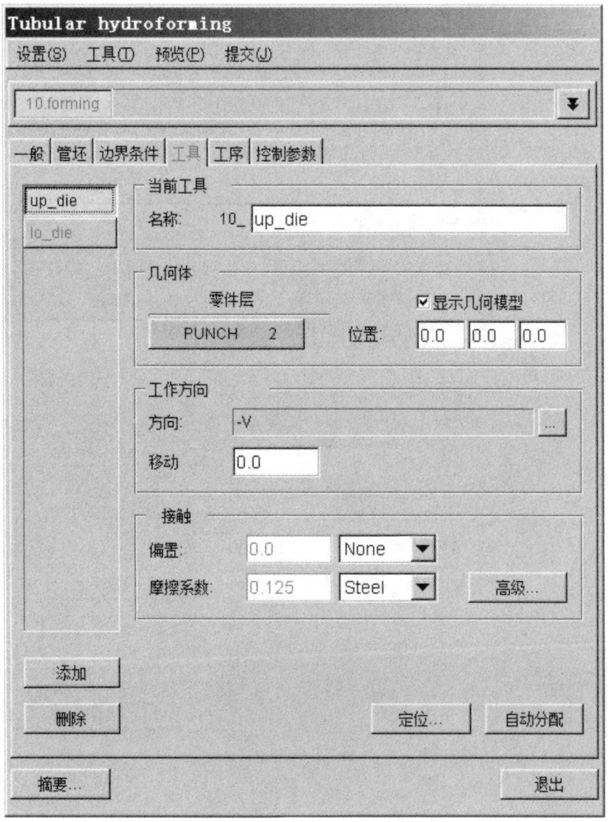

图 5-1-39　up_die 工具定义完成

下面定义 up_die 的工作方向。单击“工作方向”选项组中的按钮，弹出“方向”对话框，在这里我们定义工作方向为－Y 向(图 5-1-40(a))，完成后单击“确定”按钮退出当前对话框，结果如图 5-1-40(b)所示，接着返回 up_die 定义页面(图 5-1-41)。

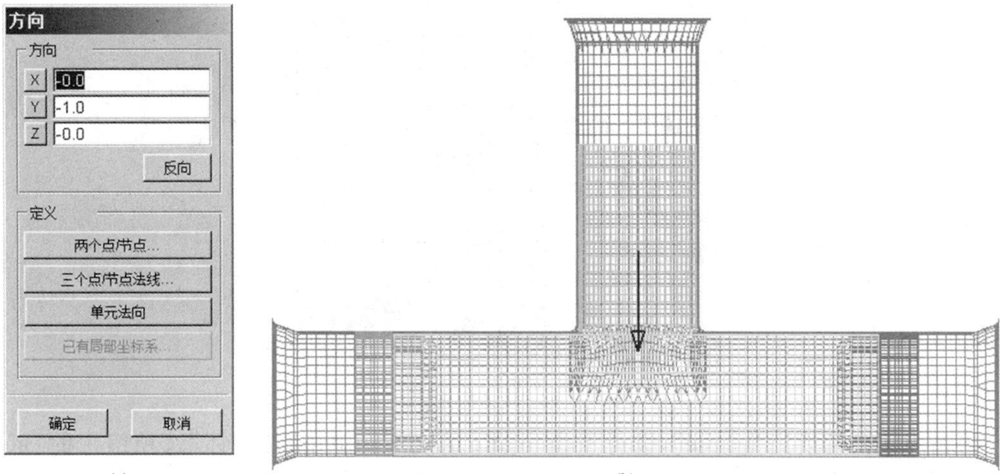

(a)　　(b)

图 5-1-40　定义 up_die 的工作方向

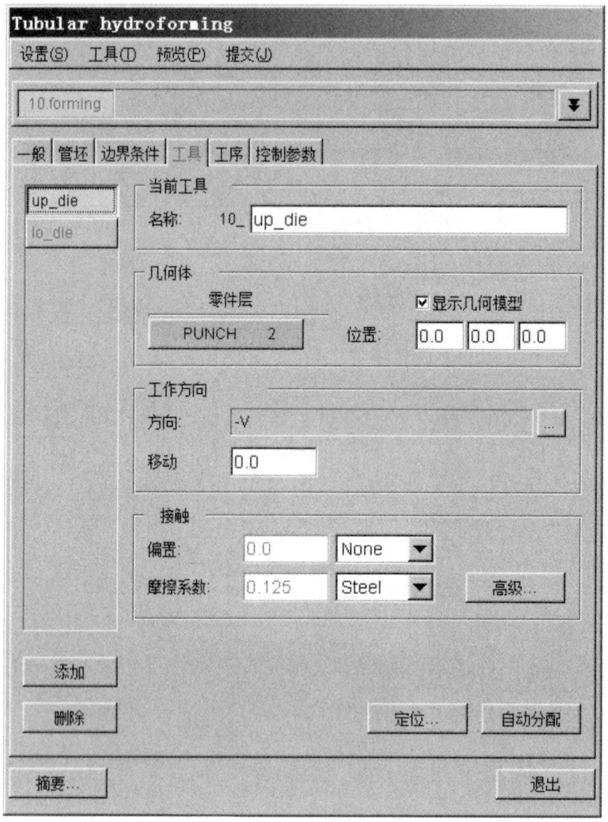

图 5-1-41 up_die 工作方向定义完成

单击图 5-1-41 中"接触"选项组中的"高级"按钮，定义接触参数，相关参数取默认值，如图 5-1-42 所示。

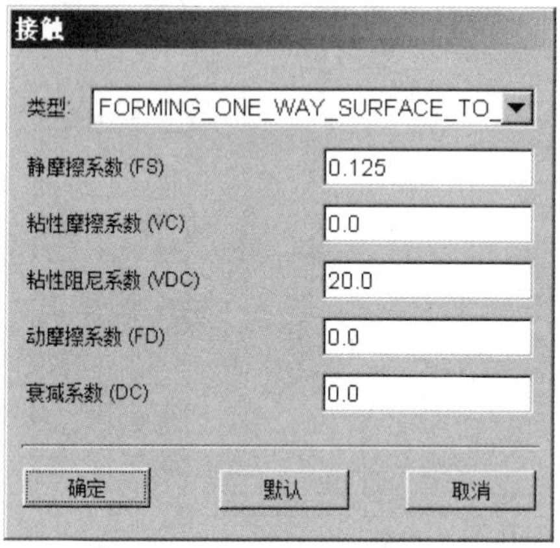

图 5-1-42 定义接触参数

将当前工具切换到"lo_die"，进行工具 lo_die 的定义。单击"几何体"选项组中的"定义几何模型"按钮，系统弹出"定义几何体"对话框。和前面定义 up_die 一样，选择 lo_die 对应的零件层，返回工具定义页面，这时 lo_die 工具的标签由原来的红色变为黑色，表示 lo_die 已经定义好。定义 lo_die 的工作方向为$+Y$方向，接触参数取默认值，如图 5-1-43 所示。

单击工具定义页面中左侧工具列表下面的"添加"按钮，如图 5-1-44 所示输入工具名称

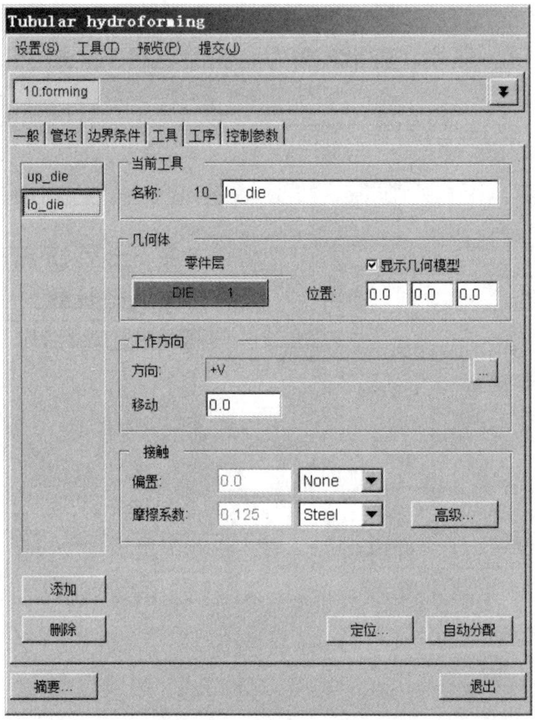

图 5-1-43　lo_die 工具定义完成

为“PUSH1”，其他采用缺省设置，单击“应用”按钮，这时我们会发现左侧工具列表中新定义的工具 PUSH1 显示为红色(图 5-1-45)，说明我们还没有定义其几何体及相关参数。使用上述方法定义工具 PUSH1，如图 5-1-46～图 5-1-48 所示。

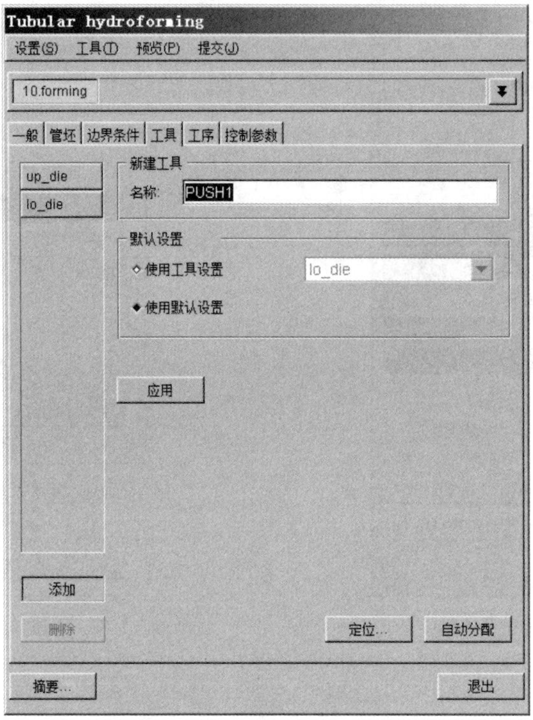

图 5-1-44　新建工具 PUSH1

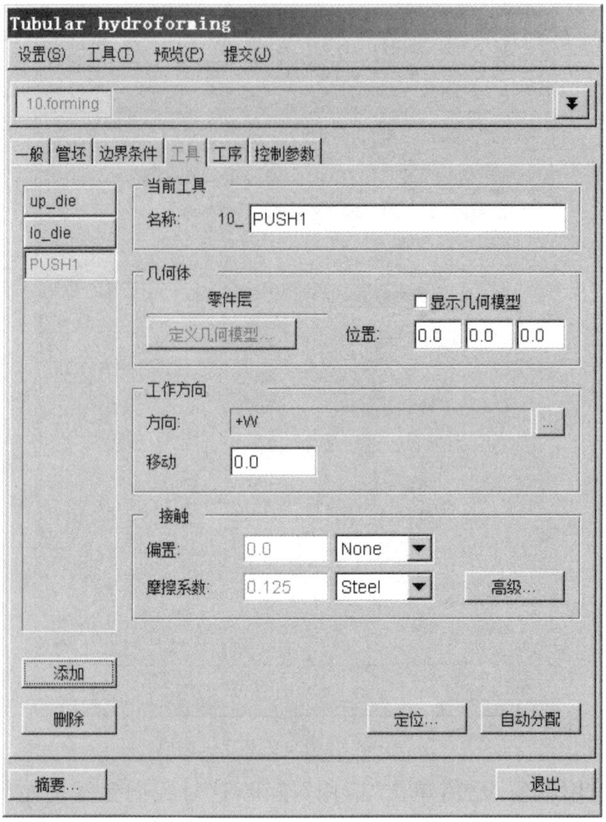

图 5-1-45　定义新工具 PUSH1

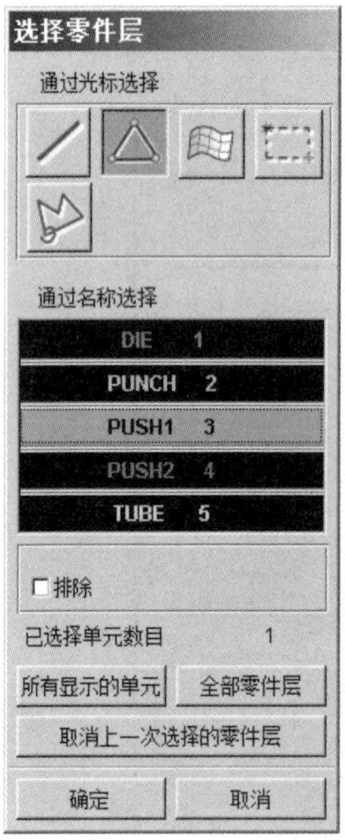

图 5-1-46　选择零件层(PUSH1)

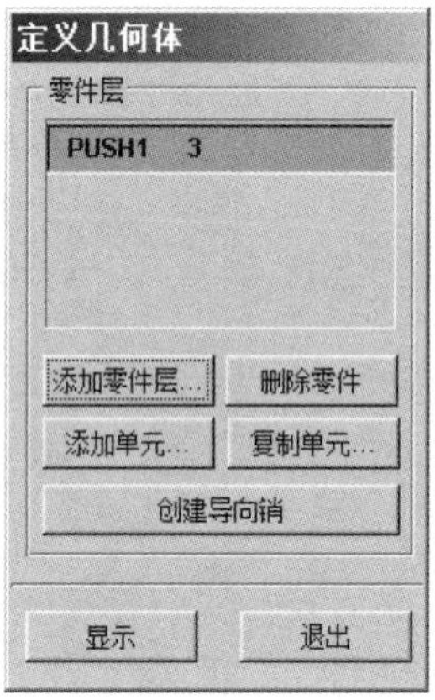

图 5-1-47　添加零件层(PUSH1)

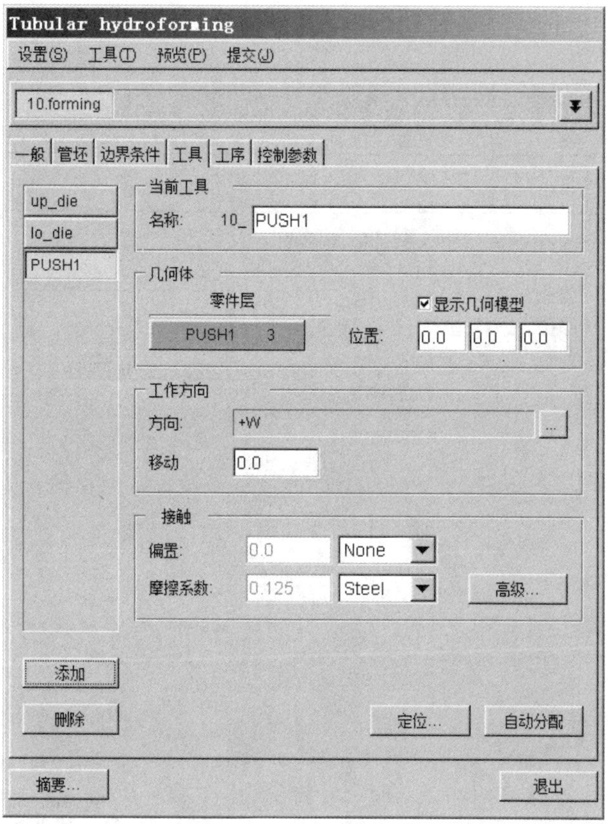

图 5-1-48　PUSH1 工具定义完成

在这里我们要对 PUSH1 缺省的工作方向进行修改。单击“工作方向”选项组中的按钮，在弹出的“方向”对话框中选择＋X 方向(图 5-1-49(a))，然后单击“确定”按钮退出“方向”对话框，结果如图 5-1-49(b)所示。

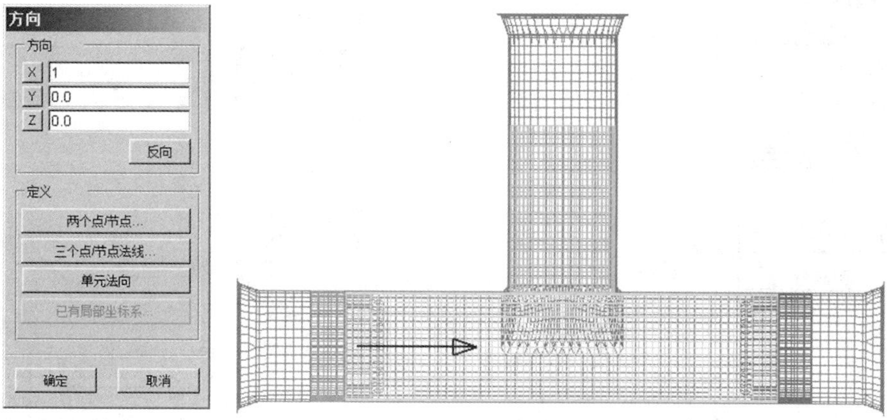

(a)　(b)

图 5-1-49　定义 PUSH1 的工作方向

定义右推头与定义左推头一样，需要新建工具 PUSH2。需要注意的是，这里我们选择的是“使用工具设置”选项(图 5-1-50)，在其右边的下拉列表中选择“PUSH1”并单击“应用”按钮。然后选择 PUSH2 工具所对应的零件层 PUSH2，并定义其工作方向为－X 向，如图

5-1-51 所示。这时所有的工具名称标签均由红色变成黑色，表示全部工具都已经定义好，如图 5-1-52 所示。

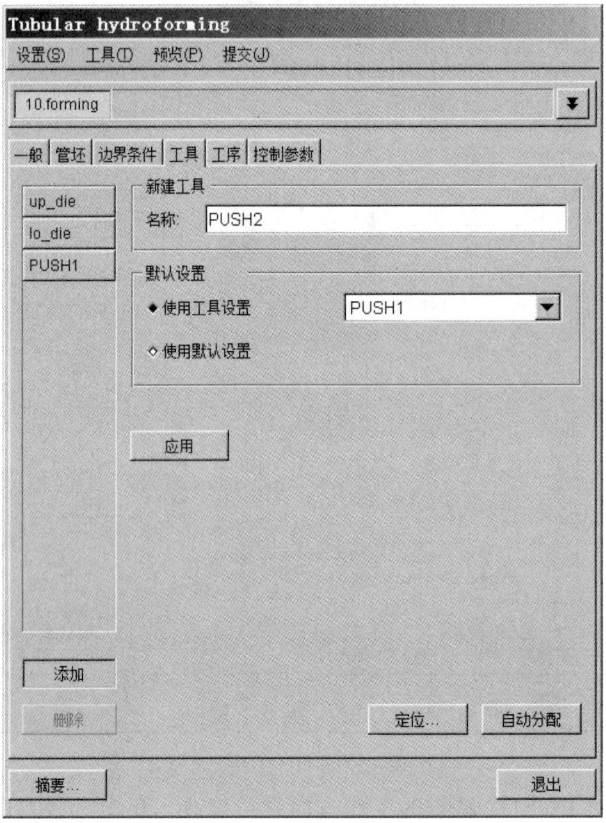

图 5-1-50　定义新工具 PUSH2

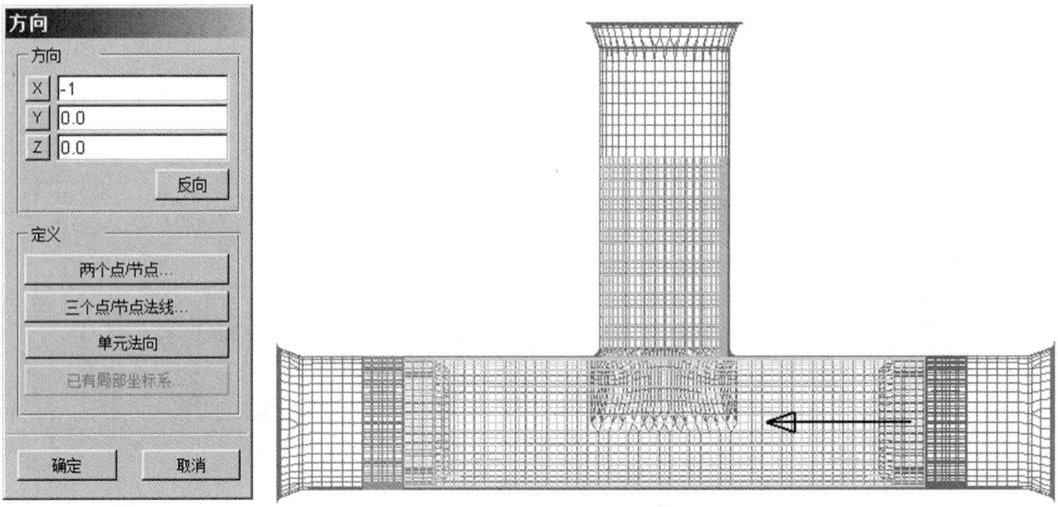

(a)　　(b)

图 5-1-51　定义 PUSH2 的工作方向

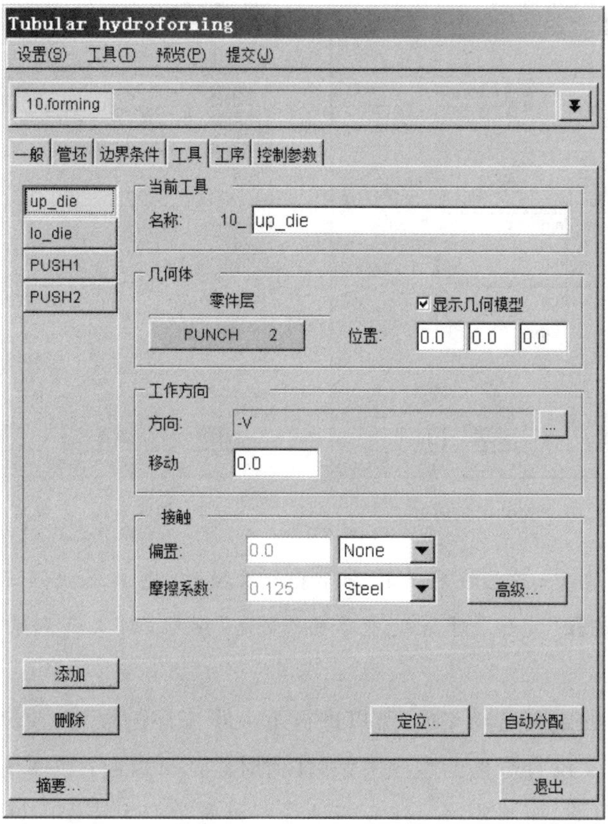

图 5-1-52　全部工具定义完成

(2)工具定位

在所有的工具都定义好之后,需要定好各个工具的相对位置。这一步是每一次设置都必须操作的,否则可能得不到正确的结果。此外,工具的定位跟每一个工具的工作方向有很大的关系,因此在定位之前需要仔细检查每一个工具的工作方向。默认情况下,如果使用程序设置的工序模板,那么默认的工作方向就不需要修改。对于特殊方向,需要自己来调整。

单击工具定义页面右下角的“定位”按钮,弹出“定位”对话框,或者在设置主界面中单击“工具”菜单中的“定位”命令。这时由于还没有对工具进行定位操作,故所有工具的开模位置和原始位置重合。如图 5-1-53 所示,定位前“工具”选项组中的文本框中显示都是 0,选择“毛坯”选项组中“On”下拉列表中的“10_lo_die”作为自动定位的参考工具。也就是说,在自动定位过程中,此工具是固定不动的。然后激活“工具”选项组中“10_up_die”、“10_PUSH1”和“10_PUSH2”后的复选框,所有的工具和管坯自动定位到一个合适的位置,如图 5-1-54 所示,并且在“定位”对话框中每一种工具和管坯后面显示自动定位后该工具和管坯相对于原始位置沿工作方向移动了多少距离。单击“定位”对话框中的“确定”按钮,保存当前对工具的定位设置并退出“定位”对话框,返回设置主界面。

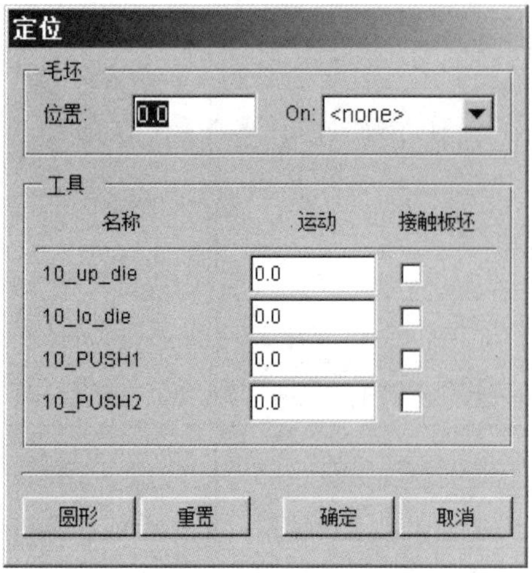

图 5-1-53　工具自动定位前

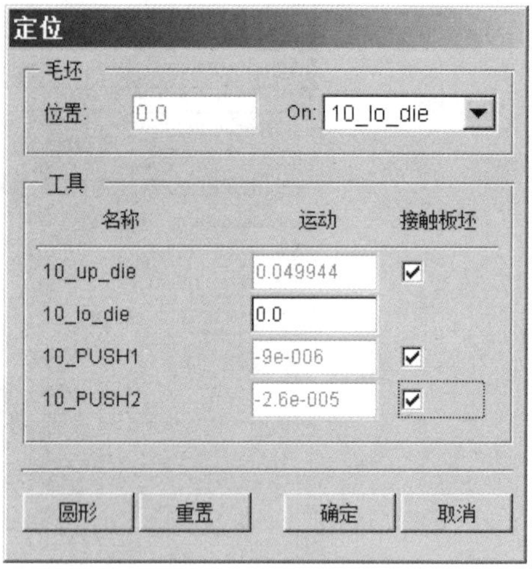

图 5-1-54　工具自动定位后

注意：在新的设置中，若已经对工具进行了定位操作，则屏幕上显示的是工具和管坯定位后的相对位置。若在“定位”对话框中单击“重置”按钮，则工具和管坯将回到原始显示状态。

至此，所有工具的定义已经完成，可以进行下一步工序的设置。在新的自动设置中，管坯、工具和工序的定义没有严格的顺序关系，任何时候都可以回过头来修改前面的设置。但是养成一个良好的习惯，按照顺序一步一步地设置是避免产生错误的好方法，因此建议还是要尽量按照顺序进行设置。

5. 工序定义

工序定义可以设置当前模拟需要的工序数量、每个工序所需的时间以及工具在每一个工序中的状态等。可以单击设置主界面上的“工序”标签，进入工序定义页面。只要在新建一个设置时选择了程序内置的设置模板，程序就会自动添加一些必要的工序。由于我们在前面选择的模板为液压成形，因此就默认产生了两个工序：一个是合模工序，另一个是液压成形工序。这里我们不需要合模工序，将合模工序删除，只对液压成形工序进行设置即可。

进入工序定义页面，选中左侧“closing”工序，如图 5-1-55 所示。单击“删除”按钮，移除合模工序，现在在工序列表中仅有液压成形工序。在“工具控制”选项组中选中“显示所有”选项，显示所有工具。在“工具控制”选项组中设置 lo_die 工具固定不动，up_die 工具的运动以速度控制，沿与工作方向相反的方向运动，即在“运动 & 值”文本框中输入“−2500”(mm/s)，工具 PUSH1 和 PUSH2 沿工作方向的速度均设为“500”(mm/s)，如图 5-1-56 所示。以上工艺参数仅供参考，要想得到满意的模拟结果，还要结合实际工艺，反复调整输入的参数值。

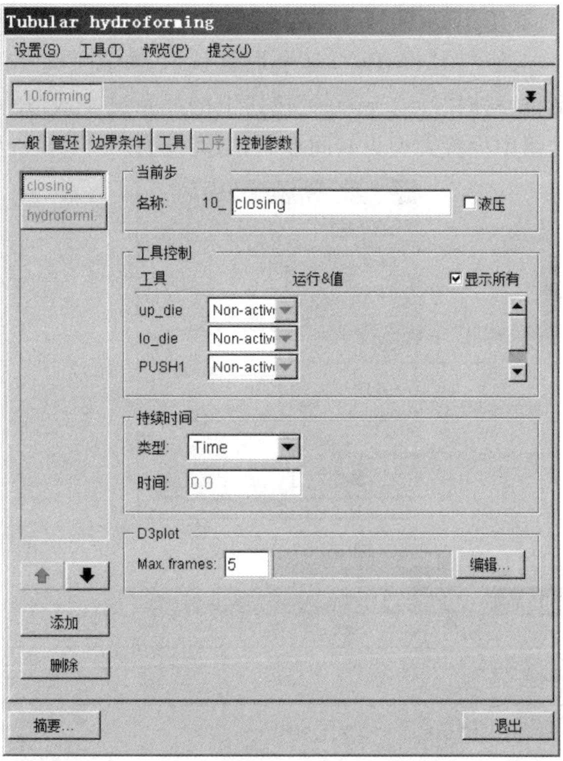

图 5-1-55　定义合模工序

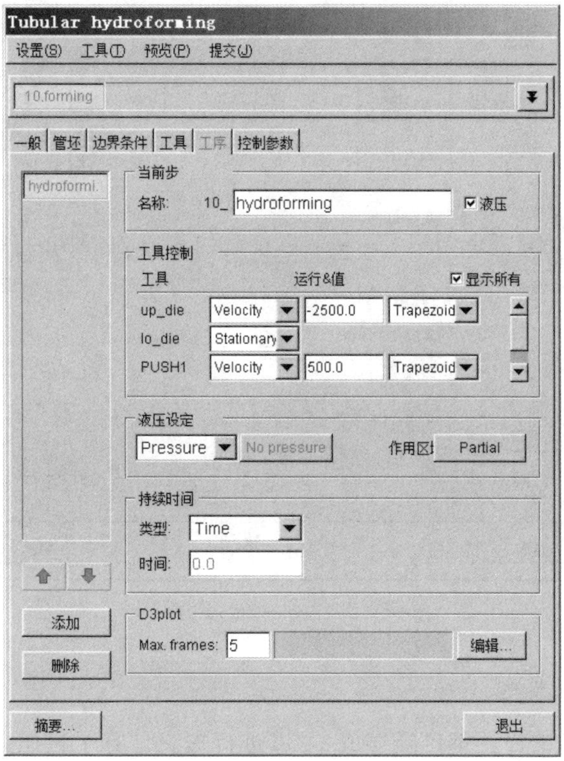

图 5-1-56　定义液压成形工序(1)

单击“液压设定”选项组中的“No pressure”按钮，弹出“液压设定”对话框，在“压力”文本框中设置液压力为恒定值“10”(MPa)，其余取默认值，如图 5-1-57 所示。单击“确定”按钮退出“液压设定”对话框，这时“No pressure”按钮上的显示已变成“P=10”，说明液压力已定义。在“持续时间”选项组中设置类型为时间控制，时间设为“0.01”(s)，如图 5-1-58 所示。

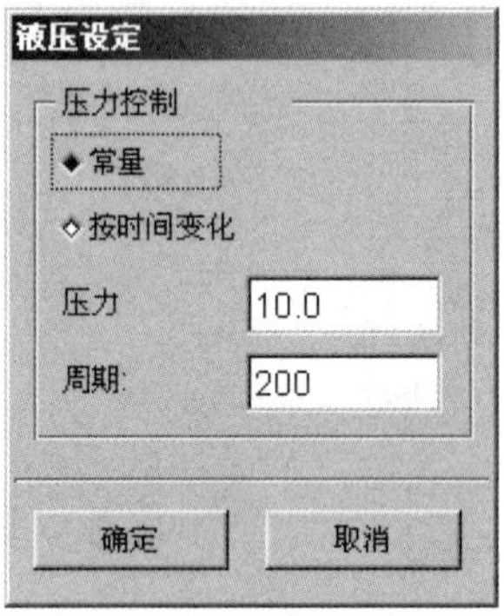

图 5-1-57　液压设定

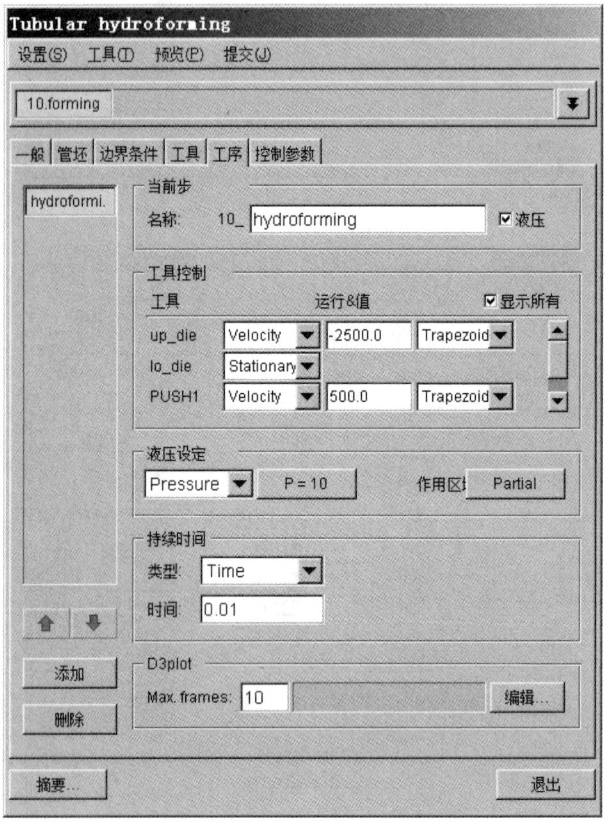

图 5-1-58　定义液压成形工序(2)

六、动画显示

到目前为止，所有的设置都已经完成，可以进行提交计算了。但是在提交计算之前，最好对设置的模型进行动画显示，以便检查各个工具所定义的运动情况。

在设置主界面上单击“预览”菜单中的“动画显示”命令，此时工具将以动画的形式显示其运动状态。可以选中“单帧”选项，然后单击下面的按钮来显示一步一步的状态，如图 5-1-59 所示。在屏幕上系统会提示所有工具相对其初始状态的位置，如图 5-1-60 所示。单击“动画”对话框中的“停止”按钮返回设置主界面。

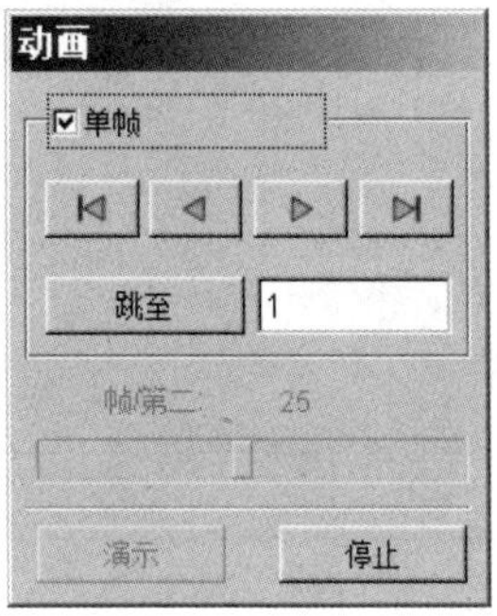

图 5-1-59　动画控制

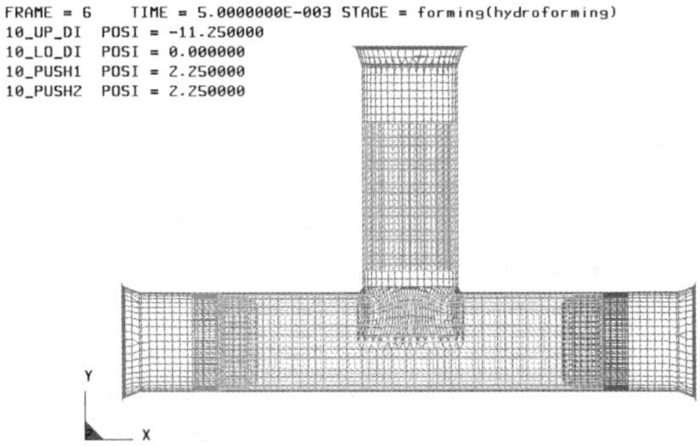

图 5-1-60　工具运动到第 6 帧的模型

七、任务提交与求解计算

在验证了工具的运动正确性后，我们可以对当前设置进行任务提交计算。在设置主界面中单击“提交”菜单中的“写 LS-Dyna 文件”命令，系统弹出“另存为”对话框，输入文件名并保存，如图 5-1-61 所示。这时弹出确认对话框，如图 5-1-62 所示，单击“确定”按钮退出。现在我们可以用 Jobs Submitter 来提交 *.dyn 文件进行计算了，在 Dynaform 5.6 文件夹下找到 dynajs_p.exe 并双击打开，即进入 Jobs Submitter（图 5-1-63），单击“Submit Jobs”按钮就可以进行计算了，如图 5-1-64 所示。计算完成后，就可以进入后处理进行查看并分析结果。

图 5-1-61　“另存为”对话框

图 5-1-62　确认对话框

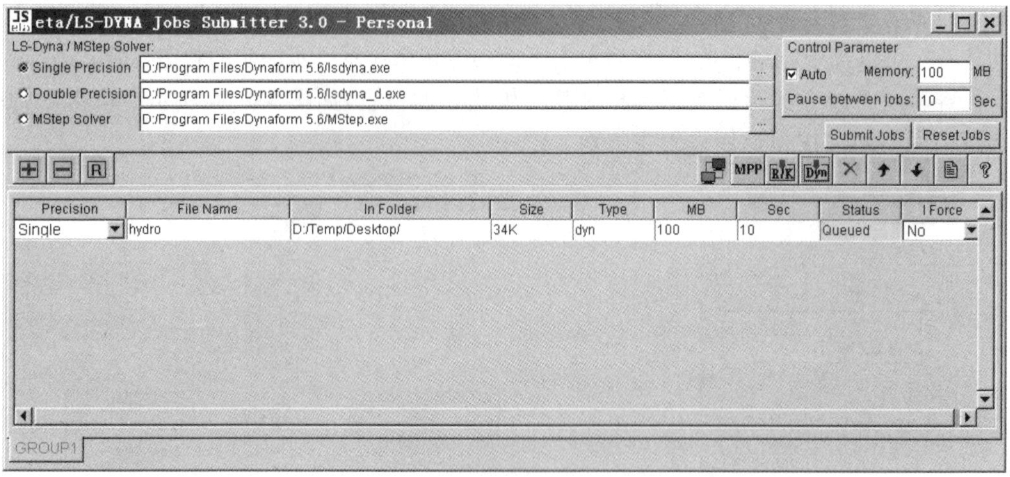

图 5-1-63 任务提交管理器

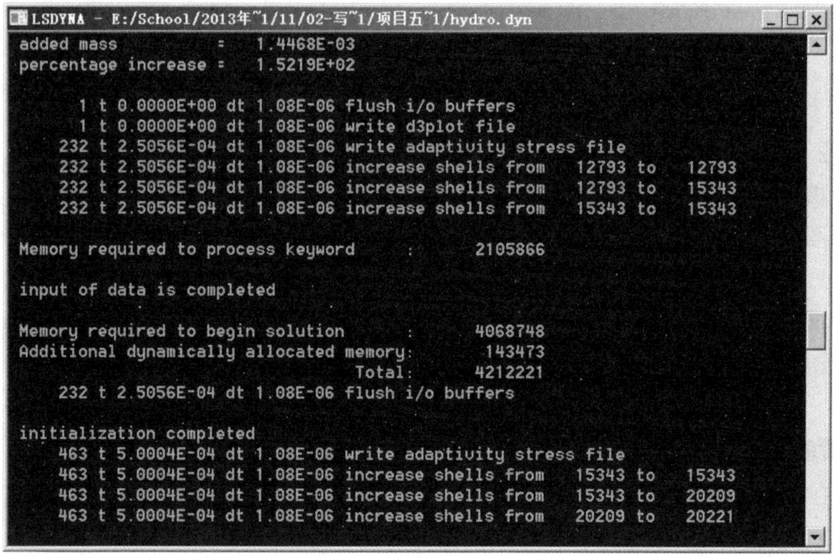

图 5-1-64 计算时的界面

八、后处理

1. 打开后处理文件

单击 eta/DYNAFORM 中的“后处理”菜单启动 eta/Post-Processor，或者从操作系统“开始”菜单的 Dynaform 5.6 程序组启动 eta/Post-Processor，弹出“Dynaform 问题”对话框，单击“是”按钮进入图 5-1-65 所示的后处理界面。

单击“File”菜单中的“Open”命令，弹出图 5-1-66 所示的“Select File”对话框。从文件列表中选择 LS-DYNA 的结果文件，包括 d3plot 和 dynain 格式的文件。其中 d3plot 文件是成形模拟的结果文件，包括拉延、压边、翻边等工序和回弹过程的模拟结果；dynain 文件是板料变形结果文件，用于多工序中。打开 Tubular_hydro.d3plot 文件，如图 5-1-67 所示。

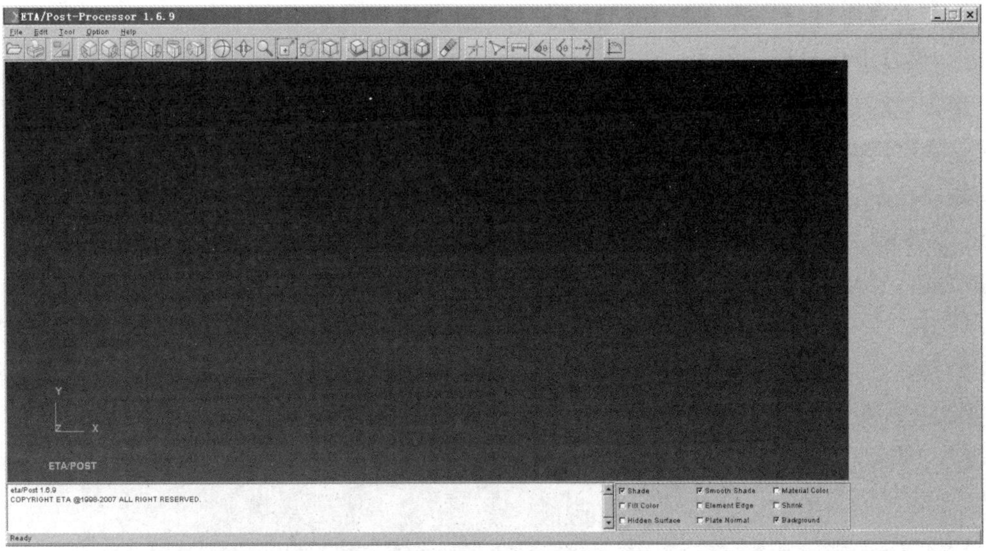

图 5-1-65　后处理界面

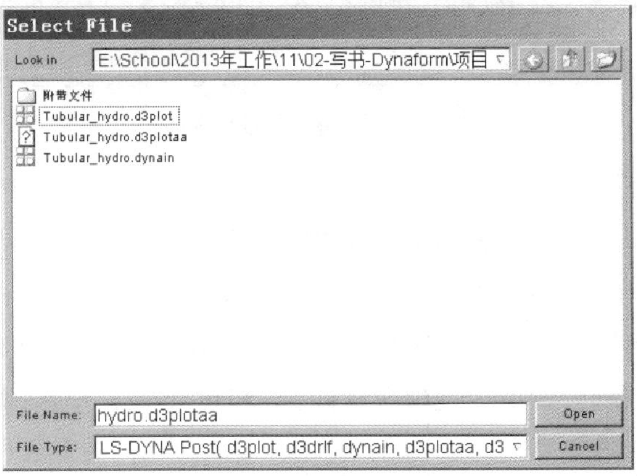

图 5-1-66　"Select File"对话框

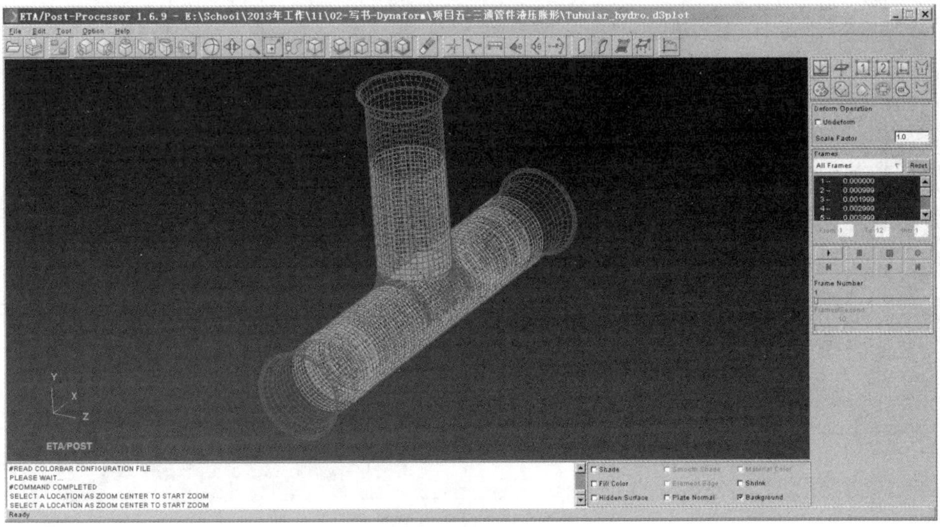

图 5-1-67　后处理网格

2. 后处理操作

(1)模具工作过程的演示

单击 ▶ 按钮,程序自动演示模具工作过程,如图 5-1-68 所示。

图 5-1-68 模具工作过程演示

(2)制作成形极限图

单击图标按钮 ,可显示成形极限图,如图 5-1-69 所示。在"Frames"(帧)下拉列表中选择"All Frames"(所有帧),可看到连续变形动画;选择"Single Frame"(单帧),则得到各个变形阶段的单帧成形极限图。成形极限图中冲压件上不同颜色的分布,表示各个部位所处的状态,如红色代表破裂区,黄色代表破裂危险区,绿色代表安全区,蓝色代表起皱危险区,灰色代表未有效变形区等。

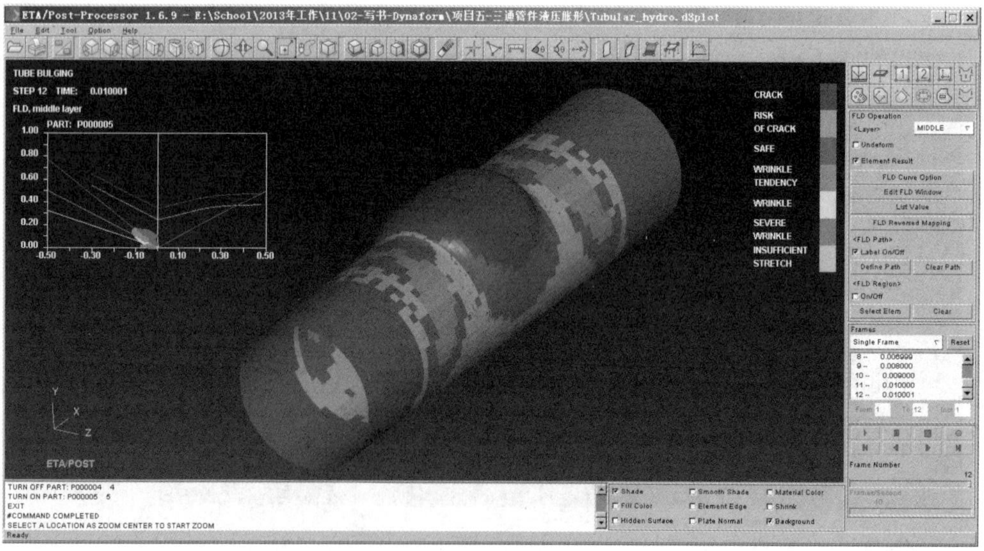

图 5-1-69 成形极限图

(3)制作厚度变化图

单击图标按钮，可显示厚度变化图，如图 5-1-70 所示。在“Frames”(帧)下拉列表中选择“All Frames”(所有帧)，可看到厚度连续变化动画；选择“Single Frame”(单帧)，则得到各个变形阶段的单帧厚度变化图。厚度变化图中冲压件上不同颜色的分布，定量表示各个部位变厚或变薄的情况。

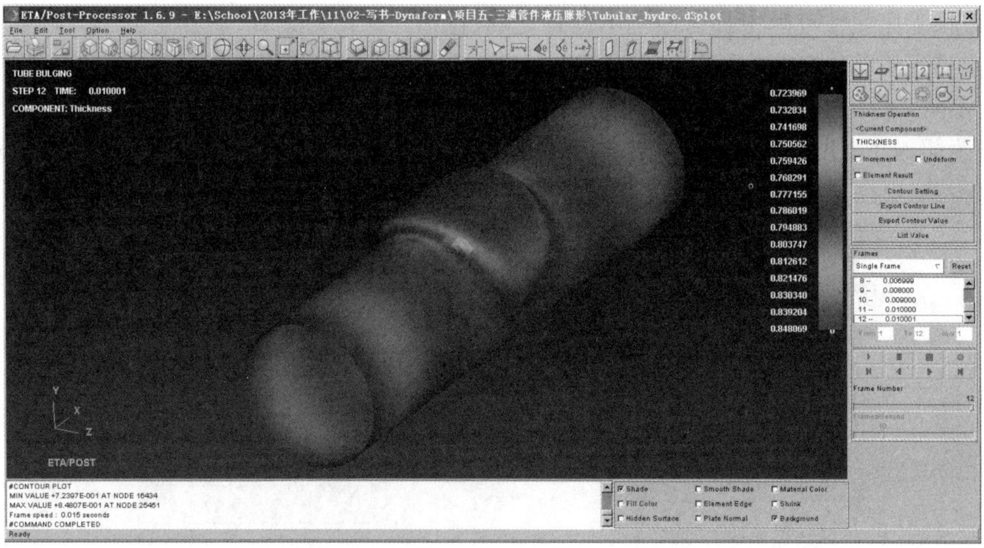

图 5-1-70　厚度变化图

九、分析报告

根据得到的三通管件液压胀形的成形极限图和厚度变化图，完成表 5-1-2 所示的三通管件液压胀形 CAE 分析报告。

表 5-1-2　　三通管件液压胀形 CAE 分析报告

材料：HRCQ-36

序号	缺陷描述	缺陷分析及处理建议	备注
1	三通管件的中部胀形处变薄，厚度为原有厚度的 91.2%；口部壁厚加厚，厚度为原有厚度的 1.01 倍	三通管件材料壁厚的变化均未超过 30% 的限度，故不用采取其他措施	

【相关理论知识】

在前处理中设置好所有的模型参数和加载条件之后，就可以利用“分析”菜单进行最后的设置并提交计算或输出 DYNA 计算所需的关键字文件。“分析”菜单如图 5-1-71 所示，可以提交基于 LS-DYNA 增量法的成形模拟，也可以提交基于有限元逆算法(一步法)的模拟，或者可以将修改后的 DYNAIN 文件输出为一个新的 DYNAIN 文件，为后续的模拟做准备。

图 5-1-71 “分析”菜单

“分析”菜单中的“LS-DYNA”命令可以修改计算中所需要的参数。在进入此菜单之前，假设程序在前处理中都已经基本设置完成，包括几何模型设置、工具定义、运动曲线定义、边界条件设置等。单击“LS-DYNA”命令后弹出的对话框根据所选择的模拟类型的不同而有所不同。图 5-1-72 所示的是模拟类型为拉延时的分析设置界面，图 5-1-73 所示的是模拟类型为超塑性成形时的分析设置界面。在分析设置界面中，可以设置无缝回弹计算、自适应网格参数、内存、终止时间及求解器的单、双精度选择等。

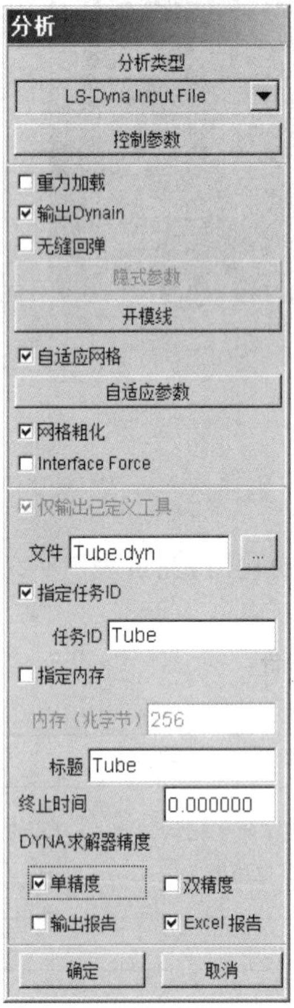

图 5-1-72 拉延时的分析设置界面

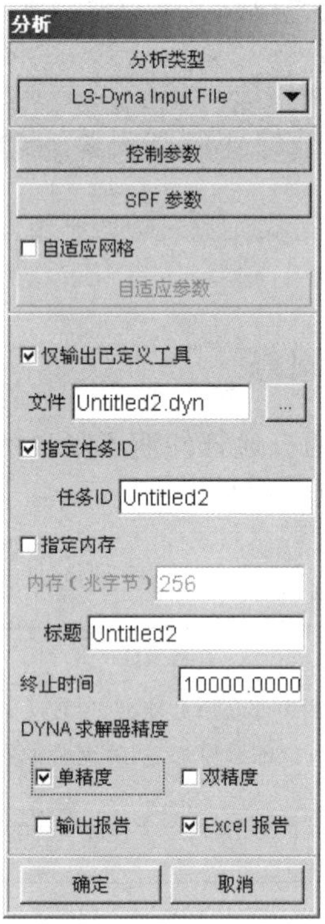

图 5-1-73 超塑性成形时的分析设置界面

分析类型有三种：一种是写出关键字文件后，直接将当前任务添加到 Jobs Submitter 列表中等待计算；第二种是直接启动 LS-DYNA 进行计算；第三种是将当前设置写成 *.dyn 和 *.mod 文件并保存到本地目录下，这样可以打开保存有关键字的文件，修改后再进行计算。可以从“分析类型”下拉列表中选择不同的方式。

“重力加载”选项允许选择是否在拉延程序模拟过程中考虑重力对管坯变形的影响。默认情况下，此选项不被选中，对于小尺寸的薄板成形，可以不考虑重力的影响。如果管坯尺寸较大，则可以勾选此选项。

“输出 Dynain”选项允许选择是否在拉延计算结束之后输出 DYNAIN 文件。对于多工序成形，需要勾选此选项产生 DYNAIN 文件，以便下一个工序进行计算。选择此选项后，程序自动在关键字文件中添加 INTERFACE_SPRINGBACK_DYNA3D 卡片，LS-DYNA 在计算结束之前将管坯的应力、应变、厚度等信息集中输入 DYNAIN 文件中，这时就可以利用 DYNAIN 文件在多工序模拟中传递各个工序之间管坯的信息。

“无缝回弹”选项允许选择是否在正常的拉延成形模拟之后进行无缝回弹计算。如果不选择此选项，则 LS-DYNA 在计算完拉延成形模拟之后不进行管坯的回弹计算；如果选择此选项，则 LS-DYNA 在显式拉延计算之后自动切换到隐式回弹计算。选择此选项后，下面的“隐式参数”按钮被激活，可以为回弹计算设置一些必要的参数。“隐式求解参数”对话框如图 5-1-74 所示。

“开模线”功能允许为后处理显示定义一条或多条开模线。此功能仅为后处理显示而设置，跟 LS-DYNA 计算没有任何关系。所定义的开模线将写入 *.idx 文件中，当用 eta/Post-Processor 打开计算文件时，如果对应的 *.idx 文件存在的话，模拟结果将从结果文件目录下自动读入 *.idx 文件，将开模线导入后处理中。单击“开模线”按钮，弹出“开模线”对话框，如图 5-1-75 所示。

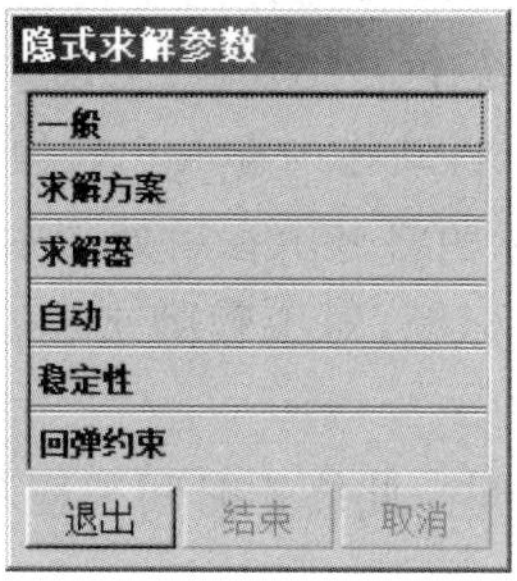

图 5-1-74　“隐式求解参数”对话框

图 5-1-75　“开模线”对话框

在拉延成形模拟过程中，随着工具对管坯的作用，管坯不断变形，这时原始管坯的网格逐渐不能精确地模拟出零件的形状。为了精确地描述出零件在局部圆角区域的几何形状，程序需要对管坯网格进行局部细分操作，这就是网格自适应技术。如果选择了“自适应网格”选项，则在冲压模拟过程中，将自动进行网格的再划分。可以单击“自适应参数”按钮来设置自适应参数。自适应参数对话框如图 5-1-76 所示，其中的“Advanced”（高级）按钮用来扩展对话框以提供更多的自适应参数。

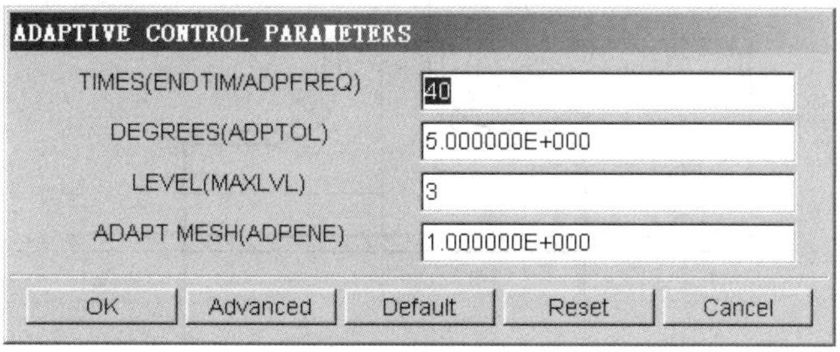

图 5-1-76　自适应参数对话框

"仅输出已定义工具"选项默认为不激活状态,可以通过修改 eta/DYNAFORM 的缺省设置文件来激活此选项。除了定义为工具的零件层外,该功能还可以创建许多辅助的零件层,这些零件层往往只是在前处理中起辅助作用,在 LS-DYNA 计算时并不需要。因此,该功能允许在输出 DYNA 关键字文件时选择是否将那些没有定义为工具的零件层也输入到 DYNA 关键字文件中。如果选中了此选项,则程序只将被定义为工具的零件层输出到 LS-DYNA 输入文件中;如果不选择此选项,则将输出 eta/DYNAFORM 数据库中所有的零件层。

指定输出文件名可以为输出关键字文件指定一个文件名,默认的关键字文件名与当前数据库名称一致,可以直接在"文件"文本框中输入新的文件名,也可以单击后面的 ... 按钮修改文件保存的路径。

"指定任务 ID"选项允许为当前任务设定一个唯一的名称。此功能为 LS-DYNA 新增加的。为了在同一个目录下进行不同的计算而不互相覆盖,需要为每一个计算指定一个唯一的任务名称。这样 LS-DYNA 就会在产生的结果文件名称前添加一个任务名称作为前缀,例如"Case1. d3plot",这样产生的结果文件就不会互相覆盖。默认的任务名称为当前数据库的名称,可以指定任意的任务名称。

"指定内存"选项允许在当前任务计算时设定内存大小,内存的单位为 MB。由于 LS-DYNA 计算时接受的内存格式为字节数(32 位操作系统下,1 Word=4 Bit),因此程序将内存大小写入到 *. dyn 文件的 * KEYWORD 卡片中时,自动将内存大小转换为字节数。

每一个输出的关键字文件都必须有一个标题,此标题将显示在后处理中,以方便了解当前所作分析的内容。给每一个分析设定一个有意义的标题,对工程师来说是一个很好的习惯。系统默认的标题为当前数据库的名称。

"终止时间"文本框中显示的是当前计算的终止时间。此终止时间是程序根据设定的工具运动曲线计算得到的,此处一般不需要进行修改。

"DYNA 求解器精度"选项中的"单精度""双精度"只有在需要立即提交计算时才起作用。也就是说,只有当分析类型选择为"Full Run Dyna"时,这两个选项才有效。选择该选项后,当进行提交计算时,自动为当前计算指定单、双精度求解器进行计算。

相关练习

对图 5-1-77 所示三通管件进行 CAE 分析。零件材料为 HRCQ-36 钢,料厚为 1 mm。

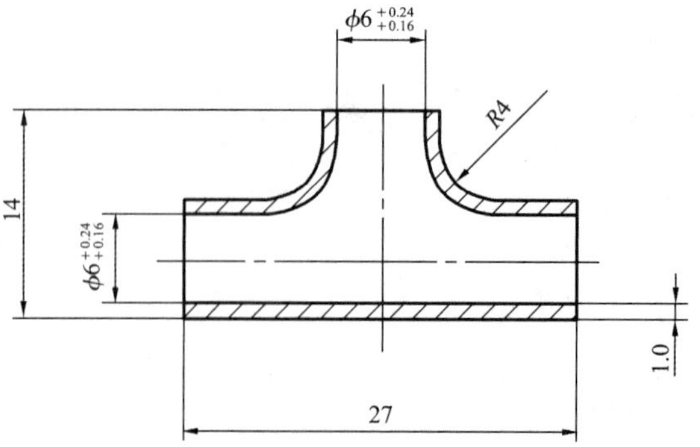

图 5-1-77 三通管件零件图(2)

任务二　阶梯形件液压拉深成形过程的分析(传统设置法)

【学习目标】

(1)了解板料液压成形过程分析的流程。

(2)能进行普通板料液压拉深成形过程的分析设置(传统设置法)。

(3)能解读后处理分析的结果,并写出评价成形工艺设计及模具设计的分析报告。

【工作任务】

运用 DYNAFORM 软件的传统设置法对图 5-2-1 所示的阶梯形件进行液压拉深成形分析,得到成形极限图和板料厚度变化图,写出评价成形工艺设计及模具设计的分析报告。零件的材料为 DQSK-36 钢,料厚为 0.8 mm。

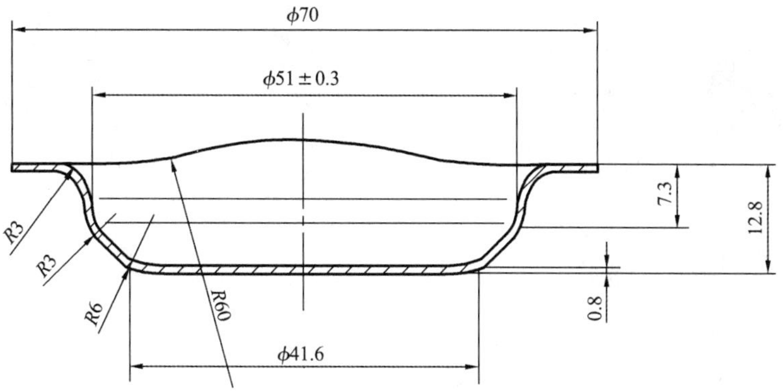

图 5-2-1　阶梯形件零件图

【相关实践知识】

一、筒形拉深件成形工艺性分析

1. 材料分析

材料力学性能参数见表 5-2-1。

表 5-2-1　　**材料力学性能参数**

材料	厚度/mm	屈服强度 σ_s/MPa	抗拉强度 σ_b/MPa	硬化系数 K	硬化指数 n	泊松比 μ	各向异性系数 r
DQSK-36	0.8	184	271	520.4	0.232	0.28	$r_0=1.73, r_{45}=1.35, r_{90}=2.18$

2. 结构分析

在板料的液压成形过程中，影响成形质量的主要因素是压边力和液体压力。若压边力太小，则零件的法兰边易起皱，而且成形所需的液体压力难以形成；若压边力过大，则材料难以流动，导致拉裂。对于液体压力，若其值过小，则凸模和板料之间的摩擦力也会很小，造成凸模和板料之间的相对滑动，致使板料在成形过程中极度变薄；若其值过大，则板料有可能胀破。通过调整压边力和液体压力来控制阶梯形件拉深缺陷的产生，才能获得壁厚分布均匀的制件。

3. 精度分析

该零件的尺寸精度无公差要求，精度较低，采用液压拉深工艺即可满足要求。

二、建立三维模型

采用 CATIA、UG、Pro/E 等三维造型软件对阶梯形件的凸模、压边圈及坯料进行三维造型，将得到的 3 个三维模型转换为 iges 格式。阶梯形件的凸模、压边圈及坯料模型分别如图 5-2-2～图 5-2-4 所示。

图 5-2-2　凸模模型

图 5-2-3　压边圈模型

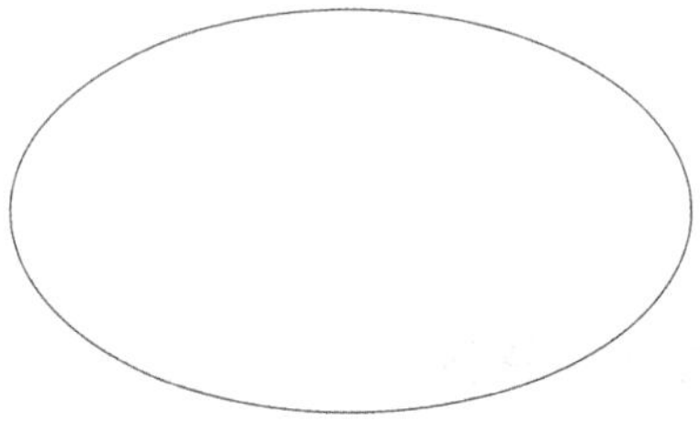

图 5-2-4　坯料模型

三、数据库操作

1. 创建文件(数据库)

启动 DYNAFORM 软件，程序自动创建缺省的空数据库文件 Untitled. df。单击“文件”菜单中的“另存为”命令，修改文件名，将所建立的数据库文件保存在自己设定的目录下。

2. 分析设置

单击“工具”菜单中的“分析设置”命令，弹出图 5-2-5 所示的“分析设置”对话框。默认的单位系统是 MM(毫米)、TON(吨)、SEC(秒)、N(牛顿)，拉延类型选“Double action”(双动)，默认的坯料和所有工具的接触界面为“Form One Way S. to S.”(单面接触)，默认的冲压方向为 Z 向，默认的接触间隙为 1 mm。保持这些默认值，如图 5-2-5 所示。

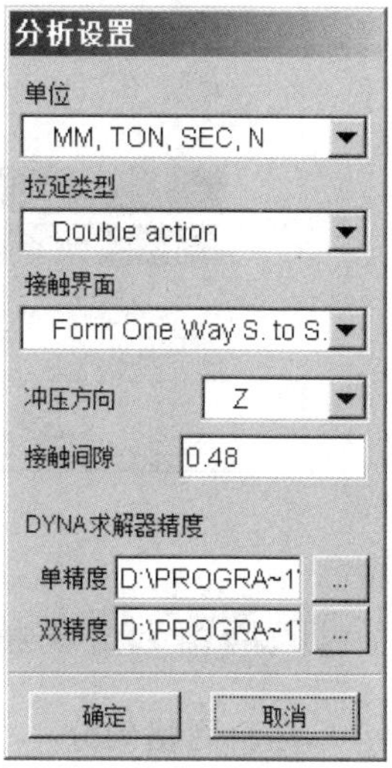

图 5-2-5　分析设置

3. 导入模型

在“文件”菜单中单击“导入”命令，在弹出的图 5-2-6 所示的对话框中将文件类型设为“IGES(*.igs; *.iges)”，找到前面建立的模型文件并将其导入。单击“零件层”菜单中的“编辑”命令，修改各零件层的名称与所在零件的名称一致，以方便后续操作时选用，如图 5-2-7 所示。

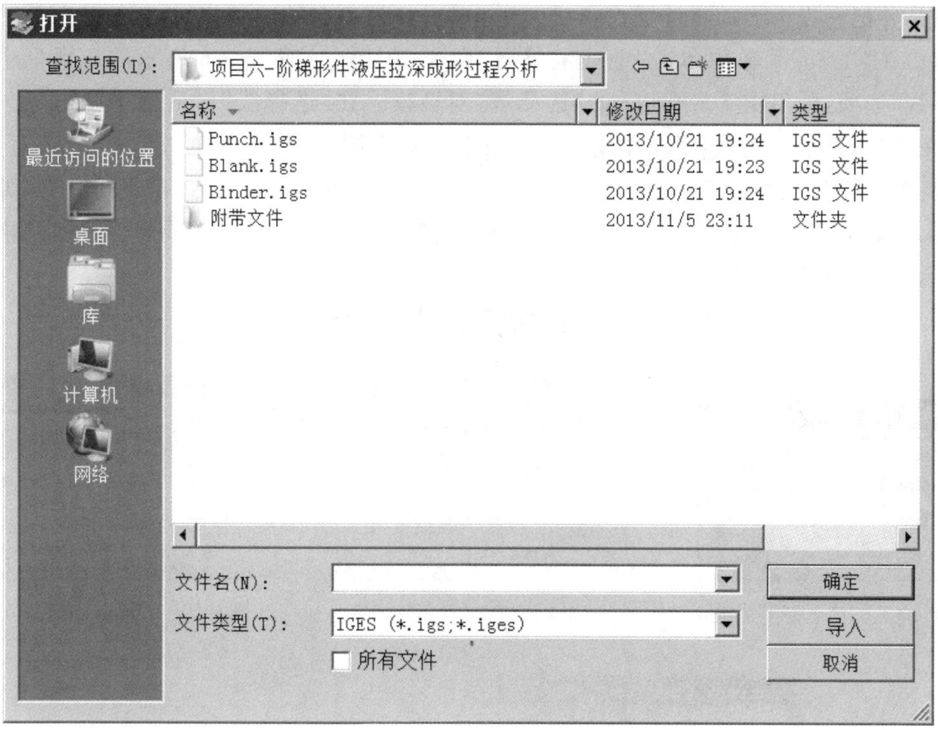

图 5-2-6　导入文件

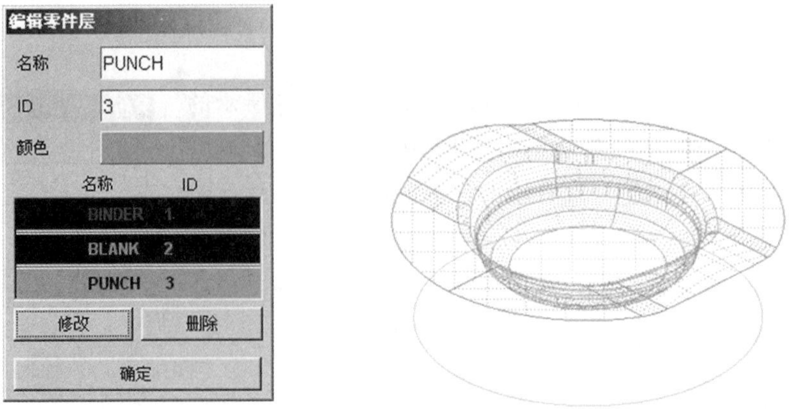

图 5-2-7 修改零件层名称

四、网格划分与检查

1. 坯料网格划分

(1)在“零件层”菜单中单击“显示/隐藏零件层”命令,关掉其他零件层,只打开 BLANK 零件层,并把它设为当前零件层。

(2)在“工具”菜单中单击“毛坯生成器”命令,在弹出的图 5-2-8 所示的对话框中单击“边界线”选项,弹出图 5-2-9 所示的“选择线”对话框。在“选择线”对话框中单击“选择线”图标按钮,选取坯料边界线,单击“确定”按钮,弹出图 5-2-10 所示的“网格大小”对话框,将工具半径设置为“0.5”,其他参数保持不变。单击“确定”按钮,弹出图 5-2-11 所示的“Dynaform Question”对话框,单击“是”按钮,完成坯料的网格划分。最后得到的网格及边界显示如图 5-2-12 所示。

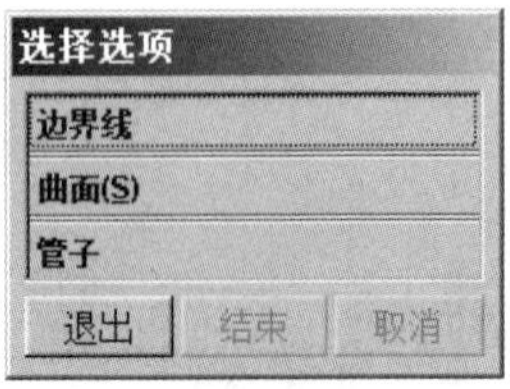

图 5-2-8 “选择选项”对话框

图 5-2-9 “选择线”对话框

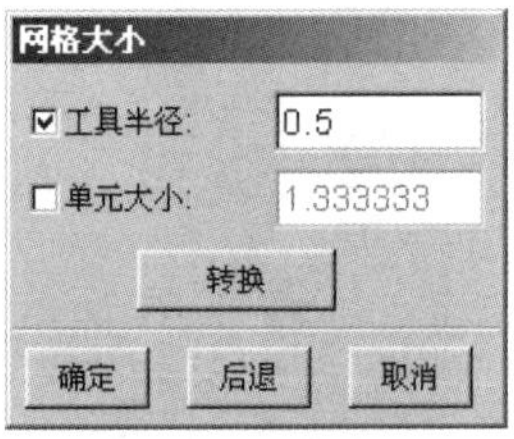

图 5-2-10 “网格大小”对话框

图 5-2-11 “Dynaform Question”对话框

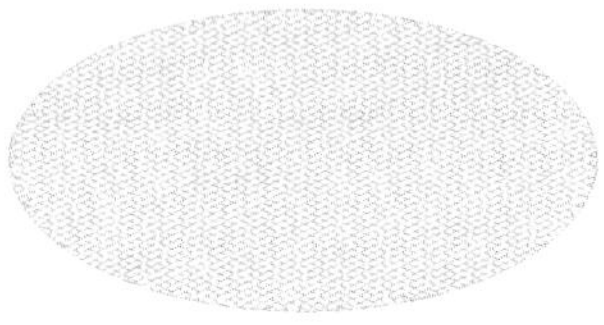

图 5-2-12 坯料网格及边界显示

2. 网格检查

关闭显示控制选项中的“线”和“曲面”选项,选中“单元”选项。

在“前处理”菜单中单击“模型检查/修补”命令，弹出图 5-2-13 所示的“模型检查/修补”对话框，使用“自动翻转单元法向”、“显示边界”命令进行检查。

(1)自动翻转单元法向

单击“自动翻转单元法向”图标按钮，弹出“控制键”对话框，直接在坯料模型的凸缘上点击，出现一个带有箭头的白色单元，同时弹出图 5-2-14 所示的“Dynaform 问题”对话框。如箭头朝下，则单击“是”按钮；如箭头朝上，则单击“否”按钮。

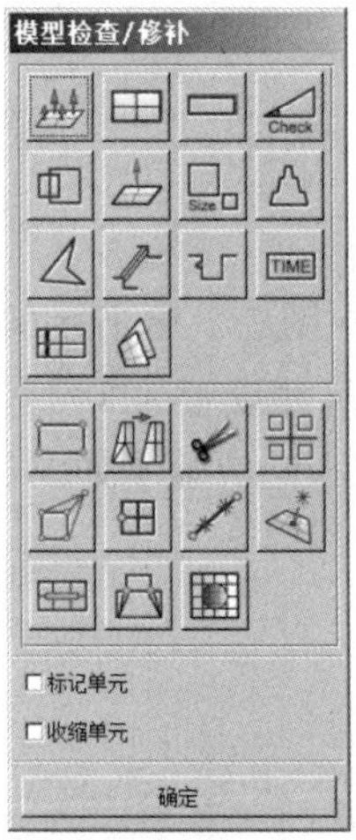

图 5-2-13　“模型检查/修补”对话框

图 5-2-14　“Dynaform 问题”对话框

(2)显示边界

单击“显示边界”图标按钮，则模型的边界以粗白色线显示，如图 5-2-12 所示。如模型有间隙或空洞，则也会以粗白色线显示，表明错误所在，需要加以修补。

3. 凸模网格划分

将当前零件层设为 PUNCH 零件层，关掉其他零件层。在“前处理”菜单中单击“单元”命令，弹出图 5-2-15 所示的“单元”对话框，单击“曲面网格划分”图标按钮，在弹出的图 5-2-16 所示的对话框中选择“Tool Mesh”选项，将最大尺寸设置为“1”，最小尺寸设置为“0.1”，其他参数保持不变。最后得到的凸模网格及边界显示如图 5-2-17 所示。

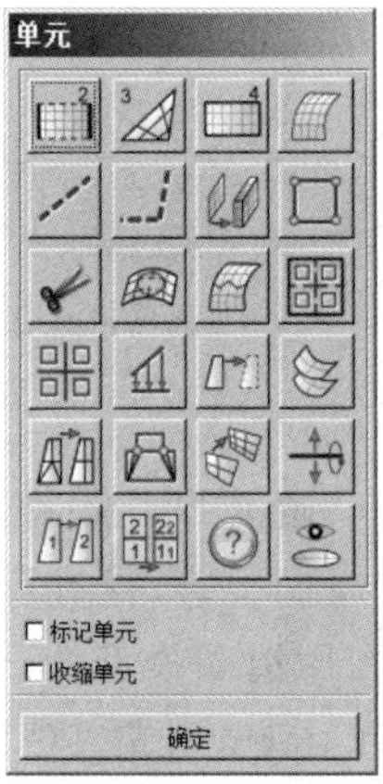

图 5-2-15　“单元”对话框

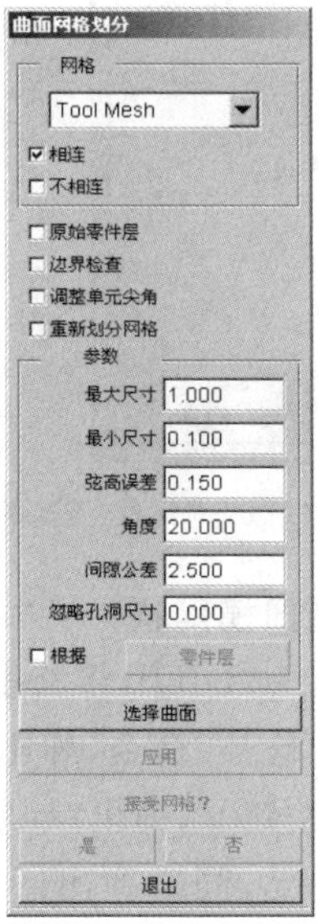

图 5-2-16　“曲面网格划分”对话框(凸模)

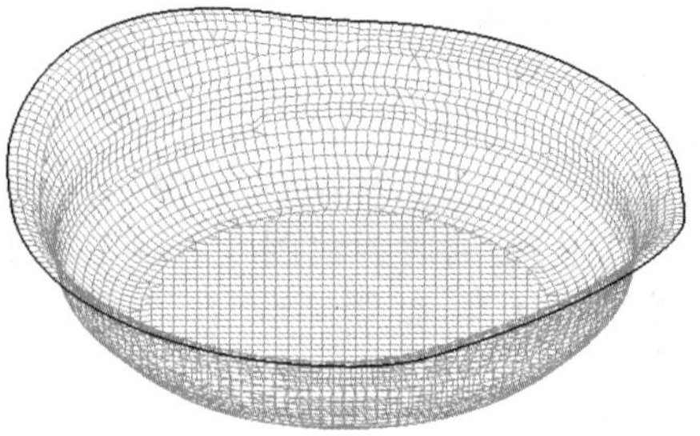

图 5-2-17 凸模网格及边界显示

4. 压边圈网格划分

将当前零件层设为 BINDER 零件层，关掉其他零件层。在图 5-2-18 所示的“曲面网格划分”对话框中选择“Tool Mesh”选项，将最大尺寸设置为“1”，最小尺寸设置为“0.1”，其他参数保持不变。之后的方法同凸模网格划分方法，最后得到的压边圈网格及边界显示如图 5-2-19 所示。

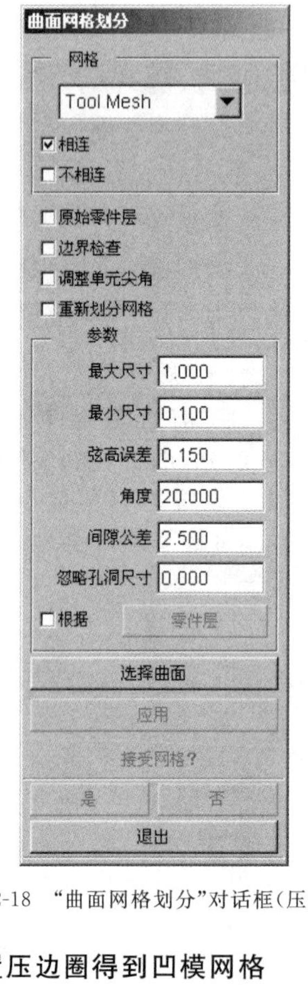

图 5-2-18 “曲面网格划分”对话框(压边圈)

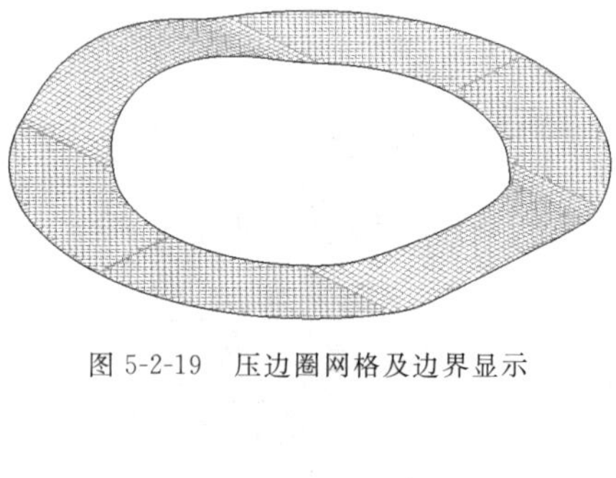

图 5-2-19 压边圈网格及边界显示

5. 偏置压边圈得到凹模网格

新建零件层并命名为“DIE”，将其设置为当前零件层，只显示 DIE 零件层。在“前处理”菜单中单击“模型检查/修补”命令，弹出图 5-2-13 所示的“模型检查/修补”对话框，单击“自动翻转单元法向”图标按钮，弹出“控制键”对话框，直接在压边圈模型的凸缘上点击，出现一个带有箭头的白色单元，同时弹出图 5-2-14 所示的“Dynaform 问题”对话框。如箭头朝下，则单击“是”按钮；如箭头朝上，则单击“否”按钮。

在“前处理”菜单中单击“单元”命令，弹出图 5-2-15 所示的“单元”对话框，单击“偏置”图标按钮，弹出图 5-2-20 所示的“偏置单元”对话框，将厚度改为“0.88”，其他参数采用默认值。单击“选择单元”按钮，弹出图 5-2-21 所示的“选择单元”对话框，单击“所有显示的单元”按钮，再单击“确定”按钮，然后单击“应用”按钮并退出。最后得到的凹模网格及边界显示如图 5-2-22 所示。

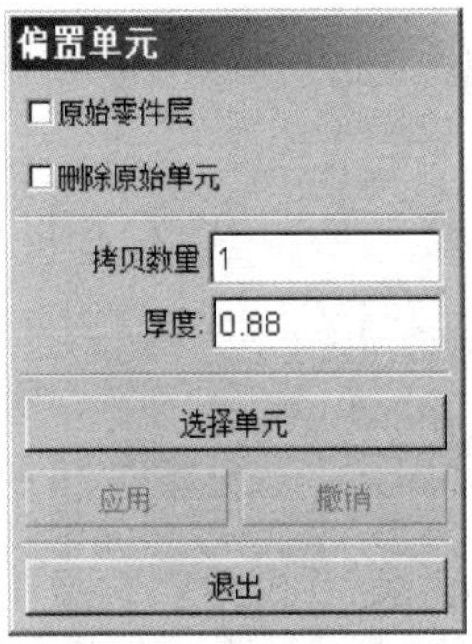

图 5-2-20　“偏置单元”对话框

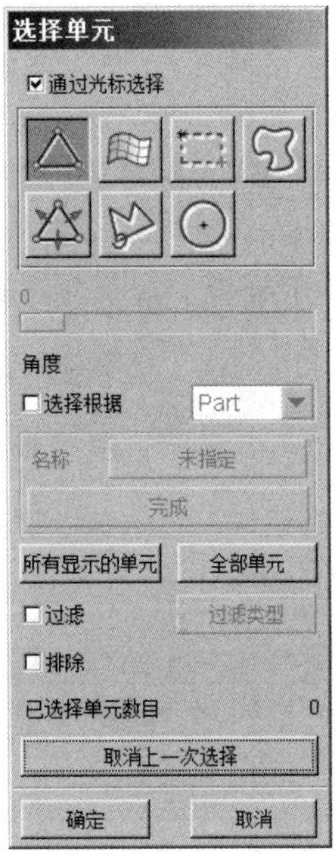

图 5-2-21　“选择单元”对话框

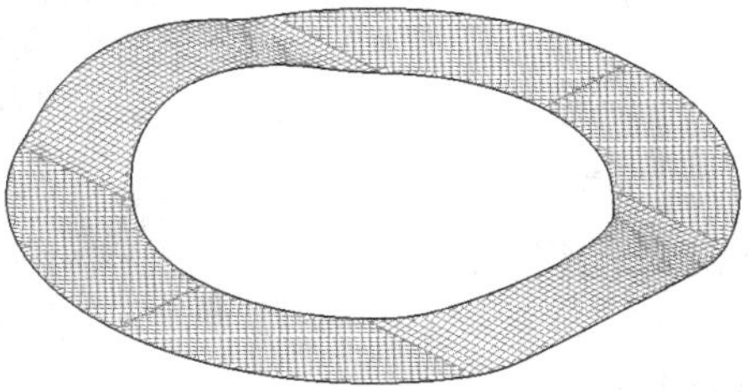

图 5-2-22　凹模网格及边界显示

6. 模型文件检查

显示所有零件层，得到的模型网格如图 5-2-23 所示。

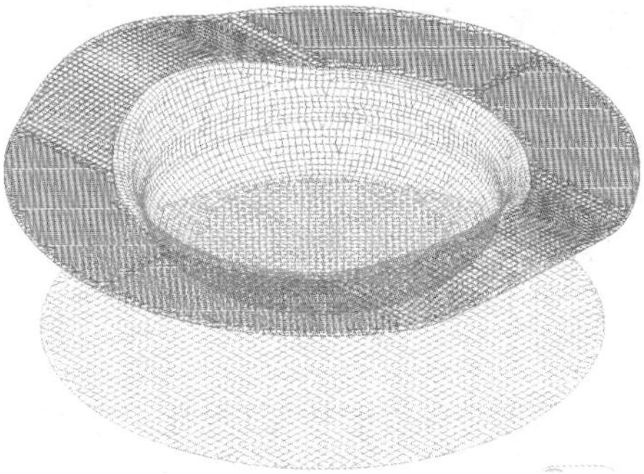

图 5-2-23　模型网格

五、传统设置

1. 工具定义

在“工具”菜单中单击“定义工具”命令，弹出图 5-2-24 所示的“定义工具”对话框。从“工具名称”下拉列表中选择“Die”，单击“添加”按钮，打开图 5-2-25 所示的“选择零件层”对话框，从“通过名称选择”列表中选择“DIE”，然后单击“确定”按钮。重复以上操作来定义工具“Punch”和“Binder”。在完成所有工具的定义后，单击“定义工具”对话框中的“确定”按钮完成操作。

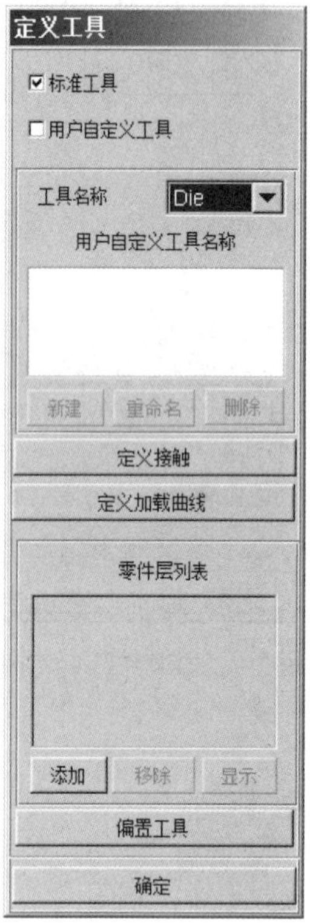

图 5-2-24 “定义工具”对话框

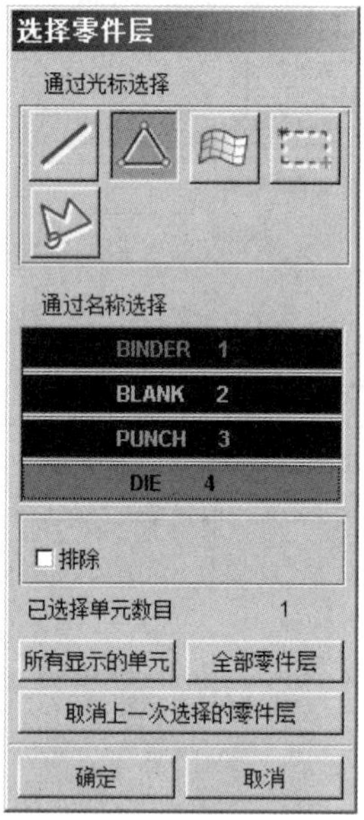

图 5-2-25 “选择零件层”对话框

2. 坯料定义及工艺参数设置

(1)坯料定义

在“工具”菜单中单击“定义毛坯”命令，弹出图 5-2-26 所示的“定义毛坯”对话框。单击“添加”按钮，弹出“选择零件层”对话框，从“通过名称选择”列表中选择“BLANK”零件层，然后单击“确定”按钮，回到“定义毛坯”对话框。

(2)坯料工艺参数设置

单击“材料”右边的按钮(没定义材料前该按钮的名称是“None”，定义后将显示为材料名称)，弹出图 5-2-27 所示的“材料”对话框。单击“材料库”按钮，弹出图 5-2-28 所示的“材料库”对话框。在此对话框中选择材料类型为 STEEL 系 Mild 列(低碳钢)中“DQSK(36)”下的“36”，单击“确定”按钮，使用 DQSK-36 材料缺省的参数，回到“材料”对话框中，单击“确定”按钮，完成材料的定义。

单击“定义毛坯”对话框中“属性”右边的按钮(没定义属性前该按钮的名称是“None”，定义后将显示为属性名称)，弹出图 5-2-29 所示的“Property”对话框，输入材料名称，比如输入“blankpro”(如果已经有缺省名称,则此步可以跳过)。确定选择“BELYTSCHKO-TSAY”(缺省)作为壳单元公式,然后单击“新建”按钮,弹出图 5-2-30 所示的“BELYTSCHKO-TSAY”对话框。在这里可以编辑材料的厚度,即确定“UNIFORM THICKNESS”文本框的值为“0.8”,其他参数仍为缺省值,然后单击“OK”按钮完成设置,回到“Property”对话框。单击“确定”按钮,回到“定义毛坯”对话框,单击“确定”按钮完成坯料的材料和属性的定义。

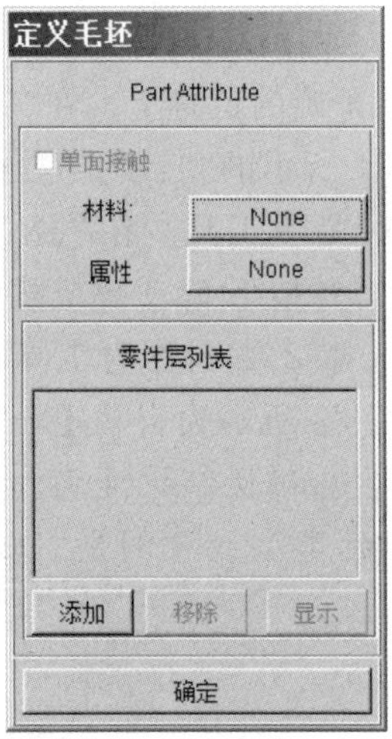

图 5-2-26　“定义毛坯”对话框

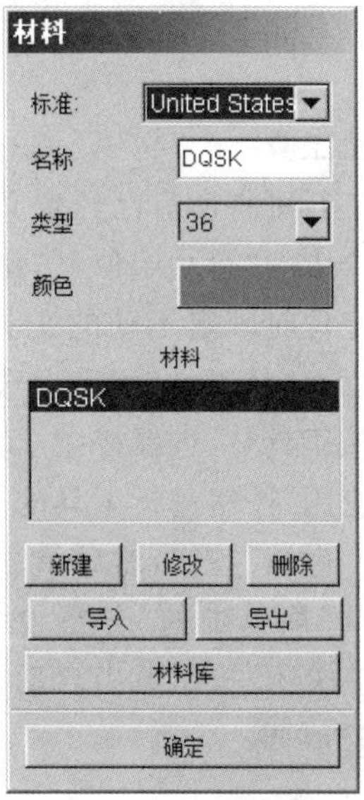

图 5-2-27　“材料”对话框

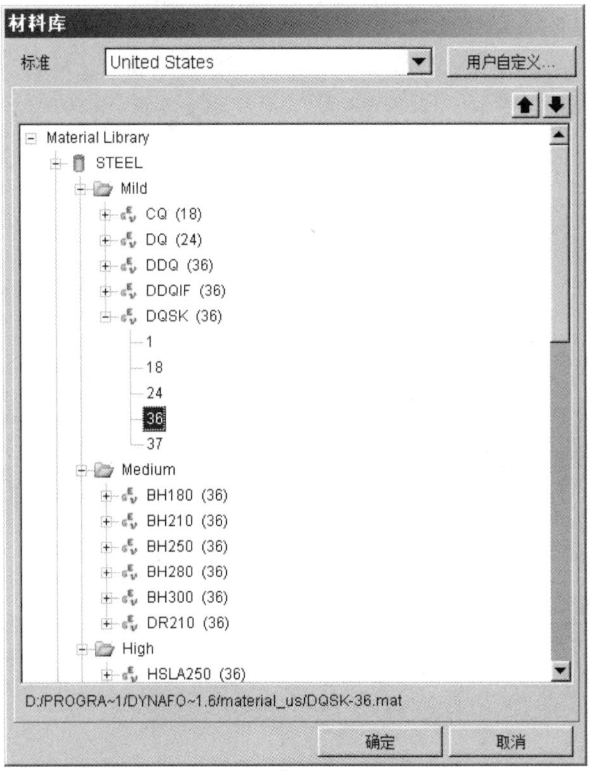

图 5-2-28　“材料库”对话框

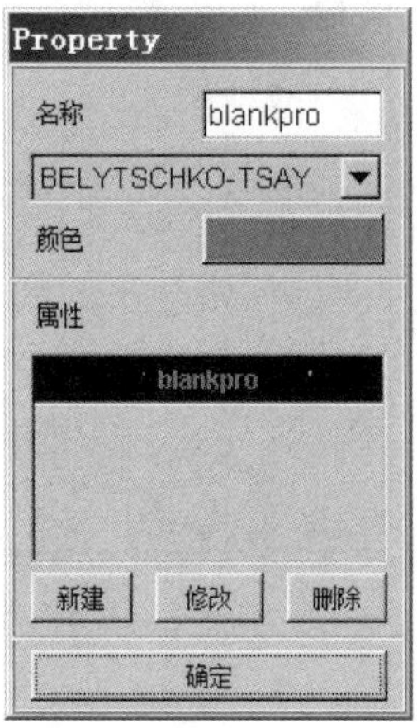

图 5-2-29　“Property”对话框

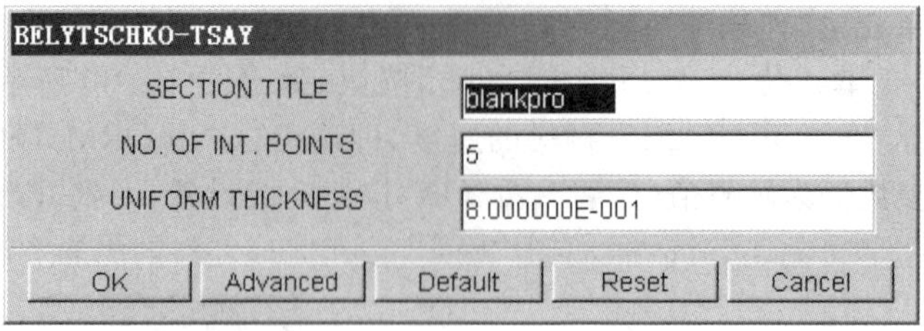

图 5-2-30 “BELYTSCHKO-TSAY”对话框

3. 自动定位工具

自动定位工具可将所有已经定义好的工具放置在正确的位置上。在“工具”菜单中单击“定位工具”命令中的“自动定位”子命令，弹出图 5-2-31 所示的“自动定位工具”对话框。主工具是在自动定位时固定不动的工具，坯料(BLANK)是主工具。在“主工具”列表中选择“BLANK”，然后在“从工具”列表中选择剩下的工具(需要按下 Ctrl 键或按住鼠标左键来选择所有的 3 个从工具)。选择好主工具与从工具后，选择 Z 方向作为工具自动定位时的移动方向，单击“应用”按钮进行工具的自动定位。图 5-2-32 所示为自动定位的结果。如果结果不对，则单击“撤销”按钮，然后重复上述操作进行定位，确保结果准确。如果定位结果不对，则单击“工具”菜单中的“分析设置”命令，确定拉延类型设置的是“Double action”(双动)。最后单击“关闭”按钮退出自动定位。

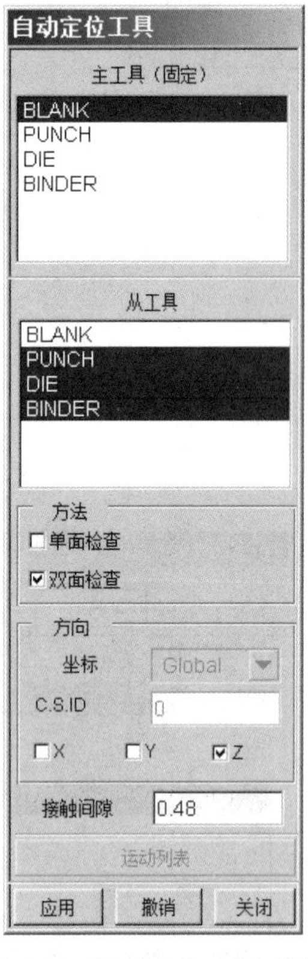

图 5-2-31 “自动定位工具”对话框

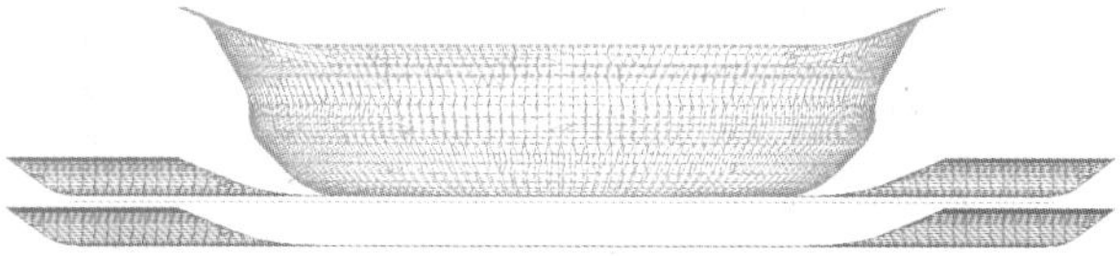

图 5-2-32 自动定位的结果

4. 凸模和压边圈运动行程的测量

工具定位后需设置工具的运动曲线，计算工具的运动行程。这就要先测量工具间的最小距离，再减去等距厚度(坯料厚度的 1.1 倍)，得到工具的运动行程。在“工具”菜单中单击“定位工具”命令中的“最小距离”子命令，弹出图 5-2-33 所示的“工具间最小的位移”对话框。

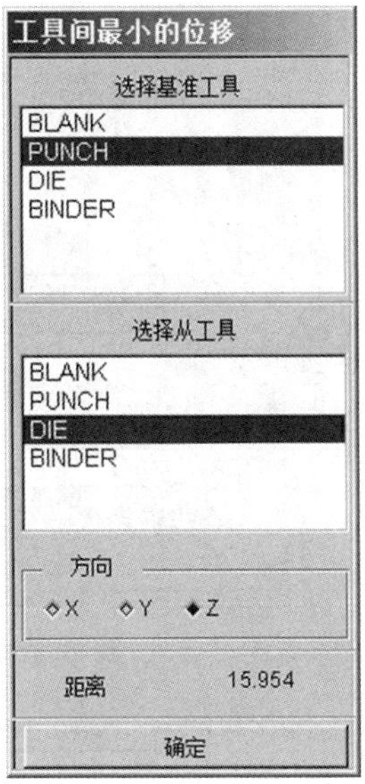

(a)

(b)

图 5-2-33　“工具间最小的位移”对话框

选择 Z 方向作为测量距离的方向。在“选择基准工具”列表中选择“PUNCH”，然后在“选择从工具”列表中选择“DIE”，这样将沿着 Z 方向测量这两个工具之间的最小距离，结果显示在对话框的下部，如图 5-2-33(a)所示。工具 PUNCH 和 DIE 之间的最小距离约为 15.954 mm，得到 PUNCH 的运动行程约为 15.074 mm(15.954－0.8×1.1)。同理测量压边圈的运动行程，如图 5-2-33(b)所示，工具 BINDER 和 DIE 之间的最小距离约为 3.959 mm，得到 BINDER 的运动行程约为 3.079 mm(3.959－0.8×1.1)。最后单击“确定”按钮结束测量操作。

5. 定义压边圈的运动曲线及压力曲线

(1)运动曲线的定义

在“工具”菜单中单击“定义工具”命令，弹出“定义工具”对话框。从“工具名称”下拉列表中选择“Binder”，然后单击“定义加载曲线”按钮，弹出图 5-2-34 所示的“工具加载曲线”对话框，在“曲线类型”选项组中选择“运动”，并通过勾选“Z”选项来确定冲压方向。单击“自动”按钮，在弹出的“运动曲线”对话框(图 5-2-35)中，曲线类型选择“速度”，曲线形状选择“Trapezoidal”，开始时间不变，在“速度”文本框中输入“1000”，在“冲压距离”文本框中输入在前面测量计算过的 BINDER 的运动行程“3.079”(mm)。单击“是”按钮创建一条运动曲线，如图 5-2-36 所示。单击图 5-2-37 所示对话框中的“确定”按钮，返回到“工具加载曲线”对话框。

图 5-2-34 “工具加载曲线”对话框(1)

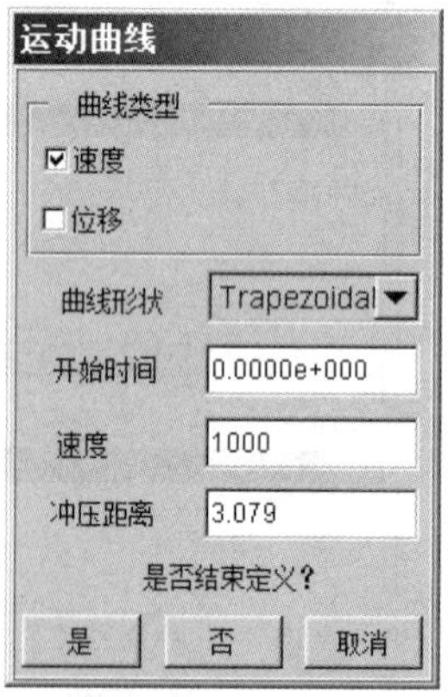

图 5-2-35 “运动曲线”对话框(1)

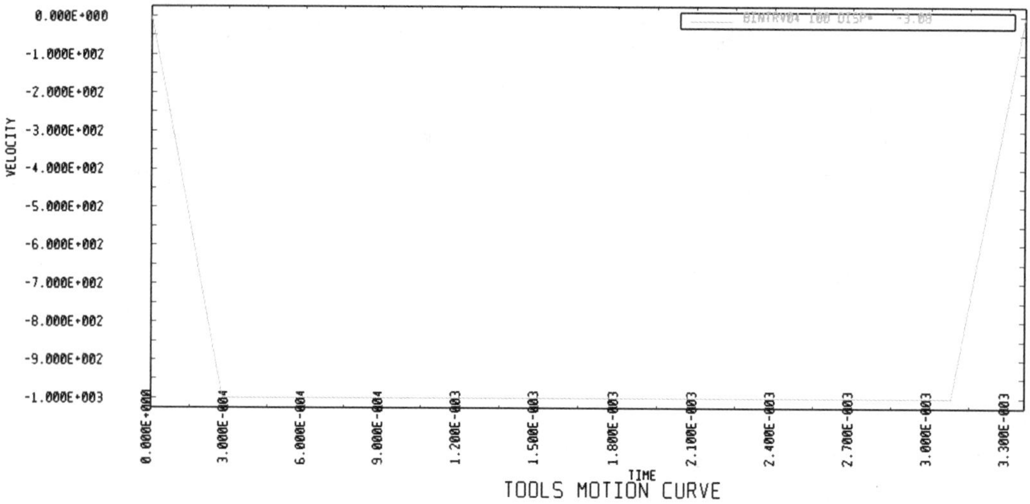

图 5-2-36 压边圈的运动曲线

(2)压力曲线的定义

在“工具加载曲线”对话框中选择“作用力”为曲线类型,如图 5-2-38 所示,确定 Z 方向为冲压方向。单击“自动”按钮,在“开始时间”、“作用力”和“终止时间”文本框中分别输入“0.003359”、“800000”和“0.011581”,如图 5-2-39 所示。单击“确定”按钮退出该对话框,系统创建出压边圈的压力曲线,如图 5-2-40 所示。单击“输入曲线”对话框中的“确定”按钮,退回到“工具加载曲线”对话框。在此单击“确定”按钮,返回到“定义工具”对话框。在“定义工具”对话框中单击“确定”按钮,完成压边圈运动曲线及压力曲线的定义。

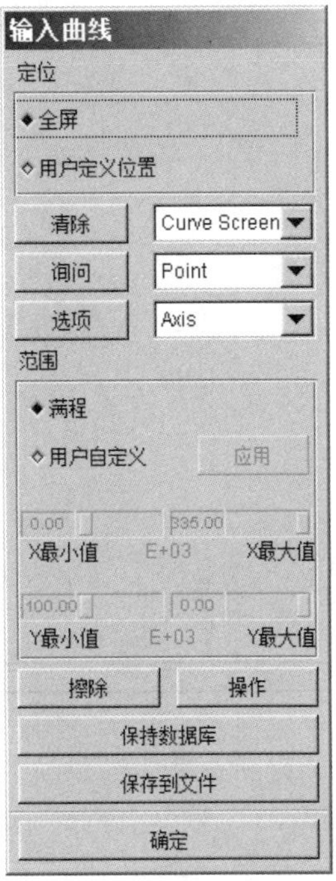

图 5-2-37　“输入曲线”对话框

图 5-2-38　“工具加载曲线”对话框(2)

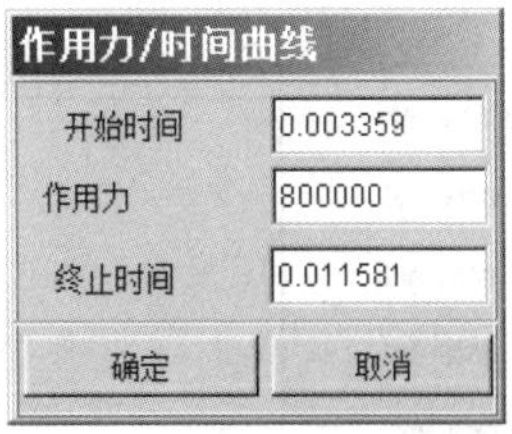

图 5-2-39　“作用力/时间曲线”对话框

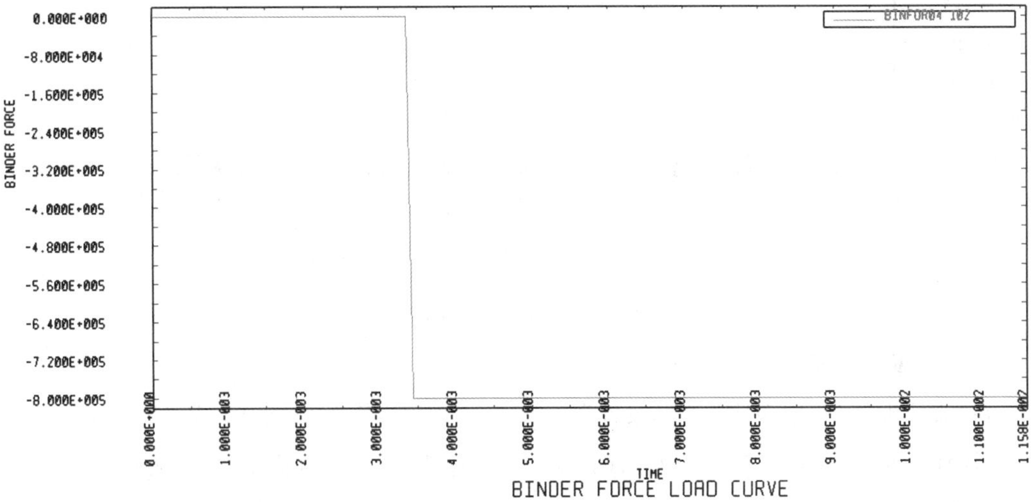

图 5-2-40　压边圈的压力曲线

6. 定义凸模的运动曲线

在“工具”菜单中单击“定义工具”命令，弹出“定义工具”对话框。从“工具名称”下拉列表中选择“Punch”，然后单击“定义加载曲线”按钮，弹出图 5-2-34 所示的“工具加载曲线”对话框，曲线类型选择“运动”，并通过勾选“Z”选项来确定冲压方向。单击“自动”按钮，弹出“运动曲线”对话框，曲线类型选择“速度”，曲线形状选择“Trapezoidal”，在“开始时间”、“速度”和“冲压距离”文本框中分别输入“0.003359”、“2000”和“15.074”，如图 5-2-41 所示。单击“是”按钮创建一条运动曲线，如图 5-2-42 所示。

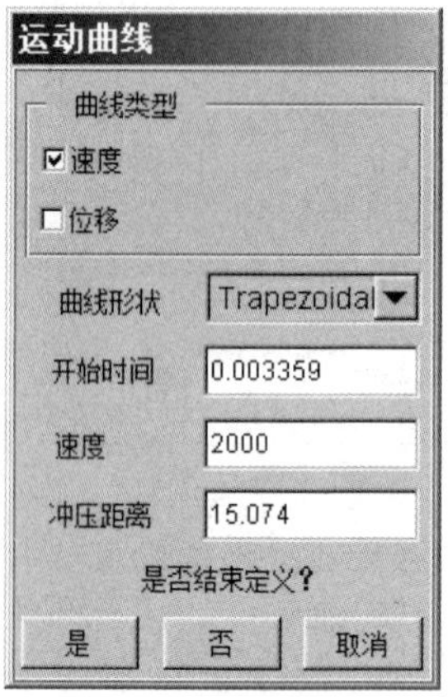

图 5-2-41　“运动曲线”对话框(2)

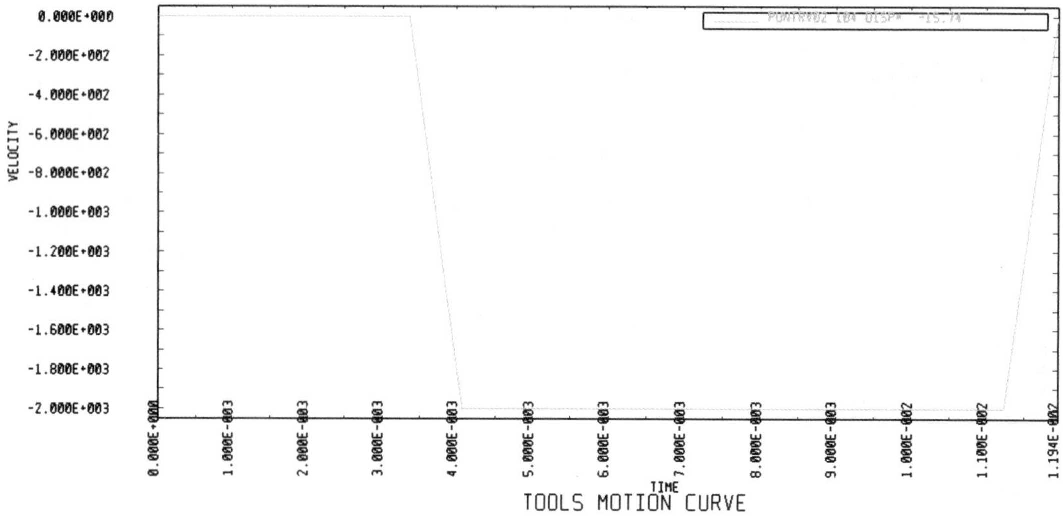

图 5-2-42　凸模的运动曲线

7. 定义液压载荷

在“前处理”菜单中单击“边界条件”命令，弹出“边界条件”对话框，如图 5-2-43 所示。单击“加载选项”，弹出图 5-2-44 所示的“载荷组”对话框，选择“压力”作为载荷类型，单击“创建”按钮。选择 BLANK 网格单元，定义压力曲线为 1，如图 5-2-45 所示。

在“辅助工具”菜单中单击“加载曲线”命令，弹出“加载曲线”对话框，如图 5-2-46 所示。单击“创建加载曲线”，弹出“输入曲线值”对话框，在“曲线编号”“曲线名称”文本框中分别输入“1”“111”，按图 5-2-47 所示输入坐标值，单击“确定”按钮得到液压载荷曲线，如图 5-2-48 所示。

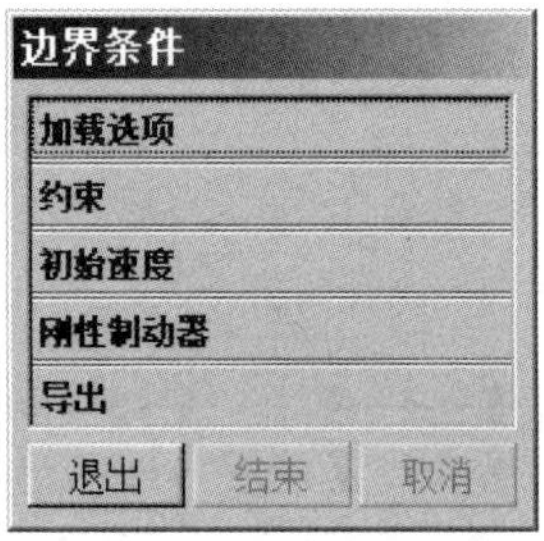

图 5-2-43 “边界条件”对话框

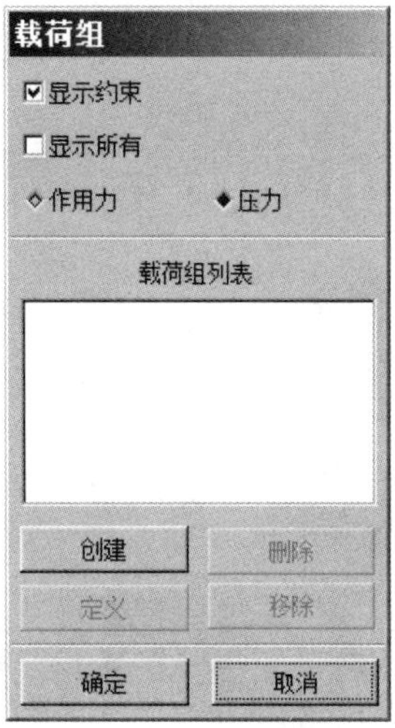

图 5-2-44 “载荷组”对话框

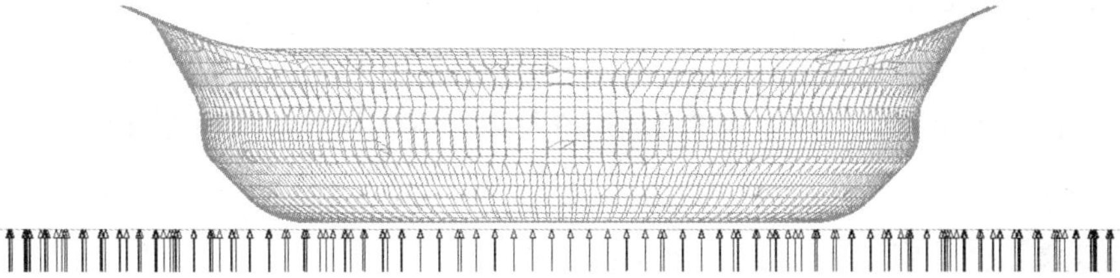

图 5-2-45 载荷方向

图 5-2-46 “加载曲线”对话框

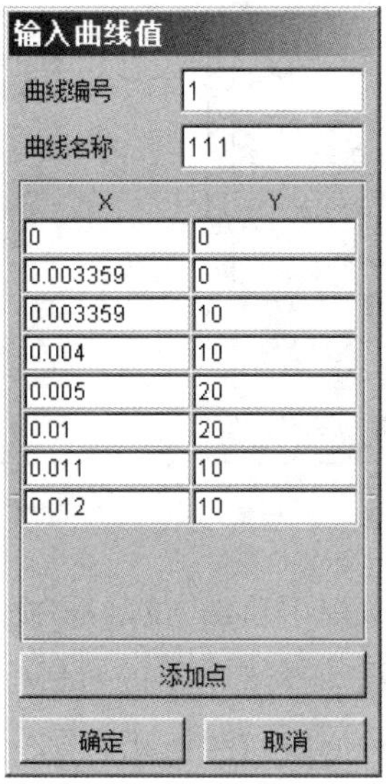

图 5-2-47 “输入曲线值”对话框

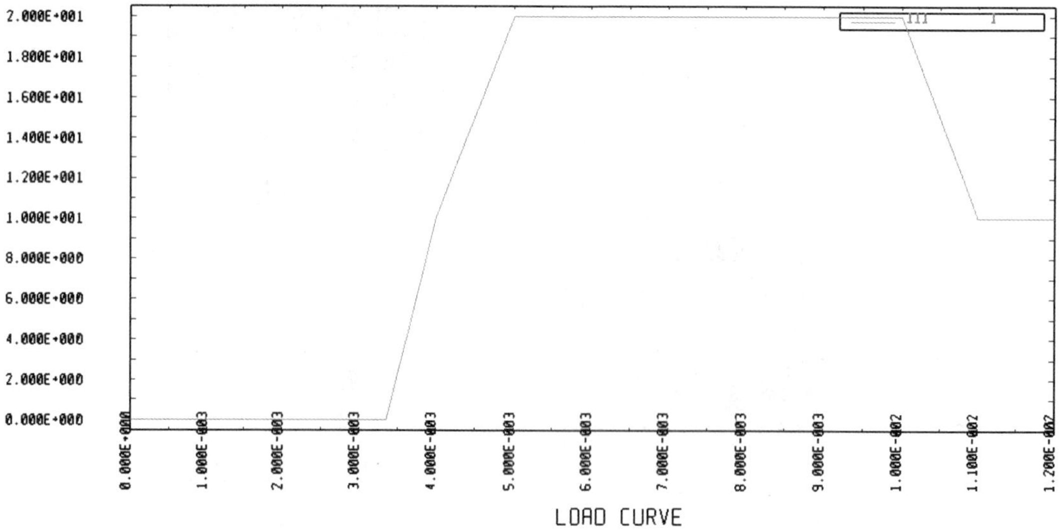

图 5-2-48　液压载荷曲线

8. 定义等效拉延筋

在“前处理”菜单中单击“线/点”命令，弹出“线/点”对话框，如图 5-2-49 所示。单击“偏置”图标按钮，弹出图 5-2-50 所示的“选择线”对话框，选择开模线往外偏置 5 mm，结果如图 5-2-51 所示。

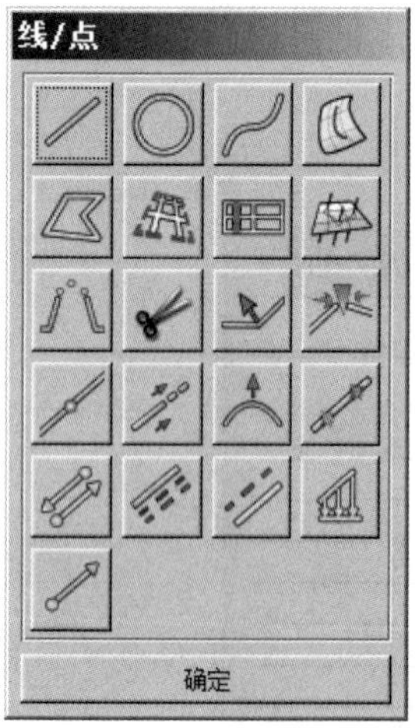

图 5-2-49　“线/点”对话框

图 5-2-50　“选择线”对话框

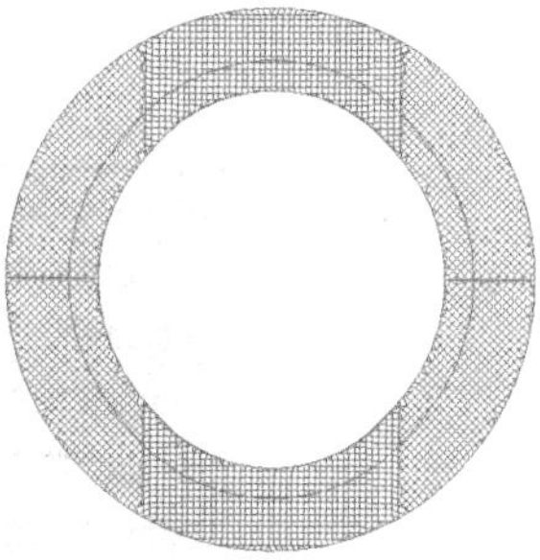

图 5-2-51　偏置曲线

在“工具”菜单中单击“拉延筋”命令，弹出“拉延筋”对话框，如图 5-2-52 所示。单击“新建”按钮，弹出图 5-2-53 所示的对话框，采用默认值并单击“OK”按钮。选择刚才偏置的曲线作为拉延筋中心线，在“锁死%”文本框中输入“25”，并将拉延筋锁定在 DIE 零件层上(图 5-2-54)，结果如图 5-2-55 所示。

图 5-2-52　“拉延筋”对话框(1)

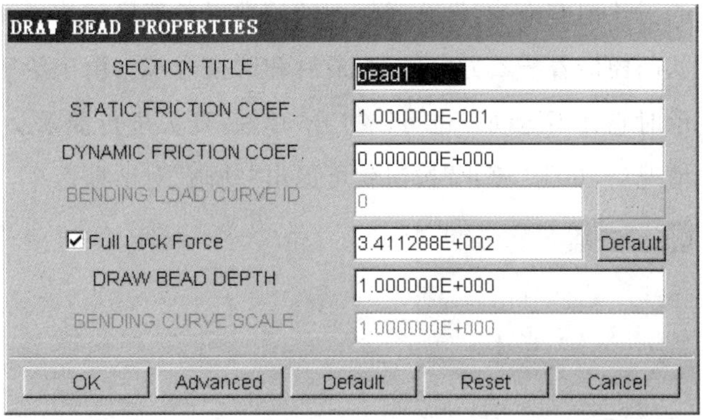

图 5-2-53　“DRAW BEAD PROPERTIES”(拉延筋属性)对话框

图 5-2-54　“拉延筋”对话框(2)

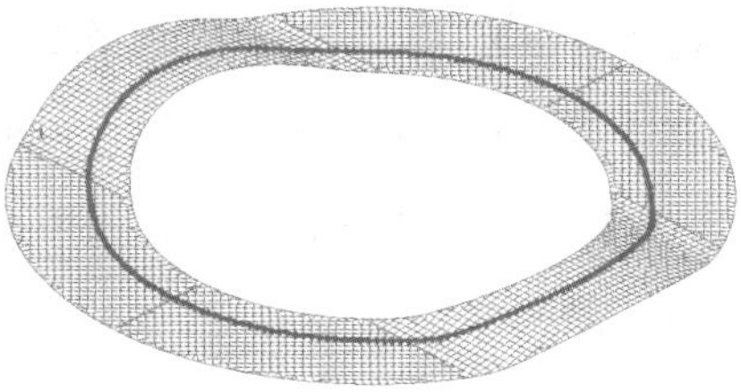

图 5-2-55　将拉延筋锁定在 DIE 零件层上

六、预览工具的运动

在完成了前处理所有建立冲压模型的工作后，还需设置一些求解参数，才能向计算机提交分析任务。在设置这些参数前，还要检查已定义运动曲线的工具，确保它们之间的运动关系正确。

在“工具”菜单中单击“动画”命令，弹出图 5-2-56 所示的“动画”对话框。单击“演示”按钮，以缺省的参数来动画演示工具的运动。如果动画播放的速度比较快，可按住该对话框中的滑块向右拖动，设置成较大的帧数以免速度过快。在进行动画演示时，可以改变视图。确认凸模沿着 $-Z$ 方向运动，最后和凹模合模。由于给压边圈施加的是压力载荷，故在动画演示时它并不运动。也可以打开“单帧”开关进行演示。如图 5-2-57 所示，检查完工具的运动情况后，单击“停止”按钮就可退出“动画”对话框。

图 5-2-56 “动画”对话框

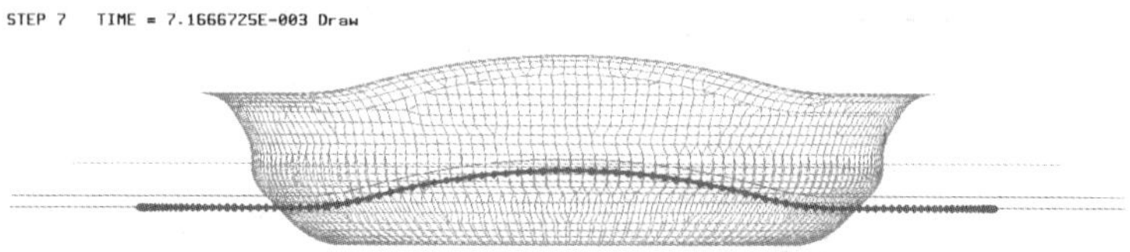

图 5-2-57 预览工具的运动

七、任务提交与求解计算

在验证完工具的运动后，可以定义最后的一些参数，然后开始分析计算。在“分析”菜单中单击“LS-DYNA”命令，弹出图 5-2-58 所示的“分析”对话框。选择分析类型为“Full Run Dyna”。单击“控制参数”按钮，弹出图 5-2-59 所示的对话框，在此对话框中，可以修改停止时间及后处理动画显示的步数等参数；单击“自适应参数”按钮，弹出图 5-2-60 所示的对话框。“自适应参数”功能通过在需要时重新划分毛坯网格的方法来提高结果的准确度，对于新用户，推荐使用缺省的控制参数。指定一个合理的内存，然后单击“分析”对话框中的“确定”按钮来启动求解器。求解器在运算过程中会给出估计的计算完成时间。由于设置了自适应网格划分参数，故坯料在计算的过程中会重新划分几次网格，估计的时间是不准确的。计算时的界面如图 5-2-61 所示。

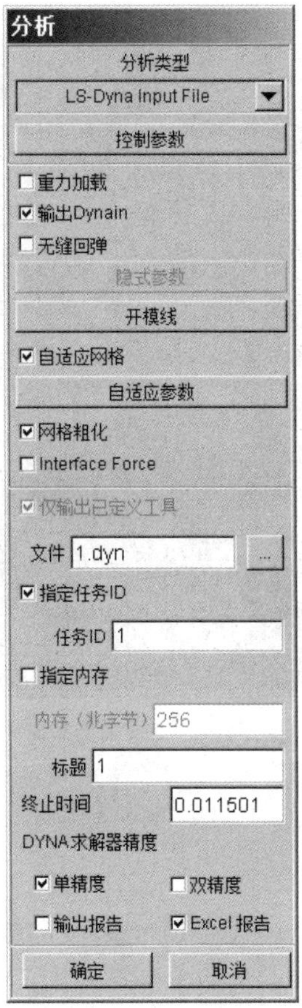

图 5-2-58　“分析”对话框

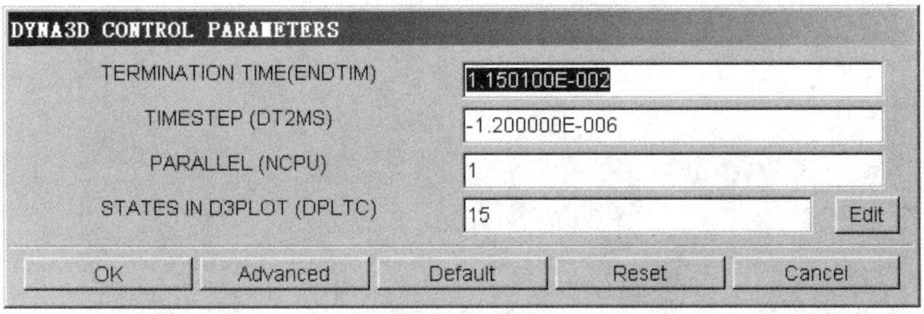

图 5-2-59　“DYNA3D CONTROL PARMETERS”(控制参数)对话框

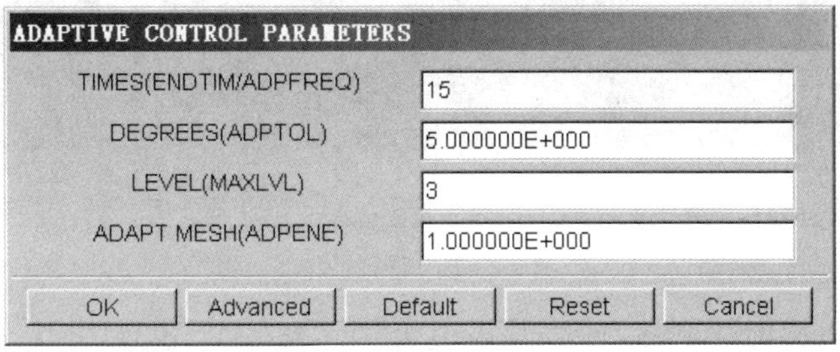

图 5-2-60　“ADAPTIVE CONTROL PARAMETERS”(自适应参数)对话框

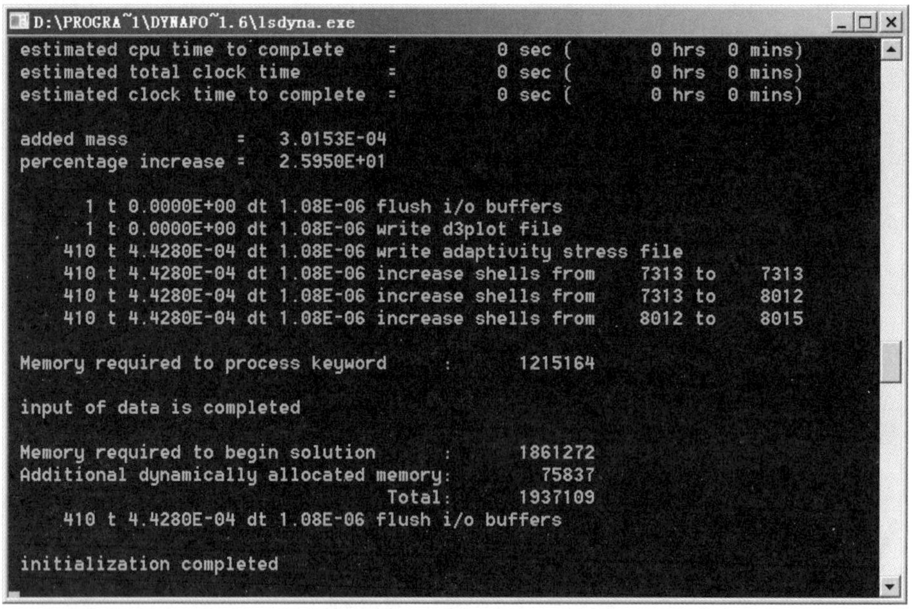

图 5-2-61　计算时的界面

八、后处理

1. 打开后处理文件

单击“后处理”菜单启动 eta/Post-Processor，或者从操作系统“开始”菜单的 Dynaform 5.6 程序组启动 eta/Post-Processor，弹出“Dynaform 问题”对话框，单击“是”按钮进入图 5-2-62 所示的后处理界面。

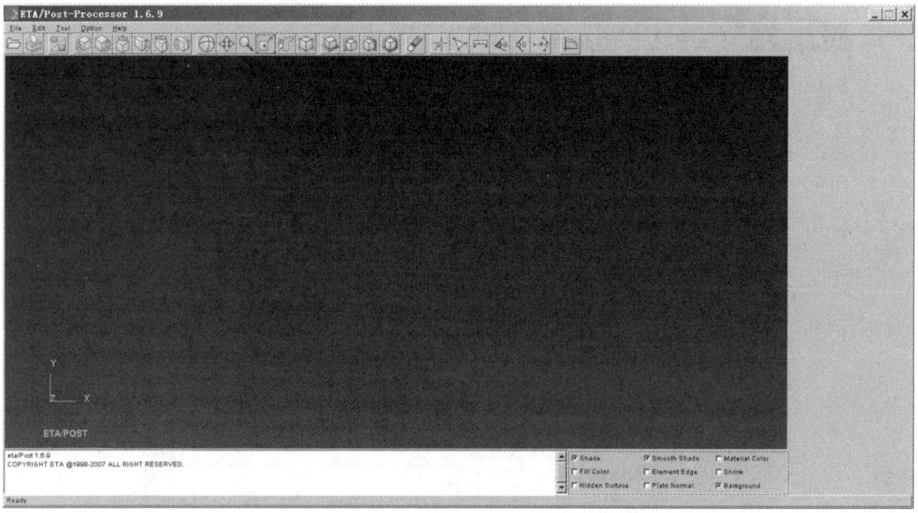

图 5-2-62　后处理界面

单击“File”菜单中的“Open”命令，弹出图 5-2-63 所示的“Select File”对话框。从文件列表中选择 LS-DYNA 的结果文件，包括 d3plot 和 dynain 格式的文件。其中 d3plot 文件是成形模拟的结果文件，包括拉延、压边、翻边等工序和回弹过程的模拟结果；dynain 文件是板料变形结果文件,用于多工序中。打开 1. d3plot 文件,如图 5-2-64 所示。

图 5-2-63　"Select File"对话框

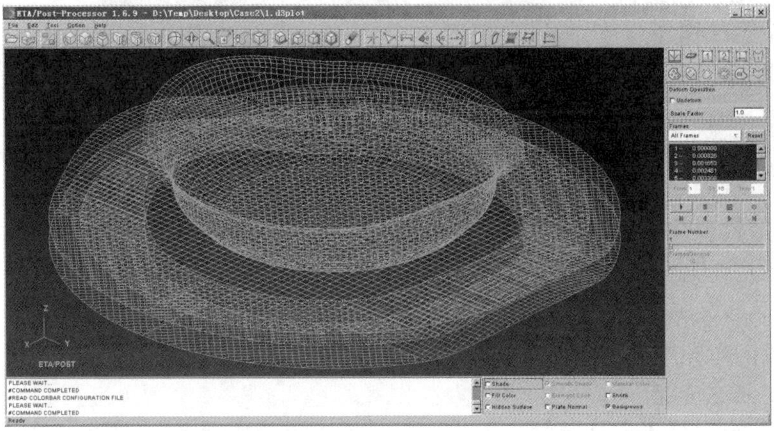

图 5-2-64　后处理网格

2. 后处理操作

(1)模具工作过程的动画演示

单击按钮,程序自动演示模具工作过程,如图 5-2-65 所示。

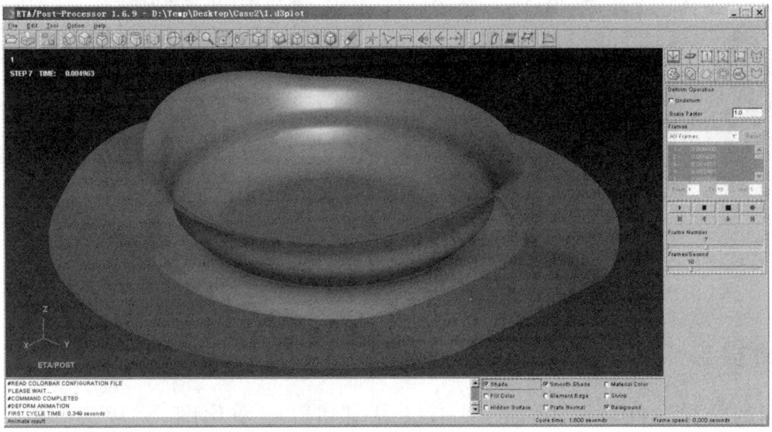

图 5-2-65　模具工作过程演示

(2)制作成形极限图

单击图标按钮，可显示成形极限图，如图 5-2-66 所示。在“Frames”(帧)下拉列表中选择“All Frames”(所有帧)，可看到连续变形动画；选择“Single Frame”(单帧)，则得到各个变形阶段的单帧成形极限图。成形极限图中冲压件上不同颜色的分布，表示各个部位所处的状态，如红色代表破裂区，黄色代表破裂危险区，绿色代表安全区，蓝色代表起皱危险区，灰色代表未有效变形区等。

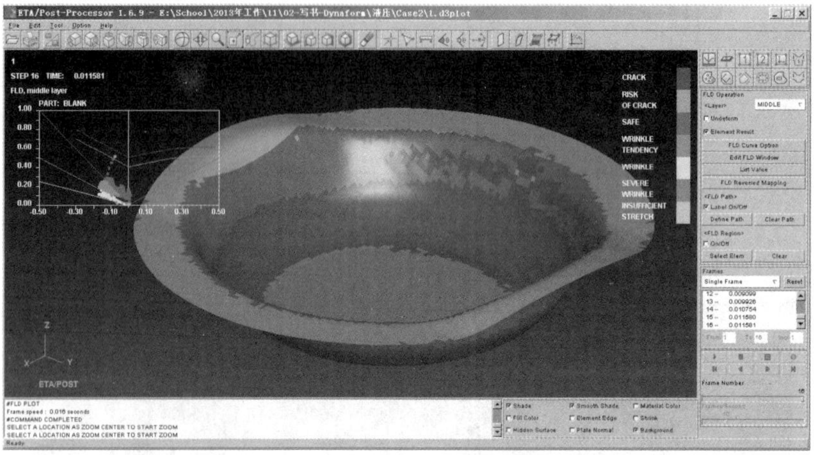

图 5-2-66　成形极限图

(3)制作厚度变化图

单击图标按钮，可显示厚度变化图，如图 5-2-67 所示。在“Frames”(帧)下拉列表中选择“All Frames”(所有帧)，可看到厚度连续变化动画；选择“Single Frame”(单帧)，则得到各个变形阶段的单帧厚度变化图。厚度变化图中冲压件上不同颜色的分布，定量表示各个部位变厚或变薄的情况。

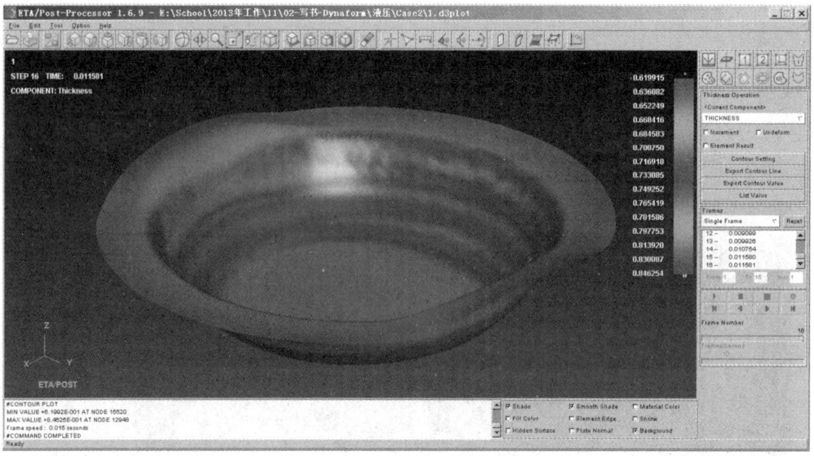

图 5-2-67　厚度变化图

九、分析报告

根据得到的阶梯形件液压拉深的成形极限图和厚度变化图，完成表 5-2-2 所示的阶梯形件液压拉深成形 CAE 分析报告。

表 5-2-2　　　　　　　　阶梯形件液压拉深成形 CAE 分析报告

材料:DQSK-36

序号	缺陷描述	缺陷分析及处理建议	备注
1	阶梯形件的中部胀形处变薄,厚度为原有厚度的 77.5%;其口部壁厚加厚,厚度为原有厚度的 1.057 5 倍	阶梯形件材料壁厚的变化均未超过 30%的限度,故不用采取其他措施	
2	零件的法兰边有起皱趋势,局部区域材料减薄比较严重	可调整压边力及液压力的大小,对减薄比较严重的区域可以去掉拉延筋	

【相关理论知识】

eta/Post-Processor 能够读取和处理 d3plot 文件中所有可用的数据。除了包含没有变形的模型数据外,d3plot 文件还包含所有由 LS-DYNA 生成的结果文件(如应力、应变、时间历史曲线等)。后处理操作能够绘制变形过程(Deformation)、成形极限图(FLD)变化过程和减薄率变化过程(Thinning)以及坯料上的应变/应力等物理量的分布,并且能够将这些变化过程录制为通用的 AVI 电影文件以及 E3D 三维演示文件。后处理界面如图 5-2-62 所示。

1. 读入结果文件

单击"File"菜单中的"Open"命令,弹出图 5-2-63 所示的"Select File"对话框。从文件列表中选择 LS-DYNA 的结果文件,包括 d3plot 和 dynain 格式的文件。

2. 变形过程

打开结果文件后,缺省的模拟状态是变形过程(Deformation)。单击按钮显示变形过程,如图 5-2-68 所示。可以移动"Frames/Second"滑块设置希望的动画播放速度。单击按钮停止动画演示。

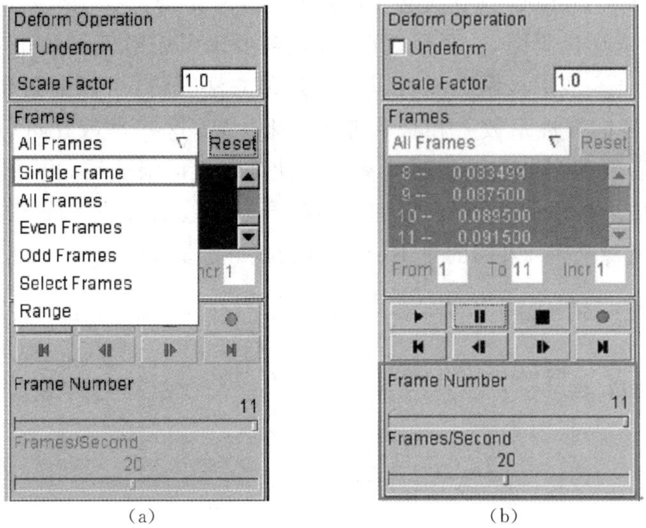

图 5-2-68　变形操作

3. 成形极限分析(FLD)

成形极限图用于评价板料的可成形性。在图 5-2-69 的“〈Layer〉”下拉列表中缺省的是“MIDDLE”，表示显示的是中性层的成形极限图，也可以根据具体的需要选择上表面或下表面。

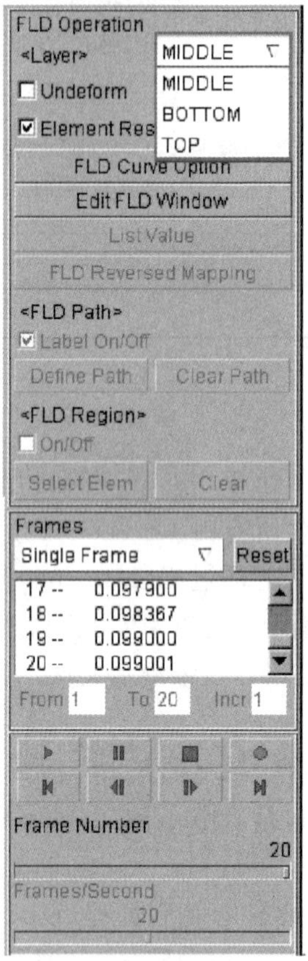

图 5-2-69　成形极限图操作页面

单击“FLD Curve Option”按钮设置 FLD 参数(n、r、t 等)，如图 5-2-70 所示。为了准确地得到拉伸结果的成形极限图，在显示之前，我们需要确定成形极限曲线(FLC)的位置和形状是否与实际相吻合。成形极限曲线可以通过几种方法获得：可以通过定义材料的力学性能，如硬化指数 n、各向异性系数 r 和板料厚度 t 来决定，这些参数在进行前处理的过程中就已经设置好了，后处理会自动采用这些参数来计算成形极限曲线；也可以手工调整 n、r、t 值，以得到合理的成形极限曲线；还可以通过直接导入曲线的方法来确定成形极限曲线。这里用的是缺省的 *FLD* 方程，采用的是 Keeler's 公式。公式如下：

$$FLD_0=\frac{n(23.3+14.134t)}{21}\qquad(0<t<2.54)$$

$$FLD_0=\frac{n[20+(20.669-1.938t)t]}{21}\qquad(2.54\leqslant t<5.33)$$

$$FLD_0=\frac{75.125n}{21}\qquad(t\geqslant 5.33)$$

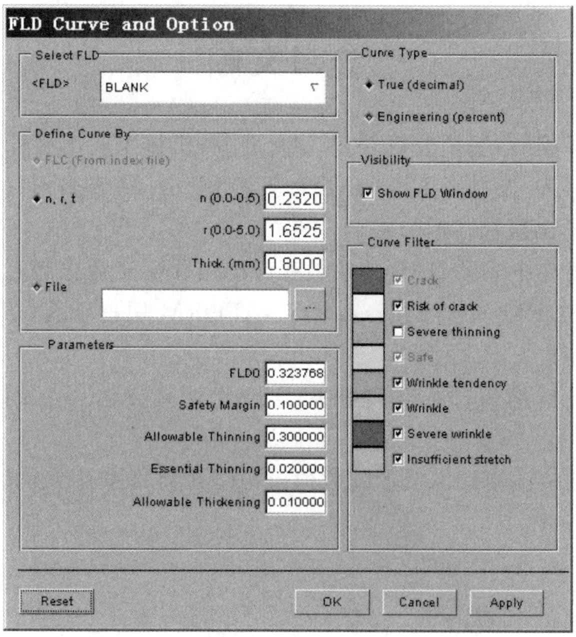

图 5-2-70　FLD 参数设置对话框

4. 减薄率分析(Thinning)

减薄率分析图用于以厚度变化评价成形质量。一般认为板料的成形部分减薄率在 3%～25%的范围内是可以接受的，若减少得太多，则将削弱零件的刚度，且引起开裂。

5. 主应变(Major Strain)及副应变(Minor Strain)

主应变及副应变用于判断零件的变形质量。对于外覆盖件，需要通过主、副应变来判断零件的变形质量，因为如果主、副应变变化不均匀，会影响喷漆后的光顺。

6. 输出模拟动画文件和图形文件

零件分析后，需要进行分析报告的编写，eta/Post-Processor 提供了对图形的直接、高质量的打印和绘图功能，并允许通过对动画窗口的捕捉自动地创建 AVI、GIF 和 E3D 文件，其中 AVI 和 GIF 文件可以用媒体播放器进行播放来观看成形结果。E3D 文件是 ETA 公司开发的一种文件，它能够保存三维动画，可在 ETA 公司开发的一款免费的三维 CAE 分析结果播放器 eta/3DPlayer 中播放；也可以导出模拟过程的一系列图形文件，方便报告的编写。

相关练习

对图 5-2-71 所示外壳件进行 CAE 分析。零件材料为 DQSK-36 钢，料厚为 0.8 mm。

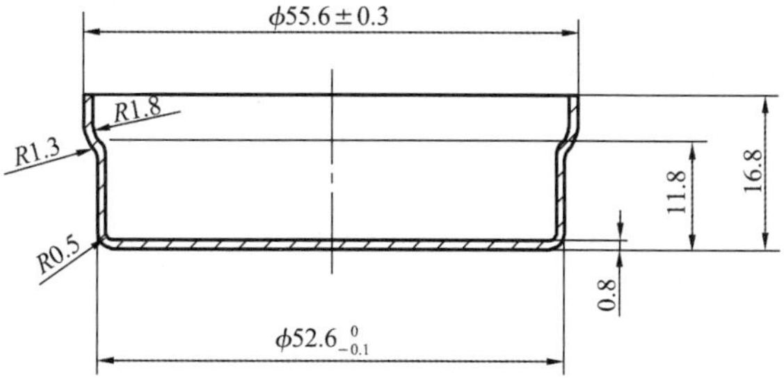

图 5-2-71　外壳件零件图

参考文献

[1] 陈文亮. 板料成形 CAE 分析教程[M]. 北京:机械工业出版社,2005.

[2] 王秀凤,郎利辉. 板料成形 CAE 设计及应用——基于 DYNAFORM[M]. 2 版. 北京:北京航空航天大学出版社,2010.

[3] 龚红英. 板料冲压成形 CAE 实用教程. 北京:化学工业出版社,2010.

[4] eta/DYNAFORM 软件小组. eta/DYNAFORM 用户手册(版本 5.6)[M]. 美国工程技术联合公司,2007.

[5] 崔柏伟. 一种精确的冲压件坯料展开尺寸计算方法[J]. 锻造与冲压,2010(9):56-57.

[6] 崔柏伟. 柴油机油箱拉深成形的数值模拟[J]. 金属加工(冷加工),2010(6):76-77.